大田作物生产机械化技术丛书

国家科技支撑计划项目"大田作物机械化生产关键技术研究与示范"成果

"十 三 五"江 苏 省 重 点 图 书 出 版 规 划 项 目

骆 琳 主编

两熟制粮食作物生产机械化技术

江苏大学出版社
JIANGSU UNIVERSITY PRESS

镇 江

图书在版编目(CIP)数据

两熟制粮食作物生产机械化技术 / 骆琳主编. — 镇
江:江苏大学出版社,2017.12
ISBN 978-7-5684-0722-9

Ⅰ. ①两… Ⅱ. ①骆… Ⅲ. ①两熟制—粮食作物—机
械化生产 Ⅳ. ①S51

中国版本图书馆 CIP 数据核字(2017)第 314637 号

两熟制粮食作物生产机械化技术
Liangshuzhi Liangshi Zuowu Shengchan Jixiehua Jishu

主 编/	骆 琳
责任编辑/	李经晶
出版发行/	江苏大学出版社
地 址/	江苏省镇江市梦溪园巷 30 号(邮编:212003)
电 话/	0511-84446464(传真)
网 址/	http://press.ujs.edu.cn
排 版/	镇江华翔票证印务有限公司
印 刷/	句容市排印厂
开 本/	718 mm×1 000 mm 1/16
印 张/	17.5
字 数/	338 千字
版 次/	2017 年 12 月第 1 版 2017 年 12 月第 1 次印刷
书 号/	ISBN 978-7-5684-0722-9
定 价/	69.00 元

如有印装质量问题请与本社营销部联系(电话:0511-84440882)

序

当前,我国农业资源与环境约束趋紧,发展方式粗放,农产品竞争力不强,从长远来看,农村新生代"不愿种地""不会种地",农业劳动力区域性、季节性短缺,劳动力成本持续上升。拼资源、拼投入的传统种植模式难以为继,必须转变农业发展方式。谁来种地、如何种地,成为我国现代农业发展迫切需要解决的重大问题。

机械化生产水平是农业发展转方式、调结构的关键因素,直接影响农民种植意愿和农业生产成本,影响先进农业科技的推广应用,影响水、肥、药等的高效利用。2016年,全国农业耕种收综合机械化水平达到65%,农机工业总产值超过4200亿元,成为全球农机制造第一大国,有效保障了我国"粮袋子""菜篮子"等农产品的丰产丰收。

与现代农业转型发展的要求相比,我国关键农业装备有效供给不足,结构性矛盾突出。粮食作物机械过剩,特经作物、设施种养等机械不足;平原地区机械过剩,丘陵山区机械不足;单一功能中小型机械过剩,高效多功能复式作业机械不足,许多高性能农机及零部件依赖进口。同时,种养业全过程机械化技术体系和解决方案缺乏,农机农艺技术融合不够,适于机械化生产的作物品种培育和种植制度的标准化研究刚刚起步,不能适应现代农业高质高效的发展需要。

"十二五"国家科技支撑计划项目"大田作物机械化生产关键技术研究与示范",针对我国粮食作物、经济作物和园艺作物农机农艺不配套问题,以农机化工程技术和农艺技术集成创新为重点,筛选适宜机械化的作物品种,优化农艺流程规范;按照种植制度和土壤条件,改进农业装备,建立机械化生产试验示范基地,构建农作物品种、种植制度、肥水管理和装备技术融合的机械化生产技术体系,不断提高农业机械化的质量和效益。

　　本系列丛书是项目研究的重要成果,涵盖粮食作物、棉花、油菜、甘蔗、花生和蔬菜等生产机械化技术以及土壤肥力培育机械化技术等,内容全面系统,资料翔实丰富,对各地机械化生产实践具有较强的指导作用,同时部分成果理论研究深入,学术水平较高,对农机化科教人员也具有重要的参考借鉴意义。

2017 年 5 月 15 日

前　言

我国一年两熟区域主要粮食作物包括小麦、玉米、大豆、水稻、马铃薯等,分布在黄淮海、长江中下游及华南地区,粮食产量占全国 60% 左右,在保障国家粮食安全和经济社会发展中具有十分重要的战略地位。

两熟制生产模式资源利用率高、增产增收潜力大,但是耕作制度复杂,两茬作物衔接紧密,农机农艺配套要求高。必须将两茬轮作作为完整系统,建立时空资源分配合理、适应机械化作业的栽培模式,并在周年生产中应用先进农艺技术和高效机械化手段,机艺融合、互促互进,才能实现节本高效。以全程机械化为目标,深入研究前后茬作物的农机农艺互做关系,优化生产流程与栽培模式,选育适宜作物品种,研究配套关键作业装备,建立机械化生产技术体系,并大面积集成示范推广,是加快推进两熟制粮食生产机械化的有效途径。

本书系统介绍了我国两熟制粮食生产模式的区域特点、发展历程与趋势;分析了三大两熟制地区粮食生产特点、机械化现状与制约因素;重点以黄淮海地区小麦/玉米、小麦/大豆,长江中下游地区小麦/水稻、双季稻、再生稻和华南地区稻薯轮作等主要粮食作物生产系统为对象,阐述了两熟制作物农机农艺融合技术和栽培模式,筛选了耕整地、播种、田间管理、收获和干燥等适宜关键装备技术;总结提出了我国两熟制粮食作物生产机械化发展趋势、研究重点和对策建议。本书可为农业工程领域从事粮食作物机械化科研、教学、推广工作的科技人员提供参考。

本书由骆琳、赵明和刘继元负责框架设计及宏观部分编撰,由马继春、马玮、杨丽、刘立晶、张文毅和杨德秋等按两熟制粮食生产模式综述及三大两熟制地区粮食作物相关内容进行分工编撰。全书由骆琳、刘继元和马继春负责统稿。崔中凯、崔涛和张宁宁等对全书后续整理、编辑和校对做了大量工作。在本书的编撰过程中，得到了张东兴教授、方宪法研究员和董佑福研究员等行业专家的悉心指导和部分高等院校、科研院所、技术推广部门同仁的大力支持。在此向所有为此书编撰出版工作做出贡献的专家、学者和同仁表示衷心感谢！

由于编者水平有限，书中难免存在错误和不足之处，恳请批评指正。

编　者

2017 年 10 月 22 日

目　录

第 **1** 章　我国两熟制粮食生产模式综述

　　粮食作为人类生存的基本条件,是一个国家社会稳定、经济发展的基础和保证。我国人口众多,人均耕地面积很少,为保障国家粮食安全,除实行最严格的耕地保护政策外,必然要依靠科技进步提高粮食综合生产能力,通过提高单位面积生产能力来解决粮食问题。

　　在粮食作物生产中,耕作制度、种植制度和复种指数是影响耕地单位面积产出量非常重要而应首先考虑的因素。耕作制度是指一个地区或生产单位的农作物种植制度及与之相适应的养地制度的综合农作体系。种植制度则是指在一定历史时期内形成的由作物结构与布局、熟制与种植方式构成的技术体系。复种是指同一块土地上在一年内连续种植超过一熟(茬)作物的种植制度。复种指数用以表明耕地的复种程度。在特定的自然环境和一定的农业生产条件下,确定可能的复种程度、选择适宜的复种方式,对于增加粮食作物产量具有重要作用。新中国成立以来,我国通过改革、优化耕作制度及种植制度,不断丰富完善多熟制,特别是两熟制地区的种植模式和生产经营手段,扩大复种面积,有效地促进了粮食的增产增收。

　　随着我国国民经济的迅速发展,资源约束日益趋紧,人口增长对土地的压力也在持续加剧。在此趋势难以逆转的形势下,运用生物育种、高效栽培和工程装备技术等现代科学技术成果,并将复种农艺与农机作业系统融合配套,建立起高产、优质、高效的现代农业技术体系,是提高我国耕地单位面积利用率及作物产量,保证粮食总产量,满足粮食安全供给的重要方向。

1.1　两熟制粮食生产的重要地位

　　我国土地资源"人多地少"的基本国情,决定了粮食生产自然环境下多熟制的重要利用价值。多熟制不仅是我国传统农业中的精华瑰宝,在现代农业中也同样地位显著,其中两熟制模式独具特色、优势突出。

1.1.1　保障国家粮食安全的核心地位

（1）粮食生产面临严峻挑战

我国作为一个人口超级大国,保障国家粮食安全是治国安邦的头等大事。近年来,随着人口的增长和工业化、城镇化的不断推进,我国资源约束日益凸显,粮食生产面临诸多挑战。一是人口持续增长。2015 年我国人口超过 13.7 亿,预计到 2025 年人口将达到 16 亿。二是耕地逐年递减。近 20 年间全国耕地面积平均每年减少约 16 万 hm²,且耕地质量在不断下降。2015 年全国耕地面积约为 1.35 亿 hm²,人均 0.098 hm²,仅相当于世界平均水平的 40%。三是水资源严重短缺。我国水资源总量约 2.8 万亿 m³,列世界第 6 位,但人均占有量约为 2 300 m³,仅为世界平均水平的 1/4,且水土资源极不匹配,南方水资源占全国总量的 80%,而耕地资源不到全国总量的 40%,北方水资源占全国总量的 20%,而耕地资源却占了全国的 60%。据统计,农业用水量占全国总供水量的 70% 左右,而我国有灌溉设施的耕地面积还不到全国耕地面积的一半。四是环境污染加剧。工业废污排放、生活垃圾堆积,以及农药、化肥和植物生长调节剂的过量使用,导致环境污染,耕地、水资源质量下降,使粮食品质和生产能力降低,对粮食安全造成严重威胁。近年来,我国粮食进口量在迅速增加。据统计,2014 年折算上直接进口的肉奶,我国粮食总进口量已突破 1 亿 t,占全国总消费量的近 20%。然而,粮食生产可用资源空间越来越少是世界趋势。目前世界粮食贸易总量每年在 2.5 亿 t 左右。随着世界人口的增长,国际粮食贸易越来越明显的趋于紧平衡,依靠国际市场是无法保障我国粮食供给和粮食安全的。

为保障国家粮食安全,我国提出优化粮食产业结构,守住 1.2 亿 hm² 粮食生产耕地红线,克服资源约束和国际贸易影响等不利因素,保持 5 亿 t 粮食生产能力的目标。

（2）多熟制增产作用显著

多熟制,即一年内于同一块土地上连续种植两季或两季以上作物的种植制度,具有时间和空间上高度集约化等优点,能有效提高耕地的复种指数,增加单位面积产出量。多熟种植主要分布在全球水资源和光温资源相对充足的热带、亚热带和暖温带地区,大部分在亚洲,南美洲、非洲及北美洲、欧洲也有一定种植量,其应用面积据统计在 1 亿 hm² 以上。

我国是多熟制相对运用范围最广、水平最高的地区,具有悠久的历史和广阔的发展前景。目前采用多熟种植的土地面积约占全国总耕地面积的 1/2 以上,占全国总播种面积的 2/3 左右,生产的粮食占到全国总量的 3/4 以上。新中国成立初期,我国农业以间作、套作和复种为主发展种植业,到 1999 年种植指数由 128% 提高到 155%,累计增加了 27 个百分点,相当于增加种植面积 0.27 亿 hm²,增加的粮食产量约占总产量的 1/3。目前,多熟种植仍是我国农业生产中最重要的种植模式,但与 20 世纪 80 年代相比,其面积有所减少。多熟制作为我国粮食作物种植制度的主体,今后很长一段时期仍将在我国粮食安全、生态可持续发展方面发挥至关重要的作用,并将为继续挖掘复种潜力做出重大贡献。

(3) 两熟制模式具有独特优势

两熟制是多熟制中的一种高效农业生产模式,其通过间作、套种或直播等多种复种形式,从时间、空间及土地上最大限度地利用光、温、水等自然资源,提高资源利用效率,实现周年高产高效生产。两熟制因一年内在同一块土地上只复种两种作物,农艺制度、栽培方式相对轻简,易于规范,更有利于规模化、机械化发展和先进农艺技术的推广应用。

我国两熟制地区土地广阔,耕地优质,气候特点及自然地理特征适应水稻、小麦、玉米、甘薯、马铃薯、大豆、高粱、谷子、棉花、花生、烟草、麻类等多种农作物生长。特别是两熟制地区为我国最重要的商品粮生产基地,粮食产量约占我国粮食总产量的 60%。按两熟制地区包括的各省(区、市)统计,2015 年玉米播种面积与总产量分别为 1 345.78 万 hm^2 与 7 194.8 万 t,占全国的 35.3% 与 32%;小麦播种面积与总产量分别为 1 758.86 万 hm^2 与 10 449.1 万 t,占全国的 72.9% 与 80.3%;水稻播种面积与总产量分别为 2 092.4 万 hm^2 与 13 103.2 万 t,占全国的 69.2% 与 62.9%;大豆播种面积与总产量分别为 287.92 万 hm^2 与 535.1 万 t,占全国的 32.5% 与 33.7%,具体数据见表 1-1。两熟制粮食生产以其高产高效生产模式、全程机械化发展和高产优质、节本增效先进科技成果应用等方面的优势,在保护国家粮食生产主权战略中占据核心地位。

表 1-1　2015 年两熟制地区各省(区、市)主要粮食作物播种面积与总产量

地区	玉米		小麦		水稻		大豆	
	播种面积/万 hm^2	总产量/万 t	播种面积/万 hm^2	总产量/万 t	播种面积/万 hm^2	总产量/万 t	播种面积/万 hm^2	总产量/万 t
北京	7.63	49.4	2.08	11.1	0.02	0.1	0.41	0.7
天津	21.47	107.3	10.92	59.8	1.54	11.3	0.63	1.2
山东	317.38	2 050.9	379.98	2 346.6	11.63	95.1	15.24	38.8
河南	334.39	1 853.7	542.57	3 501.0	65.60	531.5	41.37	53.8
河北	324.81	1 670.4	231.89	1 435.0	8.48	54.5	15.37	29.5
安徽	88.16	496.3	245.70	1 411.0	223.49	1 459.3	89.36	134.0
江苏	45.17	73.5	217.88	1 174.0	229.41	1 952.5	30.52	73.5
湖北	68.78	332.9	109.34	420.9	218.85	1 810.7	14.78	28.7
湖南	34.84	188.8	2.94	9.4	411.41	2 644.8	16.09	34.3
江西	3.03	12.8	1.22	2.6	334.24	2 027.2	16.54	33.1

续表

地区	玉米		小麦		水稻		大豆	
	播种面积/万 hm²	总产量/万 t	播种面积/万 hm²	总产量/万 t	播种面积/万 hm²	总产量/万 t	播种面积/万 hm²	总产量/万 t
浙江	14.47	31.1	8.98	35.1	82.25	578.1	14.47	35.8
上海	0.34	2.1	4.55	19.9	9.78	84.1	0.39	0.8
福建	5.15	23.3	0.21	21.5	78.90	485.0	8.76	23.3
广东	17.90	21.6	0.09	0.3	188.73	77.9	8.07	21.6
广西	62.26	280.7	0.51	0.9	198.39	1 137.8	15.27	23.9
海南	/	/	/	/	29.93	153.3	0.65	2.1
合计	1 345.78	7 194.8	1 758.86	10 449.1	2 092.4	13 103.2	287.92	535.1
全国	3 811.9	22 463.2	2 414.1	13 018.5	3 021.6	20 822.5	886.8	1 589.8
占比	35.3%	32.0%	72.9%	80.3%	69.2%	62.9%	32.5%	33.7%

数据来源:《中国统计年鉴 2016》

1.1.2 支撑经济社会发展的重要作用

两熟制地区是我国最大的粮食核心产区,同时也是我国人口、产业和城镇密集区,更是工业化、城镇化的发展重地,在全国经济发展格局中具有十分重要的战略地位,其人口、资源、环境与经济社会的发展在全国可持续发展全局中所起的作用举足轻重。

两熟制地区区位优势突出、资源丰富,工农业协同发展,交通、城镇等基础设施条件较好。特别是其作为我国重要的工业基地,经过改革开放以来的快速发展,已形成了门类较多、实力较强的工业体系,覆盖了能源、原材料、轻纺、机械、电力、化工等领域。随着经济的快速发展,耕地减少、水资源紧缺、环境污染等问题也更为凸显,致使粮食"主产区"的粮食输出能力明显下降。在此区域环境下,两熟制粮食生产的发展无疑承载了资源约束更大的压力。统筹协调好粮食生产与工业化、城镇化的共进关系,坚持绿色发展,将促进区域经济社会的可持续发展。

我国粮食总产量和总消费量均为世界第一。目前口粮消费约占30%,饲料用粮约占40%,工业用粮约占20%,种子和新增储备用粮约占5%,损耗粮食等约占5%。由于人口总量增长,城镇人口比重上升,居民消费水平提高和工业及饲料用粮增加,我国粮食消费需求持续增长,粮食供求矛盾在逐渐加剧。在影响我国粮食生产发展的诸多因素中,除资源约束外,还有多方面涉及经济社会发展方式的问题。目前我国粮食生产出现的成本"地板"上升、价格"天花板"下压、农业生态与资源"亮红灯"的境况,实际是我国在资源环境、生产潜力、经营方式等方面问题突出的综合反映。两熟制地区作为全国粮食生产优势产区和消费重点区域,在经济转型发展中担负着更多的责任。推动粮食生产向土地集约化、经营规模化和生产机械化发展,提升粮食产出和供给能力,将对区域经济的健康发展和社会的和谐稳定起到重要的支撑作用。

1.2　两熟制粮食生产模式的分布特点

1.2.1　熟制分布与粮食作物的区域布局

（1）我国作物生产的熟制分布及两熟制区域

作物生产的熟制分布取决于各温度带的积温和自然环境。我国是世界上熟制最丰富的国家,从北向南呈现一熟向多熟变化、熟制多样性增加的过程。

我国各温度带及熟制分布,具体描述见表 1-2。

表 1-2　我国各温度带积温和作物熟制

温度带	范围	≥10 ℃积温	作物熟制及主要粮食作物
寒温带	黑龙江省北部、内蒙古东北部	<1 600 ℃	一年一熟;早熟的春小麦、大麦、马铃薯等
中温带	东北和内蒙古大部分、新疆北部	1 600～3 400 ℃	一年一熟;春小麦、大豆、玉米、谷子、高粱等
暖温带	黄河中下游大部分和新疆南部	3 400～4 500 ℃	两年三熟或一年两熟;冬小麦复种玉米等,或冬小麦复种大豆、谷子、甘薯、荞麦等
亚热带	秦岭、淮河以南,青藏高原以东	4 500～8 000 ℃	一年两熟到三熟;小麦/水稻两熟或双季稻,双季稻加冬作油菜、马铃薯或冬小麦等
热带	滇、粤、台的南部和海南省	>8 000 ℃	一年三熟;水稻、马铃薯等

我国粮食作物两熟制区域主要为黄淮海地区和长江中下游地区,华南地区种植制度以一年三熟为主,也有少部分地区一年两熟。我国的一年一熟制和一年两熟制的界线正在发生着不同程度的北移和西扩,而一年两熟制和一年三熟制的界线也在向北移动。位于北京—廊坊—唐山—保定一线的一年两熟制的北界线在逐渐向北移动,最大移动距离达到了 160 km;一年两熟制的西界线位于陕西、甘肃和四川一带,在 1986 年到 2006 年间也发生了西移。一年两熟制和一年三熟制的界线在前 20 年变化并不明显,但是在前 10 年也出现了明显的北移,在河南省、安徽省和陕西省都新出现了一年三熟制的区域。从 1986 年到 2006 年一年两熟制增加了总面积的 7.2%,而一年三熟区的面积翻了 3 倍之多。

（2）我国粮食作物的区域布局及两熟制类型

我国粮食的总体布局有明显的区域性特征。玉米东北向西南呈条带，小麦呈现中部中心区，水稻呈南北两大片，大豆从东北向黄淮海呈三片区，马铃薯从北向南呈五片区。但这只是相对而言，实际上各个区域作物呈现多样性。

① 玉米区域布局。我国玉米按生态类型与生产方式可分为 6 个区域，分别为北方春播玉米、黄淮海夏播玉米区、西南山地丘陵玉米区、南方丘陵玉米区、西北内陆玉米区和青藏高原玉米区。主要的玉米区域为北方春玉米区、黄淮海夏玉米区、西南玉米区。各区的基本情况见表 1-3。

表 1-3　玉米区域分布的基本特点

区域	基本情况	自然条件	优势分析
北方春玉米区	春玉米区土壤肥沃，为玉米高产区	该区包括黑龙江、吉林、辽宁、内蒙古、宁夏、甘肃、新疆 7 个省（自治区）玉米种植区，河北、北京北部，陕西北部与山西中北部及太行山沿线玉米种植区	该区属温带湿润、半湿润气候，≥10 ℃年积温 2 000～3 600 ℃，无霜期 115～210 d，基本上为一年一熟制。降水量 400～800 mm，其中 60%集中于 6—8 月，降雨总量能够满足玉米生长的需要
黄淮海夏玉米区	夏玉米区，多为小麦/玉米两熟制	该区涉及黄河流域、海河流域和淮河流域，包括河南、山东、天津、河北、北京大部，山西、陕西中南部和江苏、安徽淮河以北区域	该区属暖温带半湿润气候，年平均气温 10～14 ℃，无霜期从北向南 170～240 d，≥10 ℃年积温 3 600～4 700 ℃，年日照 2 000～2 800 h，年降水量 500～800 mm，且多集中于玉米生长发育季节
西南玉米区	丘陵山地玉米区，间作、套种、单种兼有	该区主要由重庆、四川、云南、贵州、广西及湖北、湖南西部的玉米种植区构成，是我国南方最为集中的玉米产区	该区属亚热带湿润、半湿润气候，立体生态气候明显，除部分高山地区外，无霜期多在 240～330 d，4-10 月平均气温均在 15 ℃以上。全年降水量 800～1 200 mm，多集中于 4—10 月，部分地区有利于多季玉米栽培

② 小麦区域布局。我国小麦按生态类型与生产方式可分为 5 个区域，分别为黄淮海小麦优势区、长江中下游小麦优势区、西南小麦优势区、西北小麦优势区、东北小麦优势区。各区的基本情况见表 1-4。

表 1-4 小麦区域分布的基本特点

区域	基本情况	自然条件	优势分析
黄淮海小麦优势区	该区包括河北、山东、北京、天津全部,河南中北部、江苏和安徽北部、山西中南部及陕西关中地区	该区光热资源丰富,年降水量400～900 mm,地势平坦,土壤肥沃,耕地面积2 368.3万hm²,其中水浇地面积1 669.3万hm²,生产条件较好	该区生产条件较好,单产水平较高,有利于小麦蛋白质和面筋的形成与积累,是我国发展优质强筋、中筋小麦的最适宜地区之一
长江中下游小麦优势区	该区包括江苏和安徽两省淮河以南、湖北北部及河南南部,是我国冬小麦的主要产区之一	该区气候湿润,热量条件良好,年降水量800～1 400 mm。小麦生长发育后期降水偏多,种植制度以小麦/水稻一年两熟为主	该区是我国优质弱筋、中筋小麦的优势产区,市场区位优势明显,交通便利,小麦商品量大,加工能力强
西南小麦优势区	该区包括重庆、四川、贵州、云南四省(市),以冬小麦为主	该区气候湿润,热量条件良好,年降水量800～1 100 mm,种植制度以水田小麦/水稻两熟、旱地"麦/玉/苕"间套作为主	该区是我国优质中筋小麦的优势产区之一,对确保区域口粮有效供给作用突出
西北小麦优势区	该区包括甘肃、宁夏、青海、新疆全部及陕西北部、内蒙古河套土默川地区,冬春麦皆有种植	该区气候干燥,蒸发量大,年降水量50～250 mm;光照充足,昼夜温差大,有利于干物质积累	该区是我国优质强筋、中筋小麦的优势产区之一,对确保区域口粮有效供给和老少边贫地区社会稳定作用突出
东北小麦优势区	该区包括黑龙江、吉林、辽宁全部及内蒙古东部,是我国重要的优质硬红春小麦产区	该区气候冷凉,无霜期短,年降水量450～650 mm,日照充足;土壤肥沃,以黑土和草甸土为主	该区是我国优质强筋、中筋小麦的优势产区之一,籽粒品质好,商品率高

③ 水稻区域布局。我国水稻按生态类型与生产方式可分为 6 个水稻一级气候生态带、22 个二级区。6 个水稻一级气候生态带是东北半湿润单季早粳稻带(分4 个二级区),西北干旱一熟制单季早粳、中粳带(分 4 个二级区),华北半湿润一熟二熟单季中粳、中籼带(分 3 个二级区),西南湿润二熟三熟单季双季稻带(分 4 个二级区),华中湿润二熟三熟单季双季稻带(分 4 个二级区),华南湿润三熟二熟双季稻带(分 3 个二级区)。6 个水稻一级气候生态带集中在 3 个区域,分别是东北平原水稻优势带、长江流域水稻优势区和东南沿海水稻优势区。各区的基本情况见表 1-5。

表 1-5　水稻区域分布的基本特点

区域	基本情况	自然条件	优势分析
东北平原水稻优势区	该区包括黑龙江、吉林、辽宁三省及黑龙江农垦,该区耕地总面积 2 153.3 万 hm²	该区全年≥10 ℃的有效积温 2 000～3 600 ℃,日照时数 2 400～3 100 h,年降雨量 320～1 000 mm	该区内土壤肥沃,污染少,是优质绿色粳稻理想的种植区域。水稻产量高,商品量大,比较效益较高
长江流域水稻优势区	该区包括云南、贵州、四川、重庆、湖南、湖北、江西、安徽、江苏九省和河南南部	该区内气候四季分明,全年≥10 ℃的有效积温 4 500～5 800 ℃,日照时数 1 100～2 500 h,年降雨量 1 000～2 000 mm	该区水陆运输发达,劳动力资源丰富。区内温光水资源充裕,具有发展名优和特色大米的基础
东南沿海水稻优势区	该区包括上海、浙江、福建、广东、广西、海南六省(自治区)	该区内光、温、水资源丰富,年日照时数 1 300～2 600 h,全年≥10 ℃的积温 5 000～9 300 ℃,年降雨量 1 100～3 000 mm	该区是我国降水、光照与热量最多、最充足、最适宜水稻生长的区域,既是我国稻米主产区,又是主销区,稻米需求量大

　　④ 大豆区域布局。大豆从北向南分布三大优势区域,分别为东北高油大豆优势区、东北中南部兼用大豆优势区和黄淮海高蛋白大豆优势区。各区的基本情况见表 1-6。

表 1-6　大豆区域分布的基本特点

区域	基本情况	自然条件	优势分析
东北高油大豆优势区	该区包括内蒙古的东四盟和黑龙江的三江平原、松嫩平原第二积温带以北地区	该区属中、寒温带大陆性季风气候,雨热同季,适宜大豆生长。近年来,干旱发生频率增加。此外,北部高纬度地区重迎茬严重,也影响单产水平的提高	该区具备规模种植的优势,符合油脂加工企业对高油大豆批量大、品质一致性好的要求。特别是大豆鼓粒期昼夜温差大,光照充足,有利于油脂积累
东北中南部兼用大豆优势区	该区包括黑龙江省南部、内蒙古的通辽赤峰及吉林辽宁大部	该区与美国大豆－玉米带纬度相近,光热条件充足,极适宜大豆生长。该区是我国玉米的集中产区,大豆种植规模偏小,但分布相对集中	该区大豆既用于当地及周边地区居民加工豆制品,也用于榨油。区域内有一批中小型大豆加工企业
黄淮海高蛋白大豆优势区	该区包括河北、山东、河南、江苏和安徽两省的沿淮及淮河以北、山西省西南地区	该区为一年两熟制地区,大豆有春播和夏播,以夏播为主	该区大豆开花鼓粒期正值雨季,适合蛋白质积累。已选育出一批蛋白含量超过 45% 的品种,是我国高蛋白大豆的主产区

　　⑤ 马铃薯区域布局。马铃薯从北向南呈 5 个优势区,即东北马铃薯优势区、

华北马铃薯优势区、西北马铃薯优势区、西南马铃薯优势区和南方马铃薯优势区。各区的基本情况见表1-7。

表1-7　马铃薯区域分布的基本特点

区域	基本情况	自然条件	优势分析
东北马铃薯优势区	该区为东北用、淀粉加工用和鲜食用马铃薯优势区	该区包括东北地区的黑龙江和吉林两省、内蒙古东部、辽宁北部和西部	该区地处高寒、日照充足、昼夜温差大，年平均温度−4～10℃，>5℃积温2 000～3 500℃
华北马铃薯优势区	该区为华北用、加工用和鲜食用马铃薯优势区	该区包括内蒙古中西部、河北北部、山西中北部和山东西南部。马铃薯种植面积103.42万hm²，约占全国种植面积的19.7%，产量1 480.8万t，约占全国总产量的18.3%，平均亩产954.5 kg	该区除山东外地处蒙古高原，气候冷凉，年降雨量在300 mm左右，无霜期90～130 d，年均温度4～13℃。>5℃积温2 000～3 500℃，分布极不均匀
西北马铃薯优势区	该区为西北鲜食用、加工用和种用马铃薯优势区	该区包括甘肃、宁夏、陕西西北部和青海东部。马铃薯种植面积106.07万hm²，约占全国种植面积的20.2%，产量1 525.9万t，约占全国总产量的18.9%，平均亩产959 kg	该区地处高寒，气候冷凉，无霜期110～180 d，年均温度4～8℃，>5℃积温2 000～3 500℃，降雨量200～610 mm
西南马铃薯优势区	该区为西南鲜食用、加工用和种用马铃薯优势区	该区包括云南、贵州、四川、重庆四省（市）和湖北、湖南两省的西部山区、陕西的安康地区	该区气候的区域差异和垂直变化十分明显，年平均气温较高，无霜期长，雨量充沛，特别适合马铃薯生产，主要分布在海拔700～3 000 m的山区
南方马铃薯优势区	该区适于马铃薯在中稻和晚稻收成后的秋冬做栽培	该区包括广东、广西、福建三省、江西南部、湖北和湖南中东部地区	该区大部分为亚热带气候，无霜期230 d以上，日均气温≥3℃的作物生长期320 d以上，适于马铃薯在中稻或晚稻收获后的秋冬做栽培

我国粮食作物两熟制类型，黄淮海地区主要有小麦/玉米、小麦/大豆、小麦/花生、小麦/棉花等；长江中下游地区主要有小麦/水稻、双季稻、再生稻、小麦/棉花等；华南地区主要有双季稻，也有玉米/甘薯、大豆/玉米等，一般可利用冬闲季节种植马铃薯等作物。

1.2.2 三大两熟制地区的自然环境

（1）黄淮海地区

黄淮海地区北起长城，南至桐柏山、大别山北麓，东临黄海、渤海，西倚太行山及豫西伏牛山地，其主体为由黄河、淮河与海河及其支流冲积而成的黄淮海平原，以及与之相毗连的鲁中南丘陵和山东半岛，占地总面积 46.95 万 km^2。该区耕地面积占全国总耕地面积的 1/4，为我国各大农业区和各大商品粮基地之首。地属暖温带大陆季风气候、半干旱半湿润区，农业生产条件较好。区内的黄淮海平原，位于秦岭—淮河线以北、长城以南，界于北纬 32°—40°、东经 114°—121°，面积约 32 万 km^2，土地平整，光热资源丰富，热量资源可满足喜凉、喜温作物一年两熟的需求，光照仅次于青藏高原和西北地区；年降水量 500～900 mm，季节分配不均，7—8 月的降水量约占全年的 45%～65%，光、温、水资源的配合优于东北、西北地区。无霜期 175～220 d，≥10 ℃积温 3 600～4 700 ℃，年日照时数 2 100～2 700 h，农作物生产可以两年三熟或一年两熟。水资源不足、地下水超采、耕地数量和质量下降是该区农业生产的主要制约因素。北京、天津两大直辖市位于该区，京津冀协同发展战略对区域农业生产结构有特殊要求。该区是我国重要的粮、棉、油、菜、饲生产基地，是小麦、玉米的主产区，花生、大豆的优势产区和传统棉区，已形成一套成熟的耕作制度和种植模式。种植结构调整的重点是完善小麦/玉米、小麦/大豆、小麦/花生一年两熟种植模式。

（2）长江中下游地区

长江中下游地区位于秦岭和南岭之间，西起巫山，东至上海，占地总面积 91 万 km^2。区内平原盆地和丘陵山地相间，地形以平原、低山丘陵为主，多样的地形为农业发展提供了十分优越的土地资源条件。其中，长江中下游平原位于湖北宜昌以东的长江中下游沿岸，系由两湖平原（湖北江汉平原、湖南洞庭湖平原的总称）、鄱阳湖平原、苏皖沿江平原、里下河平原和长江三角洲平原组成，介于东经 111°—123°，北纬 27°—34°，面积约 20 万 km^2。该区属亚热带、湿润地区，夏季气温很高，江汉、洞庭湖、鄱阳湖等平原周围山岭环抱，不易散热，以炎热著称。春末夏初，梅雨适时适量，利于水稻生长，如梅雨期过短或过长，会出现旱灾和涝灾。进入 7 月，梅雨期结束，在副热带高气压控制下，天气晴燥，形成伏旱。此时热量充足，蒸发量大，农作物生长旺盛，必须保证有充足的水分供应。该区属亚热带季风气候，水热资源丰富，河网密布，水系发达，是我国传统的鱼米之乡。耕地以水田为主，占耕地总面积的 60% 左右，是我国著名的水稻产区。年降水量 800～1 600 mm，无霜期 210～300 d，≥10 ℃积温 4 500～5 600 ℃，年日照时数 2 000～2 300 h，农作物生产可以一年两熟或一年三熟。该区是我国重要的粮、棉、油生产基地，以水稻、小麦、油菜、棉花等作物为主，水稻种植面积和产量均居全国首位，小麦也是其重要的粮食作物。该区是我国小麦/水稻、双季稻及再生稻两熟制作物的主产区,协调上下茬之间季节分配以实现周年高产是目前的重点。该区种植结构调整的首要任务是,通过推广水稻集中育秧和机插秧,提高秧苗素质,减轻劳动强度,稳定双季稻面积,到 2020 年,双季稻面积稳定在 733 万 km²;其次是规范直播稻发展,减少除草剂使用,规避倒春寒、寒露风等灾害,修复稻田生态,并因地制宜发展再生稻。

（3）华南地区

华南地区位于我国的最南部,北界为武夷山、南岭,南面包括南海和南海诸岛,占地总面积 61.29 万 km²。该区地形复杂多样,河谷、平原、山间盆地、中低山交错分布,是我国热带水果、甘蔗和反季节蔬菜的重要产区。该区大部分属于南亚热带湿润气候类型,是我国水热资源最丰富的地区,年降水量 1 300 ~ 2 000 mm,无霜期大于 300 d,≥10℃积温 6 500 ~ 9 300 ℃,日照时数 1 500 ~ 2 600 h。南部属热带气候,终年无霜。农作物生产以一年三熟为主。该区人口密集,人均耕地少,耕地以水田为主,传统粮食作物以水稻为主,油料作物以花生为主。近年来,为充分利用冬季光温资源,开发冬闲田,扩大冬种农作物种植面积,特色冬种马铃薯生产得到较快发展,该区已成为冬种马铃薯全国面积最大、产量最高的地区之一。早稻/晚稻/马铃薯三季轮作模式改变了过去水稻单一种植结构。目前的重点任务是优化稻草覆盖种植马铃薯农艺,加快实现关键环节机械化作业。

1.3　两熟制粮食生产模式的发展

我国多熟制的产生和发展具有明显的历史继承性,在对自然环境和不同时期社会经济发展需要的不断适应中逐步演进。其中粮食生产两熟制模式伴随着多熟种植制度的改革、优化不断得以完善,逐步形成稳定的种植格局,并在农业现代化中向着实现粮食生产全程机械化方向发展。

1.3.1　两熟制模式的发展历程

我国粮食生产两熟制模式的发展经历了如下 4 个阶段。

（1）20 世纪 70 年代以前

传统农业阶段,我国由粗放农业逐渐向精耕细作发展,围湖造田发展灌溉,大力推行多熟种植,北方黄河流域形成了两年三熟或三年四熟的耕作制度,而多种形式的一年两熟在长江流域占主导地位。新中国成立后,国家在 20 世纪 50 年代制定了《全国农业发展纲要》,提出增加复种指数,提倡间套作、轮作等改制措施,主要研究改单季稻为双季稻、改间作稻为连作稻、改籼稻为粳稻及改旱稻为水稻,南方一熟改两熟、两熟改三熟,北方黄淮海平原的一年一熟或两年三熟通过间套复种改为一年两熟为主。六七十年代,我国发展了强调用地与养地相结合及调整作物布局的理论,主要研究南方利用冬闲田发展绿肥双季稻,小麦/水稻和水稻/油菜两熟制,北方黄淮海平原以小麦玉米套种和小麦棉花、小麦花生间作套种等为主要内容的两熟制,结合适当调整作物布局,有效地促进了粮食与经济作物生产的发展,复种播种面积已占到全国播种面积的2/3,所生产的粮食已占到全国的3/4。

(2) 20 世纪 80 年代

80 年代我国农业以提高单产、提高土地生产力为主要方式提高粮食总产量,并逐步向高功能(高产量)、高效益种植模式发展。北方黄淮海平原稳定一年两熟,并结合多熟种植高产作物,发展经济作物,扩种良种;南方发展多种形式的三熟制和两熟制,并形成粮经饲的初步结合,根据本地生态条件和生产水平推广多种多样的立体种植、立体养殖和种养结合模式。80 年代初期,我国农业主要针对提高单位面积耕地产量,围绕进一步提高光能利用率和挖掘作物生产潜力进行了多熟种植,并对立体种植结构、理论和功能进行了研究与探讨。此时期小麦/水稻模式发展迅速。研究表明,以小麦/水稻为主的种植制度能充分利用光能资源,扩大生物物质的生产,而棉花的光能利用率和投能转换效率低,应逐渐减少,应以光能利用率、投能效率、投肥效率均最高的玉米作物代替,发展精饲料和青贮饲料生产,走农牧结合的道路。80 年代后期,我国农业由单纯注重产量开始向结合经济效益转变,进行了高功能高效益种植模式理论研究和实践探讨,北方黄淮海平原形成了主要以小麦、玉米为主间套复种经济作物高产高效种植模式,南方地区形成了主要以水稻为主立体种养的高功能、高效益发展模式。

(3) 20 世纪 90 年代

90 年代我国农业从高功能、高效益种植实践与理论探讨开始逐步走向种植业结构调整与优化,由单纯追求产量开始转向重视质量与效益。90 年代初,以作物新品种为基础、间套复种为主体,辅以地膜覆盖和精耕细作,吨粮田开发的理论探索与实践掀起高潮。实现吨粮的根本途径是依靠多熟种植制度。其主要的技术体系是:① 优化种植制度,提高光、热资源有效利用率;② 优化品种结构,实现全年多熟高产多收;③ 优化施肥技术,提高肥效产出率;④ 优化管理技术措施,力争季季平衡高产。高产出必然需要高投入。90 年代中期,高投入、高产出的集约化与可持续发展的关系成为学术界研究的热点。在资源环境压力越来越大的状况下,高产、优质、高效逐渐成为 90 年代种植制度的主要特征。许多学者探索了资源高效利用的高产技术途径:王树安(1994)在华北地区建立了“小麦节水高产技术体系”;逢焕成等(1994)研究了小麦、玉米共生期的气候生态效应与小麦边际效应,提出小麦、玉米合理套种模式;张明亮(1994)比较了黄淮海棉田各类种植模式的效益,提出棉田高产高效立体种植模式及配套技术;刘巽浩(1997)提出现代型多熟高产农作制是中国农业的主攻方向;陈阜(1997,2000)提出集约多熟种植是一种适合我国国情、高产高效的农作制度。田间试验结果表明,黄淮海平原在"冬小麦/夏玉米"两熟模式基础上开发的"冬小麦/春玉米/夏玉米"多熟间套模式,年单产可突破 20 t/hm^2,探索的"冬小麦/春玉米/夏玉米/秋玉米"多熟模式,年单产可达到 22.4 t/hm^2。这些种植模式资源利用效率高,显示了巨大的高产潜力,是农田在吨粮基础上实现高产、再高产的一种新尝试。进入 90 年代后期,由于我国农产品供求格局发生了变化,解决农民增收成为突出问题,农业结构调整与农业产业化开发成为关注热点。一些学者从宏观上提出了种植制度调整的基本方向,即总体发展趋势应是省功、省力,粮经饲多元结合,高收益型和高产型,走多元化、高效化道路,充分运用新技术、新材料,农艺与农机结合,以及注重资源环境的可持续利用。北方黄淮海平原已形成以小麦/玉米两熟制模式为主的粮食生产格局,其他还有小麦/大豆、小麦/花生、小麦/棉花等两熟制模式;南方主要形成双季稻、小麦/水稻、小麦/棉花等两熟制模式,以及春玉米/晚稻新型两熟制模式。其他多熟种植方式还有早稻/晚稻/小麦、早稻/晚稻/油菜和早稻/晚稻/马铃薯等。

（4）21 世纪以来

进入 21 世纪,随着适度规模经营模式的发展和种植主体的调整与改变,以及应对气候变化和适应工业化、城镇化等经济发展需求,我国加快了农业产业化这一生产方式的变革,引导走"集约化、规模化、标准化、产业化"的现代农业发展道路,同时推动粮食生产在土地逐步流转、连片集中和劳动力大量转移中向着全面全程机械化方向发展。农机农艺的融合问题作为制约机械化发展的热点、难点再次引发社会的普遍关注,农业管理部门和业内专家学者就两者相互关系进行了深入广泛的探讨,提出了"强化农机农艺融合、推动建立机械化生产技术体系"的机械化发展途径。农艺是农机的方向目标,农机是农艺的实现载体,只有两者相互适应、协调发展、高度融合,才能充分发挥农业机械和种植技术的潜力,实现农业增产增效的目的。这些观点逐步在业内达成共识。粮食生产从两熟制种植模式开始对耕作制度和栽培模式进行调整,以适应规模化、产业化、机械化发展。简化小麦耕整地环节,改耕耙播种为旋耕播种;玉米套播改直播,收获开始向机械化发展。2011 年后农业部陆续制定印发了《玉米生产机械化技术指导意见》《黄淮海地区冬小麦机械化生产技术指导意见》《稻茬麦机械化生产技术指导意见》等,农机农艺融合推进机械化发展取得有效进展。在此背景下,"十二五"科技支撑计划项目"大田作物机械化生产关键技术研究与示范"课题"粮食作物农机农艺关键技术集成研究与示范"启动,该课题以产学研结合、农机农艺融合的方式,针对我国粮食生产两熟制地区种植制度复杂、农机农艺融合度低、机械化配套性不高及农村劳动力短缺、节本增效需求迫切的现状,以加快推进玉米、小麦、水稻、大豆、马铃薯五大粮食作物先进农艺措施实施和实现全程机械化为主要目标,以两熟制粮食作物高产高效全程机械化生产为核心,开展栽培技术体系集成与创新,围绕作物生产机械化技术难题进行关键技术装备的研发,并通过农机农艺、机具配置的集成与示范,形成机械化生产技术体系,以期为两熟制粮食生产农机农艺由结合到融合、加快机械化发展提供技术支撑,促进我国粮食作物高产高效可持续发展。

1.3.2 两熟制模式的发展趋势

随着气候变暖,我国的熟制区域边界仍将呈北移和西扩的趋向。我国一年一熟制区域可向北推移200～300 km,一年两熟制和一年三熟制的种植边界将向北推移500 km 左右(李淑华,1992)。另外,只要水分条件能满足作物生育期的需要,南方小麦/水稻两熟区,双季稻区和一年三熟稻作区的种植北界均可向北推移(周平,2001;杨晓光等,2011)。据预测,到2050 年,除青藏高原和东北北部地区外,我国大部分地区的多熟种植面积均将发生较大的变化(王馥棠等,2002;刘江等,2002)。在仅考虑热量影响而品种和生产力水平不变的前提下,未来我国一熟制的区域将减少,由当前的63%下降为34%;两熟制和三熟制的区域将明显增多,两熟区向北移至目前一熟区的中部,面积由当前的24.2%变为24.9%,三熟区将明显地向北向西扩展,从目前的长江流域移至黄河流域,面积由当前的13.5%提高到35.9%(张厚瑄,2000;李克南等,2011)。然而,除熟制改变较大地区外,气候变暖对大部分地区的作物种类和品种影响不大(吴连海,1997;刘江等,2002),只是品种熟制类型将产生很大变化,有向晚熟方向发展的可能。

当前我国农业正处在由传统农业向现代农业转变的重要时期。国家推动工业化、信息化、城镇化和农业现代化"四化"相互协调、同步发展加快了农业现代化的进程。农业生产规模化与劳动力短缺的矛盾、传统的农业机械装备与现实生产需求的矛盾加剧,倒逼农业机械的科技创新和农业机械化的发展。粮食生产走向全程机械化是必然趋势,种植制度的适应性调整必然使得两熟制模式向机械化生产种植模式发展。在我国农业现代化的未来发展中,推进农业耕作制度、种植制度的改革优化和熟制的科学演变,必须做好三个结合:一是把我国精耕细作的优良传统和现代科学技术相结合。不同时期科技成果的运用都为农业的创新发展提供了强力的支撑。二是坚持农机和农艺相结合。随着农业生产从人工为主到半机械化,并逐步向全程机械化发展,农业机械作为提供物质技术保障的机械化手段,不断突破人畜力所不能承担的农业生产规模、生产效率限制,实现人工所不能达到的现代农艺要求,不断改善生产条件,并推进农业生产的标准化、规模化和产业化,在增加农作物产量、降低生产成本和促进资源有效利用、环境保护中发挥着不可替代的作用,同时,也在与农作工艺的相互结合中有效地带动了农业科技的发展。三是农村的基本经营制度和农业生产经营方式的变革相结合,这是农业发展的决定性因素。实践证明,推动农业发展需要相适应的经营方式,构建集约化、专业化、组织化、社会化相结合的新型农业经营体系是我国现代农业发展的必由之路。未来两熟制模式在向机械化生产种植模式发展中必然体现这些特点。

第 ② 章　两熟制粮食作物生产机械化现状

　　我国三大两熟制地区,农业生产条件较好,区域经济相对发达,粮食生产机械化发展内动力强。特别是近年来,随着城镇化和农业现代化进程的加快,提高机械装备水平、实现节本增效和增产增收的需求日益迫切,促进了机械化的较快发展。但由于耕作制度复杂、种植方式独特,致使农机农艺融合困难,机械化配套性不高,推进两熟制粮食作物高产高效全程机械化生产还面临诸多问题。长期的实践和研究证明,只有农机农艺深入融合,建立并完善机械化生产技术体系才是解决这些问题的根本途径。

2.1　三大两熟制地区的粮食生产特点

2.1.1　黄淮海地区粮食生产特点

（1）农业自然条件

　　黄淮海地区区划范围包括北京、天津和山东三省（市）的全部,河北、河南两省的大部,以及江苏、安徽两省的淮北区域。该区属暖温带季风气候、半干旱半湿润区,冬冷夏热。该区地处黄、淮、海三条河流水系下游,区内地势平坦,土地资源丰富,黄淮海平原地区土层深厚、土壤肥力较高,光热资源充足,雨热同期,光热水土资源匹配较好,有利于农林牧业综合发展。年平均气温 10 ~ 14 ℃,无霜期 175 ~ 220 d,≥10℃积温 3 600 ~ 4 700 ℃,年日照 2 100 ~ 2 700 h。年降水量 500 ~ 900 mm,降水集中在夏季,占全年的 70% 以上。灌溉面积占该区总耕地面积的 50% 左右,农业用水需求较大。21 世纪初我国启动南水北调工程,规划通过东中西三条调水线路将长江流域水资源向北方缺水地区调送,目前东中两条线路一期工程已完工通水,缓解了黄淮海地区城市、工业用水与农业用水的需求矛盾。

　　黄淮海地区是我国重要的粮食生产基地和经济作物产区。该区耕地面积3 345 万hm²,约占全国总耕地面积的 24.8%。据《中国统计年鉴 2015》所列各省市数据,2014 年粮食作物播种面积约为 5 142 万 hm²,占全国粮食总播种面积的31%;粮食产量约 20 875.4 万 t,占全国粮食总产量的 34.4%;人均粮食产量达501 kg,超过全国平均水平。该区是我国小麦、玉米的主产区,其他粮食作物有大豆、稻谷、薯类、杂粮等。据 2014 年统计,黄淮海地区的冬小麦播种面积 1 622 万 hm²,占全国总播种面积的 67.4%，总产量 9 647.5 万 t，占全国总产量的 76.4% 以上；玉米播种面积 1 116 万 hm^2，占全国总播种面积的 30% 以上，总产量 6 247.5 万 t，占全国总产量的 29%；豆类播种面积 204 万 hm^2，占全国总播种面积的 22.2%，总产量 329.9 万 t，占全国总产量的 20.3%；稻谷播种面积 536.3 万 hm^2，占全国总播种面积的 17.7%，总产量 4 003 万 t，占全国总产量的 19.4%。

黄淮海地区人口稠密，工农业发达。随着经济的发展和城镇化的推进，地下水超采、水资源不足及因过度开发、污染造成耕地面积减少、质量下降，成为农业发展的主要制约因素。此外，年际间旱涝、多年间连旱连涝及极端气候、病虫害频繁出现也是造成该区农业生产不稳定的重要原因。

（2）主要粮食作物种植模式

黄淮海地区的种植制度经过长期的演变过程，作物布局区域化、科学化程度不断提高，作物结构和复种方式不断优化，复种指数呈波动式增长。作物种植模式由高产为主向高产高效的方向发展，土壤耕作由多耕多种向少耕精种方向发展。

主要粮食作物种植模式如下。

1）小麦/玉米种植模式

小麦/玉米作物系统是黄淮海地区的主要粮食作物系统，冬小麦、夏玉米年内接茬复种、周年轮作，占该区粮食作物的 80% 以上。冬小麦的生育期在 240 d 左右，其中有 3.5 个月平均气温在 10 ℃ 以下，有效积温日数约在 120 d 以上，通常在玉米收获后的 10 月上中旬播种，次年 5 月底 6 月上中旬收获；夏玉米生育期一般在 115~125 d，在小麦收获后接茬播种，9 月底 10 月初收获。

秋季玉米机械收获后，小麦一般采用旋耕条播、种肥同施方式。为解决长期旋耕带来的耕层变浅、犁底层加厚等问题，目前正在推广经隔年机械深松或松耕、免耕、翻耕、免耕按年循环耕整地后播种和深松条带旋耕播种等方式。井灌区小麦播种时起畦，河灌区播种时可起宽畦或不起畦，灌溉仍然以漫灌为主。

夏季小麦机械收获后，因没有耕整地的时间，玉米播种以机械免耕直播为主，占玉米播种总面积的 90% 左右，另有极少小地块在麦收前 5~10 d 进行小麦行间套种玉米，还有玉米与其他作物间套作。玉米早播对产量影响显著，小麦收获后要求及时播种，墒情不足时要进行灌溉造墒。夏玉米免耕直播主要存在冬小麦机械收获留茬高、秸秆还田覆盖量大（见图 2-1）和种子播在麦茬上等问题，影响播种质量，同时病虫害增多。

图 2-1　小麦留茬高、秸秆覆盖量大、土壤板结,影响下茬玉米、大豆播种

2）小麦/大豆种植模式

小麦/大豆作物系统是黄淮海地区的重要粮食作物系统,冬小麦、夏大豆年内接茬复种,周年轮作。夏大豆的生育期一般在 95～110 d。大豆是一种不耐连作的作物,连作引起的根分泌物及残茬腐解物的自毒作用使大豆很难重茬种植。虽然年内有小麦隔开,但仍然存在连作障碍。一般认为可以连作 2～3 年,然后使用小麦/玉米种植模式轮茬 1～2 年。小麦/大豆的耕种模式与小麦/玉米基本相同。夏大豆也是在冬小麦收获后不进行任何耕翻整地免耕直播,通常 6 月上旬播种、9 月中下旬收获。夏大豆播种所遇到的问题与夏玉米相似。

除此之外,黄淮海地区小麦与花生、棉花年内接茬轮作也分别占有一定比例。近几年由于粮食价格下滑,小麦与花生轮作面积增大,主要分布在山东的中东部和河南的东部。小麦与棉花轮作面积随着棉花播种面积的减少而减少。

（3）粮食生产主要特点

黄淮海地区粮食生产实施复种的主要特点:一是由于季节不充裕,前后两茬作物争农时,夏秋两季需抢收抢种;二是前茬作物栽培形成的垄畦、根茬及收获的早晚和收获后形成的地表残余物、土壤状况、病虫害等对后茬作物的生长期、播种、管理、收获等影响显著。后茬作物只能被动地承接上茬作物留下的环境条件,前后茬作物互相影响又相互依赖,构成年内两茬复种的作物生产系统。所以,接茬轮作机械化的关键是前后两茬作物统筹兼顾,合理规划栽培规格,规范栽培模式,如前茬作物播种时要为后茬作物预留播种行,同时要预留田间管理机械进地作业通道,后茬作物需与前茬作物同畦灌溉等。

黄淮海地区主要粮食作物生产模式是冬小麦与夏玉米、夏大豆年内接茬复种,秋收秋种、夏收夏种。其机械化生产要适应上述生产特点,需重点解决以下几个方面的问题:

① 由于复种指数高,季节短促,需要培育生育期短、后期脱水快且产量高的玉米品种,促进籽粒直收。

② 冬小麦夏玉米、冬小麦夏大豆两茬作物接茬复种必须整体考虑,科学规划、系统设计两茬作物的栽培模式和种植方式。

③ 处理好冬小麦作物残茬,提高夏玉米、夏大豆少免耕条件下的播种质量,提高出苗率,确保苗齐、苗全。

④ 在秋季玉米收获和小麦播种环节,以提高机械作业效率、缩短机械作业期为目标,研制玉米籽粒收获机和深松、耕整、施肥、播种多功能小麦播种机具,实现复式作业和优质高效生产。

总之,促进小麦、玉米、大豆等粮食作物生产全程机械化发展的措施是通过农机农艺融合,选育适宜的品种,调整栽培模式,研制配套机具,形成黄淮海地区的机械化生产技术体系。

2.1.2　长江中下游地区粮食生产特点

（1）农业自然条件

长江中下游地区主要由湖北、湖南、江西、安徽、江苏、浙江、上海六省一市组成,大部分位于秦岭、淮河以南和南岭以北。该区平原盆地和丘陵山地相间,土地资源条件优越。其中的长江中下游平原,一般海拔 5 ~ 100 m,多数在海拔 50 m 以下,大部分属北亚热带,小部分属中亚热带北缘,最冷月均气温 0 ~ 5.5 ℃,最热月均气温 27 ~ 28 ℃,年均气温 14 ~ 18 ℃,无霜期 210 ~ 270 d,年降水量 1 000 ~ 1 500 mm,季节分配较均匀,是我国水资源最丰富的地区,也是我国重要的粮、油、棉生产基地。粮食产量约占全国总量的 29%。长江中下游地区的水稻种植面积和总产量均占全国总量的 45% 以上。作为我国水稻的第一大主产区,其水稻的生产情况是我国水稻生产的“晴雨表”,体现了我国水稻的生产能力。

（2）主要粮食作物种植模式

水稻和小麦是长江中下游地区主要粮食作物类型,双季稻、再生稻及小麦/水稻两熟种植模式是该区主要粮食作物两熟制模式。

1）双季稻、再生稻种植模式

长江中下游双季稻区是我国最主要的双季稻生产区。双季稻即早稻晚稻连作、一年两熟种植模式,早稻一般在 3 月底至 4 月初育秧,大田移栽在 4 月底至 5 月初,7 月中旬收获;晚稻育秧一般在 6 月中下旬播种,大田移栽在 7 月中下旬,10 月中下旬收获,晚稻插秧与早稻收获紧密衔接。双季稻稻作模式较单季稻更有利于提高作物对温光资源的利用率,提高土地产出率,增加水稻产量。而 1999 年后,该区双季稻面积整体呈现急剧缩减趋势,到 2003 年达到最小值,年播种面积 369.7 万 hm²,仅为 1999 年总播种面积的 60%。由于种植结构、耕作制度的改革,以及双季稻米质不佳等原因,各地“双改单”现象明显,双季稻面积锐减,单季稻增长势头迅猛。随着国家相关扶持政策的出台,农业栽培技术及农业机械的发展,2003 年以后该区双季稻种植面积有所恢复并逐渐趋于稳定,2012 年双季稻总种植面积达 734.2 万 hm²。当前该区双季稻占我国双季稻总播种面积的 60.9%。品种选择上,早稻品种多为常规粳稻或籼型杂交稻,连作晚稻为籼、粳型杂交稻或常规稻。我国双季稻生产长期采用高产量、高投入、低效益、低效率的劳动密集型生产模式。尤其南方双季稻区晚稻移栽时,正值高温闷热天气,劳动力矛盾突出,稻农更倾向于应用轻简栽培方式。需要加强水稻生产过程中播种与栽植两方面相关机械及高产农艺的研发,加快双季稻种植机械化。

再生稻是另外一种采用"头季加再生季"模式来提高土地复种指数、稻田单位面积产量和经济收入,实现水稻一种两收的重要生产模式。再生稻可以提高单位面积水稻产量,缓解双季稻生产季节性劳动力矛盾,特别适合南方稻区种植单季稻热量有余而种植双季稻热量又不足的地区。同时蓄留再生稻可以作为水稻生产中头季稻遇到台风、洪涝等自然灾害的增收补救措施。此外,再生季的抽穗灌浆期大多在 9 月中旬以后,此时昼夜温差大,日照充足,有利于光合物质积累,因此再生季籽粒饱满,米质良好有光泽,腹白小,食味佳。也有报道指出,再生季的稻草比头季稻草柔软,使其还田是很好的有机肥料,可增加稻田有机质,改善土壤,培肥地力。近年来,随着新品种的应用、栽培技术的完善和再生稻生长发育等特性的深入研究,以及劳动力成本的上升,再生稻栽培面积和产量稳步上升,全国再生稻面积达到 66.7 万 hm^2 左右。2014 年福建再生稻全程机械化耕种收获高产,再生季亩产达 298 kg。我国南方有 333.3 万 hm^2 单季稻田适宜种植再生稻。如果每亩多收 300 kg,增产稻谷总量可达 1 500 万 t。由此可见,再生稻模式是当前形势下发展粮食生产值得探索的重要模式。

2)小麦/水稻种植模式

长江中下游小麦/水稻轮作是一种水旱轮作模式。它可以改善土壤的通气性,有利于有益生物的繁殖活动,增加土壤微生物的数量和活性,促进有机质的矿化和更新,增加土壤有效养分,是长江中下游地区另一重要的两熟制种植模式。小麦一般 10 月下旬至 11 月上旬播种,次年 5 月下旬收获;水稻一般 5 月中下旬至 6 月上旬播种,栽插期一般为 6 月上中旬,10 月下旬至 11 月上旬收获。由于近年来长生育期优质水稻的推广应用,导致下茬小麦播期推迟,接茬难度大,小麦播量加大、品质下滑。这种小麦/水稻轮作模式在南方稻作区习惯被称为稻麦轮作。长江中下游水旱轮作模式中稻麦轮作种植面积最大,其次是水稻/油菜和早稻/晚稻/油菜轮作。

稻麦轮作种植制度是我国长江流域成为大粮仓的基础。它的稳定发展关系到粮食生产的全局。依托小麦生长的优势区位,2012 年该区小麦播种面积和产量分别为 579.1 万 hm^2 和 2 774 万 t,总产量和播种面积分别占全国麦作总产量和面积的 23.9% 和 22.9%。近年来下游地区稻麦轮作面积有所增加,主要是单季稻种植面积逐年增加所致。

（3）粮食生产主要特点

水稻、小麦、玉米、大豆、马铃薯等粮食作物在长江中下游地区均有种植,但由于气候、地形地貌和海拔差异较大,作物种植面积分布不均,种植模式、种植制度存在明显地域差异。从《中国统计年鉴 2016》统计数据看（见图 2-2）,2015 年该区水稻年种植面积和产量分别为 1 509.2 万 hm^2 和 10 556.7 万 t,分别占该区粮食总种植面积和产量的 56.7% 和 66.7%,种植规模远高于其他作物,是该区最主要的粮食作物。从种植区域来看,水稻在整个区域都有大面积种植,长江以南多以双季稻为主,有早稻/晚稻、早稻/晚稻/绿肥、早稻/晚稻/油菜等,尤其以湖南、江西最多,种植面积分别为 411.4 万 hm^2 和 334.2 万 hm^2,占该区域水稻总种植面积的 50%。双季稻区田块小而分散、季节茬口紧,育苗移栽是主要种植方式,劳动强度大、稻作效率低,尤其是连作晚稻,湿收湿种、抢收抢种,高温育秧、大苗移栽,这对水稻种植机械化提出许多独特性需求。

图 2-2　2015 年长江中下游地区主要粮食作物播种面积和产量

长江以北江淮之间多实行稻麦两熟制。如湖北、江苏、安徽淮河流域地区,是我国小麦的主产区之一,2015 年小麦种植面积和产量分别为 590.6 万 hm^2 和 3 072.9 万 t,分别占该区粮食总种植面积和产量的 22.2% 和 19.4%,种植规模和产量仅次于水稻。稻麦接茬复种,茬口紧,稻田耕层土壤沉积板结,且收获后留下大量秸秆和根茬需处理,给耕整地带来很大困难,影响小麦的播种,使产量降低,需要农机与农艺相结合,研究稻麦轮作地区小麦高产的机械化综合技术。

三大粮食作物中,玉米在该区域种植面积最少,2015 年其种植面积占全区粮食总播种面积的 9.3%,主要分布在江苏、安徽、湖南、湖北。豆类种植规模和分布规律与玉米相似,2015 年,占区域内粮食作物总种植面积的 6.8%,主要分布在安徽和江苏。

长江中下游地区主要粮食作物生产模式是双季稻、稻麦两熟种植模式,其机械化生产要适应上述生产特点,需重点解决以下几个方面的问题:

① 由于两熟种植,温光资源不足,季节茬口紧,需要抢种抢收,选育生育期适

中的品种,实现品种茬口衔接、确保两熟均衡高产。

② 两茬作物接茬复种必须整体考虑,科学规划、系统设计两茬作物的栽培模式和种植方式,该区中北部地区宜采取水稻育苗移栽方式,南部温光资源富余地区早稻可采取直播方式。

③ 实施作物秸秆还田耕整地,提高小麦播种质量和机插秧质量,提高出苗率,确保苗齐苗全。

④ 在秋季小麦播种环节,以提高机械作业效率、缩短机械作业期为目标,研制耕整、施肥、播种、开沟、镇压多功能小麦播种机具,实现复式作业和优质高效生产。

⑤ 在双季稻区,急需研发适应杂交稻的单株插秧机、晚稻大苗插秧机,实现对大面积高强度手工插秧的有效替代。

总之,促进水稻、小麦等粮食作物机械化生产发展的措施是通过农机农艺融合,选育适宜品种,调整栽培模式,研制配套机具,形成长江中下游地区的机械化生产技术体系。

2.1.3 华南地区粮食生产特点

(1)农业自然条件

华南地区位于我国最南部,包括台湾省、海南省全部,福建省中南部,广东和广西的中南部,云南省南部和西南部。华南地区年平均气温 15 ~ 26 ℃,最冷月平均气温≥10 ℃,极端最低气温≥-4 ℃,日平均气温≥10 ℃的天数在 300 d 以上,每年受台风影响平均 2 ~ 3 次。多数地方年降水量为 1 400 ~ 2 000 mm,水资源虽较丰富,但降雨量在时间、地域和年际上差异较大,是一个高温多雨、四季常绿的热带—亚热南带区域。华南地区汛期主要集中在 4—9 月,占全年的 85% 左右;枯水期在 10 月到次年 3 月,降雨量少。枯水期又是很多农作物生长的关键期,如果供水得不到保证,将影响作物的产量和质量。因此,华南地区的农业生产必须解决通风降温、抗湿热腐蚀、抗台风暴雨及经济作物节水灌溉问题。

(2)主要粮食作物种植模式

华南地区早稻一般为 4 月底到 5 月初移栽,7 月中旬收获;晚稻一般为 7 月中下旬移栽、10 月中下旬收获。在晚稻收获之后与早稻移栽之前,农田存在一段时间的空闲期。空闲期月平均气温大部为 14 ~ 19 ℃,降雨不多,温暖无霜,是我国典型的南方气候。这种气候条件对于种植马铃薯非常适宜。这个季节又正是水稻田的休闲期,当地农民利用这个季节种植马铃薯,产品除供当地菜用外,还大量出口我国香港和东南亚等地,产值很高。华南地区基本上都是采用稻薯轮作的方式进行马铃薯种植,属一年三熟种植。因马铃薯前后均接茬水稻,种植特点又类似两熟轮作。在该区域适宜种植冬作马铃薯的耕地面积在 400 万 hm² 以上。这些区域冬种马铃薯一般为 10 月中旬播种、次年 4 月中旬完成收获,水稻种植与马铃薯种植紧密衔接。

（3）粮食生产主要特点

华南地区农业生产在我国农业发展中具有举足轻重的地位,其主要农作物水稻种植面积和产量在全国均占很大比重。水稻种植后会产生大量的秸秆。农户为了方便及节约秸秆处理的成本,一般会将稻草秸秆在田间直接焚烧,造成大气严重污染。为遏制污染、保护环境,我国目前已加强对秸秆焚烧的严格管控。结合华南地区稻薯轮作的种植模式,采用稻草覆盖进行马铃薯种植有利于稻草资源的综合利用,促进农业的可持续发展。在较长的时期内,此种植模式不会发生大的变化。稻薯轮作栽培的关键是,根据水稻收获后稻草不同的处理方式来选择合适的稻草覆盖种植马铃薯农艺。稻草全程均匀覆盖模式,需要考虑前茬水稻收获后保留充足的稻草量,稻田免耕,直接开沟成畦,沟内泥土覆盖在畦面上,将种薯分行摆放在畦面上,用稻秆全程均匀覆盖,配合适当的施肥和管理措施,直至收获鲜薯。充足的稻草覆盖量及均匀的稻草覆盖厚度是提高出苗率、降低绿薯率的关键。稻泥混合筑垄播种模式,需要考虑前茬水稻收获后进行秸秆粉碎还田,在播种马铃薯前采用旋耕机进行旋耕作业,将稻茬与泥土混合后进行筑垄播种。此模式可保证薯种与泥土的充分接触,提高马铃薯产量。华南地区水稻机械化种植较为成熟,但马铃薯生产机械化的总体水平比较低,为了促进华南地区马铃薯产业又好又快的发展,需要针对华南地区的稻薯轮作模式重点研发配套机具。

2.2　机械化现状与制约因素

2.2.1　黄淮海地区机械化现状与制约因素

（1）机械化生产现状

黄淮海地区粮食生产机械化程度相对较高,主要粮食作物小麦、玉米、大豆生产基本实现了机械化。其中,小麦生产机械化水平高于玉米、大豆。与全国相似,该区粮食生产机械化发展不平衡,东部发展早而快,中西部发展晚而慢。全国及该区各省市粮食作物生产机械化情况见表 2-1。

山东省是黄淮海地区粮食生产机械化发展较好的省份,2015 年度主要粮食作物耕种收综合机械化率达到 81%,其中小麦达到 94.69%,玉米达到 92.3%,大豆达到 43.25%。近几年河北、河南两省粮食生产机械化发展较快,主要粮食作物耕种收综合机械化率分别达到 74.7% 和 77.5%,其中小麦分别达到 98.8% 和98.69%,玉米分别达到 88.84% 和 89.16%,大豆分别达到 44.48% 和 48.64%。

表2-1 2015年全国及黄淮海各省市主要粮食作物生产耕种收机械化率

单位:%

地区	小麦				玉米				水稻				大豆			
	机耕率	机播率	机收率	耕种收综合机械化率	机耕率	机播率	机收率	耕种收综合机械化率	机耕率	机播率	机收率	耕种收综合机械化率	机耕率	机播率	机收率	耕种收综合机械化率
全国	97.06	87.54	95.23	93.66	89.92	86.62	64.18	81.21	98.94	42.26	86.21	78.12	72.15	64.56	58.73	65.85
北京	99.12	100.00	99.75	99.57	92.87	95.78	76.98	88.98	93.33	73.33	66.67	79.33	57.89	49.09	33.94	48.07
天津	99.67	90.14	97.62	96.19	99.67	92.32	86.52	93.52	90.18	80.63	85.94	86.04	98.47	96.79	81.83	92.98
山东	90.53	97.25	97.68	94.69	96.81	96.24	82.33	92.30	97.75	51.31	83.80	79.63	51.27	54.81	21.00	43.25
河南	100.16	96.78	98.65	98.69	98.38	91.39	74.65	89.16	89.70	29.10	83.08	69.53	27.28	70.06	55.70	48.64
河北	100.00	98.00	98.00	98.80	100.00	92.67	70.12	88.84	92.44	59.35	68.88	75.44	59.99	54.53	13.74	44.48
安徽	99.44	89.70	98.52	96.24	61.83	92.87	75.10	75.12	100.00	42.80	94.70	81.25	37.87	65.23	61.04	53.03
江苏	99.02	90.00	99.01	96.31	86.84	67.22	63.65	74.00	98.57	83.37	97.72	93.75	61.94	24.99	17.97	37.67

数据来源:中国农业大学中国农业机械化发展研究中心根据农业部农业机械化管理司《2015年全国农业机械化统计年报》等数据整理

该区农机总动力、拖拉机、播种机、谷物联合收割机、玉米联合收割机社会保有量较大,2015 年分别占到全国总量的 43.24%,48.73%,53.46%,55.72% 和 60.54%,为黄淮海地区粮食生产的机械化作业提供了有力保障。各省市主要农业机械社会保有量情况见表 2-2。

表 2-2　2015 年黄淮海地区各省市主要农业机械社会保有量

| | 农机总动力/亿 kW | 拖拉机/万台 | | 机引犁/万台 | 旋耕机/万台 | 播种机/万台 | 谷物联合收割机/万台 | 玉米联合收割机/万台 |
		总量	大中型拖拉机					
山东	1.34	244.45	53.52	144.17	33.16	72.52	16.59	10.35
北京	0.02	0.84	0.70	0.12	0.36	0.45	0.07	0.09
天津	0.05	1.79	1.50	0.53	1.88	1.57	0.32	0.27
河北	1.11	163.70	27.43	50.91	29.12	53.28	8.48	5.29
河南	1.17	379.85	40.23	320.51	26.33	136.07	17.66	6.49
安徽	0.66	236.68	22.01	181.44	68.67	46.22	15.60	1.81
江苏	0.48	98.62	16.76	20.11	91.76	30.30	14.74	1.17
合计	4.83	1 129.48	162.15	717.79	251.24	340.41	73.46	25.47
全国	11.17	2 310.41	607.29	1303.26	608.68	636.73	131.84	42.07
占比	43.24	48.73	26.70	55.07	41.28	53.46	55.72	60.54

数据来源:农业部南京农业机械化研究所《中国农业机械化年鉴 2016》

各主要生产环节机械化状况分述如下。

1）动力机械

黄淮海地区拖拉机保有量较大,2015 年共有 1 129.48 万台,占到全国总量的 48.73%。其中,大中型拖拉机保有量 162.15 万台,占总保有量的 26.7%;小型拖拉机保有量 967.33 万台,占总保有量的 73.3%。小型拖拉机保有量是大中型拖拉机的 5.96 倍。近年来,大中型拖拉机,特别是 88.2~112.5 kW 功率段的拖拉机发展较快。同时,四驱拖拉机占比逐渐提升,动力换挡、无级变速、电液控制、自动导航等新技术逐步得到应用。相应地,拖拉机配套机具向大中型发展,但小型农机具仍然是主力。拖拉机的发展带动了粮食生产机械化发展。

2）耕整地

黄淮海地区普遍采用秋季耕整施肥播种、夏季免耕施肥播种的耕作方式。为解决以往长期犁耕及后期的旋耕造成的犁底层叠加增厚影响作物生长等问题,近几年发展了犁耕、深松、免耕、少耕组合的保护性耕作模式,配套使用秸秆还田机、铧式犁、深松机、旋耕机及深松旋耕组合机具。同时,针对秋季播种小麦和夏季麦茬地播种玉米、大豆,发展了多种形式的带苗床整理的小麦深松条带旋耕播种机具和玉米、大豆播种机,使播种机也具备了一定的整地功能。因国家实行深松补贴,在农机管理部门的引导下,发展了深松机作业过程监控系统。该系统的前端设备不但可使驾驶员随时了解作业深度(质量)、速度和面积,还能使管理部门掌握每台机具的作业位置与时间。所以,目前的耕整地机具比较丰富,一般家庭农场都备有铧式犁、联合整地机、秸秆还田机、旋耕机和深松机。这些机具的配套使用,促进了粮食作物种植先进农艺技术的发展。目前,围绕建立黄淮海地区保护性耕作机械化技术体系,秋季深松、免耕、翻耕、免耕按年循环耕作和夏季免耕逐渐成为制式耕作方式。

3)播种

随着少免耕播种、种肥同施、高速精量播种技术的推广应用,小麦、玉米和大豆播种机发展较快,形成规格系列,促进了三种作物的播种机械化率快速提升。

目前应用比较普遍的小麦播种机型主要有两种。一种是传统的通用施肥播种机,用于耕地后的小麦施肥播种,播幅一般 1.5～3 m。其核心部件外槽轮变化较大,槽轮沟槽变小、沟槽变斜,转速相应提高,排种均匀度和精度得到提升;功能有很大提高,具有了种肥分离分层、防堵和稳定播深能力,镇压能力也有所提高。另一种是小麦免耕播种机,一般播幅不大于 3 m,单独开沟、宽幅宽苗带播种,开沟器可以单体仿形,这种播种机械在黄淮海中北部发展较快。

因夏玉米和夏大豆都要在小麦收获后免耕播种,故播种机一般有清草防堵装置,且均实现了精量播种。夏玉米免耕播种机排种器以勺轮式为主,指夹式精密排种将逐渐替代勺轮式;可选装深松施肥、苗带旋耕等部件及作业电子监控系统;机型以 3～4 行为主。夏大豆免耕播种机一般具有排草功能,可将作物留茬整备干净,排种器以机械式为主,如勺轮或窝眼轮式;开沟器多为铲式结构。部分家庭农场配有进口播种机,采用气吸排种,具有参数监控功能。

4)田间管理

田间管理一直是黄淮海地区粮食生产机械化的薄弱环节。小麦/玉米、小麦/大豆轮作体系中,对前后茬作物播种畦、行的对应安排,田间管理机械进地空间等缺乏合理的系统规划,限制了小麦拔节后拖拉机和自走式机械进地实施田间管理作业。

对病虫草害的防治,在小麦拔节前使用吊杆式喷雾机,拔节后的病虫害防治仍以背负式喷雾机为主;玉米、大豆生长前期使用吊杆式喷雾机,玉米生长中期、大豆生长中后期仍以背负式喷雾机为主,部分规模化经营主体在玉米、大豆生长中后期使用高地隙拖拉机悬挂吊杆式喷雾机、自走式高地隙吊杆式喷雾机和少量的植保飞机等。中耕追肥,小麦浇地前采用人工或撒肥机,玉米和大豆采用人工或中耕施肥机。灌溉仍以畦灌为主。

目前,随着小麦/玉米、小麦/大豆轮作体系栽培模式的优化推广,田间管理作业机械进地难的状况逐步改善。高地隙拖拉机、自走式高地隙喷雾机、植保飞机及喷灌、滴灌等节水型灌溉技术装备近年来已进入起步发展阶段,开始推广应用。

5)收获

黄淮海地区小麦收获已基本实现了机械化。目前收割机处于机械更新换代期,喂入量由 2~5 kg/s 向 6~8 kg/s 转换,升级为性能更好的新一代机型,由目前以中小型横轴流技术为主逐渐升级为大中型纵轴流,要求秸秆处理能为下茬作物播种创造良好的条件,如秸秆切碎均匀抛撒等。

"十二五"期间玉米收获机械化发展较快。2015 年山东玉米机收率达到84.6%,但因收获时籽粒含水率高,目前普遍采用机械摘穗剥皮、秸秆还田、脱粒和人工晾晒的收获方式,致使收获环节耗能大、成本高,且常因缺少场地、晾晒不及时造成污染和霉变损失。秸秆还田质量也不高。目前的玉米收获机一般有秸秆还田、果穗剥皮和苞叶切碎功能,现正在发展带有秸秆切碎抛送或秸秆切断打捆等功能的机型。籽粒直收机型随着玉米品种的改进正在加快发展,要求在籽粒含水率为 28% 的条件下籽粒破碎率不大于 5%。

大豆收获多在小麦收获机基础上调整使用,有个别机型采用专用仿形割台保证了低割茬收获的要求。有少部分地区采用分段收获,用割晒机把大豆割倒铺放,待晾晒干后,再用联合收获机安装拾禾器拾禾并脱粒。主机通用,换装专用割台,并具有精确、可靠的脱粒间隙、清选参数调整机构的机型是大豆收获机械的发展方向。

6)干燥

近几年,随着土地流转和家庭农场等新兴农业经营主体的发展,粮食晾晒的场地、霉变、污染、影响交通等问题突出,干燥机械需求迫切。在各级政府的推动下,各地加大了研发支持及购机补贴力度,粮食干燥机械在黄淮海地区得到较快发展,社会保有量不断提高。目前,粮食干燥机械的用户主要是大规模的家庭农场、少量农机专业户和部分粮食收购企业。

(2)机械化发展的制约因素

1)土地经营规模小,基础设施薄弱

黄淮海地区土地经营规模偏小,田地分割"细碎化",导致作物种植多样化和分散化,不利于田间机械作业,尤其是限制了大型机械的使用,制约了粮食生产机械化的发展。大部分地区的农业基础设施是 20 世纪 70 年代建成的,特别是排灌设施和机耕道路普遍年久失修,毁损严重,灌溉不便,机械难行。

2)栽培模式不规范,种植方式多样

黄淮海地区地域广阔,各地自然环境、生产条件差异较大,农机农艺融合不够。前后两茬作物在栽培模式和种植方式上缺少机艺融合的整体考虑和系统规划,加之各地农民长期形成的农业生产习惯不同,采取的技术方法也存在较大差异,造成各地种植规格多样,栽培模式不规范,导致机械化作业时出现种子播在麦茬上影响出苗、中耕植保机械进地难等问题。据初步统计,仅山东小麦种植畦宽就在 1.1~4 m,高产井灌区在 1.1~1.8 m,沿黄灌区多在 2 m 以上;玉米有套种、间作方式,宽窄行、等行距播种行距范围为 40~90 cm;大豆种植有等行距和宽窄行方式,等行距以 40 cm 为主,宽窄行种植有 50 cm 宽行分别配 20 cm,25 cm,33 cm 窄行,也有40 cm 宽行配 20 cm 窄行等。各地区因地力和品种差异有所区别。这些多样化种植方式给粮食全程机械化生产带来很大困难。

3)农机具创新不能满足区域农机化发展的要求

农机具创新不足也是制约黄淮海地区粮食生产机械化发展的重要因素。目前农机具整体技术水平不高,可靠性差,机具的成套性和与农艺的配套性不强;麦茬玉米、大豆播种质量不高,中耕追肥和植保等田间管理机具缺乏,高含水率条件下玉米摘穗剥皮损失大,籽粒收获技术还没有完全突破,薄弱环节机械化的新技术、新产品供应不足。长期以来农机科研投入不足,人才断层严重,科研成果产出不足,导致创新能力严重滞后。

2.2.2　长江中下游地区机械化现状与制约因素

(1)机械化生产现状

1)水稻机械化生产现状

长江中下游地区 2015 年各省市主要农业机械社会保有量见表 2-3。各省市耕整地机械化水平均比较高。田间管理机械化方面,与手动施药药械、背负式机动药械相比,自走悬挂式植保机械的保有量还非常低,约仅占国内植保机械的 0.57%。在水稻生产中,受农艺上行距小等限制,且水田的泥脚深浅不一,特别是水稻生长中后期行垄不清晰,大型植保机械很难进入田块实现喷药作业,进一步影响了水稻植保机械化的水平。收获机械化环节,各省份水稻收获机械化水平较高,均达到发展目标要求。但在水稻种植环节,水稻机械化直播、机械化抛栽、机械化插秧技术严重滞后,成为水稻生产全程机械化的瓶颈,严重影响了水稻综合生产力的持续提高。

表 2-3　2015 年长江中下游地区各省市主要农业机械社会保有量

省(市)	农机总动力 /亿 kW	拖拉机/万台		机引犁 /万台	旋耕机 /万台	播种机 /万台	水稻种植机具(直播、插秧)/万台	稻麦联合收割机 /万台
		总量	大中型拖拉机					
湖北	0.45	130.65	16.84	83.42	66.17	5.72	6.6	8.68
湖南	0.59	37.24	12.88	95.00	16.35	0.18	3.31	11.37
江西	0.23	35.16	1.96	4.26	28.7	0.08	1.19	6.56
安徽	0.66	236.68	22.01	181.44	68.67	46.22	3.01	15.60
江苏	0.48	98.62	16.76	20.11	91.76	30.30	15.19	14.74
浙江	0.24	13.13	1.26	2.4	10.44	0.05	1.16	1.78
上海	0.012	1.05	0.75	0.64	0.77	0.03	0.28	0.27

数据来源:农业部南京农业机械化研究所《中国农业机械化年鉴 2016》

三种水稻种植机械化技术分述如下。

① 水稻机直播技术。长江中下游地区在进行水稻大面积机械直播时,大多采用简化无序的少免耕撒播,对产量要求不高。如早稻少耕分厢撒播栽培技术,即在耕整后开沟分厢、撒播的栽培技术,适用于劳力紧张地区的早稻生产。晚稻直播的面积一直较少。这主要是受生育期的限制,南方很多地区因积温不足,直播晚稻抽穗期易遇低温,导致不能安全成熟。

随着机械直播定量技术的发展,直播稻由于其自身具有的省工节本效应,在双季稻生产上的运用值得进一步探索。

② 水稻机抛秧技术。水稻抛秧技术是指采用塑料秧盘或旱育苗床,育出根部带有营养土块的秧苗,移栽时利用带土秧苗自身重力,采用人工或机械均匀地将秧苗抛撒到大田的一种栽培方式。当前水稻抛秧面积约占我国稻作面积的 30%,尤以双季稻区分布最广,是我国当前最主要的轻简化稻作方式。随着抛秧机械和配套栽培技术的不断走向成熟,抛秧面积会进一步加大。水稻抛秧技术,尤其是钵体苗精确摆栽技术是发展南方双季稻轻简化栽培技术的重点。但同时钵体苗育秧技术难度大,钵盘、育秧大棚建设成本高,近年来钵苗摆栽技术在双季稻生产中的运用仍处于示范阶段,进一步简化操作、降低成本是今后研究发展的重点。

③ 水稻机插秧技术。机械栽插比人工手插平均节约成本 450 元/hm²,机插秧的效率是人工作业的 10~30 倍,大大提高了栽植效率,尤其是双季晚稻"双抢"栽插时节,具有明显的节本省工效应。目前毯状苗机插时,存在毯状苗秧龄弹性小和秧苗质量不高等问题,使得机械种植质量无法达到预期目标。而钵苗移栽虽然具

有秧龄弹性大、秧苗质量好、带钵移栽对秧苗的伤害小及发苗快等特点,但钵苗移栽对于不同的种植制度和不同类型的水稻品种应用的适应性还有待提高。并且钵苗移栽机械设备价格昂贵,尤其是秧盘的价格相对来说更贵,这就导致机械投入成本过高,推广难度大。

2)小麦机械化生产现状

长江中下游地区作为稻麦轮作区,耕种收环节实现了机械化,但在机械化过程中也存在一些薄弱点和问题。耕作方面,耕作土壤以稻田土为主,土质多黏重、耕整地难度大。近年来,耕作栽培轻简化与机械化是农民的迫切愿望,要求简化作业程序,减少作业次数,减轻劳动强度,提高作业质量。小麦播种方法主要有条播、撒播和穴播三种。大部分地区以撒播为主,以利抢时抢墒和省工。近年来逐渐形成了以机械化精确定量播种和旋耕为核心的小麦机械化浅旋耕条播技术。在田间管理方面,播种之后的施肥及植保作业是小麦生产管理中的重要环节。目前稻麦生产中栽插(播种)施肥一体化机械已有相关研究成果在生产中开始应用。2014 年江苏如东进行了稻秆还田、施肥、小麦播种一体化作业推广示范,具有灭茬功能的犁旋一体机将秸秆埋覆到 14 cm 深的土里,复合肥、小麦种子也随之入土,泥土被平整器压平,作业效果良好。当前湖北、安徽和江苏是小麦生产机械化水平较高的省份。以湖北省为例,至 2014 年,重点在鄂中北低丘岗地推广小麦全程机械化技术,通过推广应用,2014 年湖北全省推广小麦全程机械化面积 48 万 hm²,占适宜推广面积的 50% 以上。全省小麦完成机械耕整土地 105.3 万 hm²,机播 46.5 万 hm²,机收 102.7 万 hm²,机收率 91.6%,综合机械化率达 77.5%。2013 年安徽全省农作物耕种收综合机械化率达到 64.6%,小麦生产基本实现了全程机械化。至 2015 年,安徽投入联合收割机 15 万台,小麦主产区机收率达 98%。到 2017 年,安徽全省的农业机械总动力将达到 7 000 万 kW,小麦生产实现全程机械化,耕种收机械化作业完成升级换代,形成小麦高产稳产机械化生产模式。

(2)机械化发展的制约因素

1)土地规模、地形条件的限制

长江中下游地区每家每户耕地面积一般比较小且不集中,户均经营规模仅为 0.78 hm²。机器工作时,因田块小、田间地头转弯较多,很多田块边角会漏空,降低了机具的作业效率。双季稻区土壤类型一般以红壤、黄壤及由各类自然土壤水耕熟化而成的水稻土为主,这类土壤一般黏性较大、易板结,增大了机具的耗油量。对于部分山地、丘陵地形,机具难以进入,使水稻、小麦生产的机械化发展困难。

2)农机与农艺难融合,栽培方式不规范

农机与农艺研究结合不够。农艺技术研究主要追求产量,往往忽略了机械作业的适应性;而在农机研制过程中,多是针对不同的种植制度,研究不同作业要求的机械,为增加产量,农艺部门研究出套作、间作、密植、稀植等多种多样的种植方式,在一定程度上增加了机械化的难度。

农机与农艺不配套在双季稻区显得尤为突出。其原因一是长江中下游地区气候多变,耕作制度多样,插秧季节紧张、茬口灵活多样,早稻育秧季天气多变,秧龄和移栽期很难控制;后季稻7月育秧,气温过高,很难把握适宜移栽秧龄,常因高温高湿或阴雨推迟移栽造成严重超秧龄。二是双季稻区水稻品种多样化,现有机插秧技术的应用和发展起始于常规稻、单季稻,其适用的是密播、短秧龄、中小苗为主的毯状秧苗,而双季杂交稻是稀播、长秧龄、大中苗,应用机插秧技术还存在一定的问题。因此,农艺多样性与农机单一性匹配不够完善是双季稻区机插发展缓慢的主要问题。

农机与农艺不配套体现在小麦的耕种环节,小麦机械化浅旋耕机条播技术是当前长江中下游地区小麦的主要种植方式,旋耕播种的麦田,耕深只有8～12 cm,整地质量差,表层土壤过于疏松,限制了小麦根系发育,单产难提高。播种方面,现有的播种机大部分不适应小麦高产栽培技术的农艺要求,小麦播种行距及种带宽度都达不到要求,并给后期的田间管理带来不便。

3）农机具创新不足,机具不配套

在耕整地机具方面,长江中下游地区由于田块大小不一,田埂多、机耕道少,目前适合当地特点的装备,如不用机耕道的农机具,小块田条件下的平地机械等研发的较少,且这一区域前茬秸秆多,耕整地机械需要采用深耕深翻的方式,将秸秆翻埋至20 cm以下,有效解决秸秆全量还田问题,需研制适应不同地区的秸秆生物腐熟剂,在深埋还田作业时撒施,以促进腐熟,降低秸秆分解释放的有害物质对后茬作物生长发育的影响,实现秸秆持续还田。在种植机具方面适应双季稻区的杂交稻、超级稻需要稀播、长秧龄、大中苗为主的插秧机。小麦种植机具老旧落后,需要开发适应当前农业产业化、集约化、适度规模化经营的小麦种植的复式作业机具。在植保机具方面,一是型号品种单一,无法满足不同作物、不同生长期、不同病虫害防治的需要;二是植保机械装备中喷洒部件技术相对落后,多为大雾量雨滴式,雾化性能不良,没有配备喷幅识别装置,经常出现重喷和漏喷的问题。在收获机具方面,由于水稻的多品种种植方式、土壤特征等存在差异,收割机通用性和适应性不高,水稻收获机的自动化程度不高,例如在割台高度自动仿形控制、喂入量与损失自动监测、速度控制、分离清选系统参数监测控制等方面都与国外机械存在较大差距。在秸秆还田机具方面,小麦收获后,大量秸秆无法处理,联合收割机仍是老机型,动力小、状态差,秸秆收割粉碎达不到标准,急需研发一批新型的秸秆粉碎还田机械。

2.2.3 华南地区机械化现状与制约因素

（1）稻薯轮作机械化生产现状

华南地区地形以丘陵山地为主，丘陵山地面积均占所在省份面积的60%以上。由于该地区田块面积小、田面平整度差和配套动力普遍较小，导致水稻和马铃薯生产机械化作业总体水平较低。

华南地区水稻种植面积占农作物种植总面积的32.55%，是该区域主要的种植作物。水稻收获的机械化率超过了20%，而水稻种植的机械化率低于2%。稻田多用小功率机械翻地，拉不动、翻不深，耕层过浅，严重影响水稻根系发育，秋忙推延。稻田在经过耕整地后采用水稻直播或移栽模式进行水稻种植。近年来随着农村劳动力大量转移，采用水稻直播的种植模式发展很快。据估计，目前我国有30%的水稻种植面积采用直播，且以人工撒播种植方式居多。人工撒播劳动强度高、效率低、费工费时。为了解决人工撒播存在的问题，水稻直播机械开始逐步推广。水稻机械化收获受种植方式、气候条件、土壤类型和田块大小等条件制约，可选择性采用联合收获和分段收获两种技术模式。联合收获是指使用水稻联合收割机一次性完成收割、脱粒、清选和装袋等数道工序，自动化程度高，稻谷籽粒基本清洁干净，省时省工，有较高的收获效率和较低的损失率，但受气候影响较大，最佳收获时期较短，过早或过晚收获会造成损失率增大。水稻联合收割机大多采用秸秆粉碎还田的方式对水稻秸秆进行处理，被粉碎的秸秆铺撒在田地表面，待后期土壤晾晒完毕，种植马铃薯之前，需要采用旋耕机对秸秆进行再次粉碎并与土壤表层混合。此模式下由于秸秆已经被粉碎，只能采用稻茬与泥土混合后进行筑垄播种马铃薯的农艺模式。分段收获是指利用水稻割晒机将水稻割倒铺放田面，然后在田间或运送到场上利用脱粒机脱粒，人工清选和装袋。这种收获方式可提前收割，通过自然晾晒便于脱粒，减少了烘干和晒场的作业量，但整个流程所用机具多，收获时间长，需要劳动力配合，人工劳动强度较大，作业效率较低。采用水稻分段式收获机进行收割水稻，稻秆可以选择性保存下来，后期可以采用稻田免耕，直接开沟成畦，沟内泥土覆盖在畦面上，将种薯分行摆放在畦面上，并用稻草全程均匀覆盖的模式进行马铃薯种植。

2016年农业部正式发布《关于推进马铃薯产业开发的指导意见》（以下简称《指导意见》），提出将马铃薯作为主粮产品进行产业化开发。马铃薯将继小麦、水稻、玉米之后成为我国第四大主粮品种。在《指导意见》中重点提出了充分利用南方冬闲田耕地和光温水资源，因地制宜扩大马铃薯生产。目前，华南地区马铃薯种植面积仅占农作物种植面积的3.75%。马铃薯机械化种植、田间管理与收获环节均缺乏可用的农机具，现有的国内外较为成熟的大型马铃薯机械无法在华南丘陵山地的小地块上作业。华南丘陵山地的农业机械主要配套17.6～44.1 kW拖拉机,整地主要以旋耕为主。马铃薯播种前采用人工或者手扶式小型起垄机进行起垄(见图2-3),然后人工在垄上摆放薯种(见图2-4),最后人工覆盖稻草或者薄膜。采用传统的铁锹铲坑、人工点种的落后播种方式很难保证农艺规范的株距、行距和播深、施肥一致性要求,直接影响单位面积产量。马铃薯田间管理环节机械化程度低,主要依靠人工背负药筒进行喷药。与其他农作物相比,马铃薯更易感染病虫害,且马铃薯生长过程中对水分和肥料需求较大,采用人工背负药筒喷药进行田间管理,喷药效果不佳,容易造成马铃薯产量和质量下降;在马铃薯收获环节,个体农户基本上还是采用传统的镐头刨薯或者人工拨开稻草进行马铃薯捡拾,不仅作业效率低,劳动强度高,而且易损伤,丢失严重,且延误最佳收获期。因此,迫切需要对该地区马铃薯栽培技术进行深入研究,研发出符合我国华南地区丘陵山区马铃薯规模化生产的机械化生产技术,为我国丘陵山区农业产业结构调整优化服务,促进马铃薯产业向规模化和标准化转变,增强优势产业竞争力,从而促进我国机械化均衡发展。

图 2-3　手扶式小型起垄机进行起垄

图 2-4　人工在垄上摆放薯种

(2)机械化发展的制约因素

① 因种植区以山坡和高地为主地形连绵起伏,加上小户分散经营,地块小且形状不规则,不同的田块之间存在一定的高度差,导致机耕道路过窄或路面高低不平,小型、微型农用机械都无法正常抵达,农业机械难以发挥其作用。

② 由于土壤、温度、降雨和日照等条件不尽相同,马铃薯的种植季节和栽培模式差异较大,有春播也有秋播,有垄作也有平作,有人工耕作,也有畜力耕作。栽培条件复杂,给机械化作业带来了极大难度,机械化生产技术难以推广应用。

③ 劳动力短缺。年轻人基本都外出务工,很少有年轻人充当农业生产的劳动力,留下中老年人在乡村种植,导致劳动力年龄结构比例失衡。从事马铃薯生产的多数是老年人或家庭妇女,难以满足机械作业要求,造成机械化生产水平明显滞后其他地区。

第 **3** 章　两熟制粮食作物农机农艺融合技术与栽培模式

　　两熟制粮食作物轮作季节不充分、争农时的生产特点,突显了前后两茬作物生产紧密衔接的系统性和整体性。只有将其轮作体系作为完整的作物系统,建立起时空资源分配合理、适应机械化生产的栽培模式,并在生产全过程互适互促地应用先进农艺技术和实施机械化手段,实现农机农艺融合配套,才能获得高产高效。近年来,两熟制地区粮食生产农机农艺融合发展普遍受到重视,农机农艺协同创新不断推进。这些地区重点围绕主要两熟制粮食作物全程机械化目标,通过深入探讨两茬作物各生产环节机艺相关因素的互作关系,开展品种选育、栽培模式优化和配套作业机具开发,逐步完善机械化生产技术体系,促进了粮食作物生产机械化发展。

3.1　黄淮海地区小麦/玉米、小麦/大豆

　　小麦/玉米、小麦/大豆一年两熟种植是黄淮海地区粮食作物的主要种植制度,也是我国粮食生产典型的旱地两熟制模式。经过多年农机农艺结合配套研发,在破解冬小麦夏玉米、冬小麦夏大豆周年接茬轮作技术难题方面取得了有效进展,为完善小麦/玉米、小麦/大豆机械化生产技术体系,加快黄淮海地区粮食生产全程机械化进程提供了支撑。

3.1.1　农机农艺融合现状及重点技术

（1）农机农艺融合现状

1）农艺流程

黄淮海地区小麦/玉米、小麦/大豆轮作传统种植模式的农艺流程如下。

小麦/玉米:玉米秸秆(根茬)处理→施基肥→耕整地→小麦起畦施肥播种→小麦田间管理(中耕、植保、追肥、灌溉)→玉米套种→小麦收获→小麦秸秆处理→玉米田间管理(中耕、植保、追肥、灌溉)→玉米收获,小麦、玉米收获后干燥等,如图 3-1 所示。

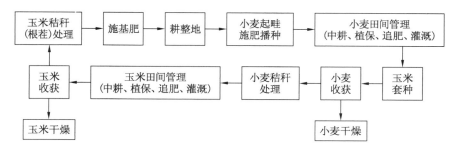

图3-1　小麦/玉米传统种植农艺流程

小麦/大豆：大豆秸秆（根茬）处理→施基肥→耕整地→小麦起畦施肥播种→小麦田间管理（中耕、植保、追肥、灌溉）→小麦收获→小麦秸秆处理→大豆施肥播种→大豆田间管理（中耕、植保、追肥、灌溉）→大豆收获，小麦、大豆收获后干燥等，如图3-2所示。

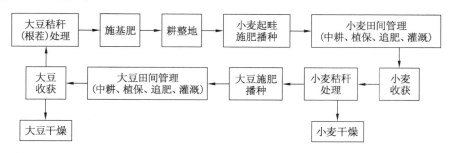

图3-2　小麦/大豆传统种植农艺流程

传统的农艺流程作业，存在环节多、耗时长、作业效率低，玉米套种难以实现机械化，且拖拉机多次进地，压实土壤，对土壤物理结构造成不良影响等问题。

进入21世纪以来，随着免耕、深松及秸秆还田覆盖等保护性耕作技术的推广应用，以及除草剂、缓释肥等技术的配套使用，正在逐渐形成一套适合黄淮海地区小麦/玉米、小麦/大豆轮作的保护性耕作农艺流程，具体内容如下。

小麦/玉米：玉米秸秆（根茬）处理→深松、免耕、翻耕、免耕循环耕作→小麦起畦施肥播种→小麦田间管理（中耕、植保、追肥、灌溉）→小麦联合收获（秸秆切碎均匀抛撒）→玉米免耕施肥播种→玉米田间管理（中耕、植保、追肥、灌溉）→玉米联合收获，小麦、玉米收获后干燥等，如图3-3所示。

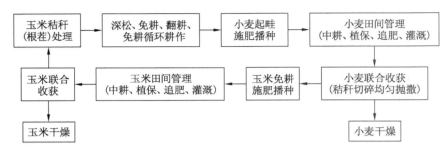

图 3-3　小麦/玉米保护性耕作种植农艺流程

小麦/大豆：大豆秸秆（根茬）处理→深松、免耕、翻耕、免耕循环耕作→小麦起畦施肥播种→小麦田间管理（中耕、植保、追肥、灌溉）→小麦联合收获（秸秆切碎均匀抛撒）→大豆免耕施肥播种→大豆田间管理（中耕、植保、追肥、灌溉）→大豆联合收获，小麦、大豆收获后干燥等，如图 3-4 所示。

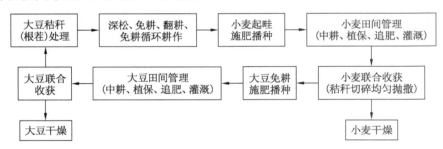

图 3-4　小麦/大豆保护性耕作种植农艺流程

该农艺流程体现了新技术应用对耕作制度发展的促进作用。深松技术和小麦免耕播种简化了传统的秋季耕整地方式，既保证了小麦深根生长需要的土壤条件，又解决了旋耕播种和翻耕形成的叠加犁底层问题，同时也减少了作业能量消耗，还缩短了秋季换茬作业时间，延长了玉米收获前的生长时间。除草剂和缓释肥的使用可免除玉米、大豆生产的多次锄草和追肥作业。小麦联合收获带秸秆切碎均匀抛撒和玉米、大豆免耕直播技术，有利于机械免耕播种和对行收获，解决了玉米套种难以实现机械化的问题。农艺流程的高效化和轻简化，大大降低了粮食作物生产成本，同时促进了机械化的发展。

2）作物品种

作物品种是影响黄淮海地区小麦/玉米、小麦/大豆轮作生产机械化水平的重要因素。目前突出的问题是玉米品种的生育期过长、后期脱水慢，收获时含水率过高，不能直接机械收获籽粒。尽管在生产实践中采取了简化作业流程和应用机械化新技术，通过夏季抢时播种和秋季适当晚收一定程度上延长了夏玉米收获前的生长时间,但问题仍未得到根本解决。"十一五"以来,农学专家在培育适于机械化籽粒收获的玉米品种上进行了大量的研究和试验,以期尽早推出适宜的新品种。

3）栽培模式

栽培模式中前后两茬作物种植畦宽、行距及其相对位置,以及田间管理机械的进地作业空间,是两茬作物轮作能否实施全程机械化生产的关键。目前,栽培模式不规范、种植方式多样,仅山东小麦种植畦宽就有十几种规格。玉米有套种、间作、宽窄行、等行距等不同种植方式和规格,大豆种植也有等行距和宽窄行方式多种规格种植。这导致下茬作物种子易播在上茬作物的根茬上,严重影响播种质量。小麦种植未预留适宜的田间管理机械进地空间,导致施肥和植保机械无法在田间行走作业。"十二五"以来,各地逐步推行农业部提出的黄淮海地区玉米 60 cm 等行距播种,并开始研究规划小麦与玉米、大豆轮作种植的作畦、行距、预留行等配套种植方式,对完善机械化栽培模式起到了积极的促进作用。

4）配套机具

① 耕整地。保护性耕作技术的推广应用对耕整地机具发展起到较大的促进作用。与保护性耕作模式相配套,使用秸秆还田机、铧式犁、深松机、旋耕机和深松旋耕组合机具耕整地,打破了犁底层,同时使土壤得到疏松。具备一定整地功能的免耕播种机也逐步得到发展应用。

② 作物播种。播种环节重点是保证保护性耕作条件下的播种质量及种植规格符合机械化栽培模式要求。现有小麦免耕播种机一般具有种肥分离分层、防堵功能,但播深稳定性和种子入土不实问题还没得到很好解决。玉米、大豆麦茬地播种条件差,播种时正值干旱期苗床易失墒,现有免耕播种机普遍装有清草防堵、限深装置及苗床整备机构,以实现精播保苗,但机具性能有待提高。目前因栽培模式尚缺乏合理规划,播种种植规格难以规范,严重制约着其他环节的机械化作业。

③ 田间管理。田间管理的主要问题在于栽培模式与作业行走机械的互适性和机械作业对作物生长的适应性。因栽培模式不规范,未充分考虑作业机械轮距和轮胎宽度,限制了小麦拔节后及玉米、大豆生长期拖拉机和自走式机械进地实施田间管理作业。高地隙拖拉机和高地隙作业机械的推广应用基本能够满足作物田间管理的需求。玉米是高秆作物,中后期的植保需要 2 m 以上的作业地隙,一般悬挂式吊杆喷雾机无法满足要求,需要研发可变地隙、可变轮距的自走式吊杆喷雾机。航空植保是一种快速防治农作物病虫害的方式,目前发展较快。

④ 作物收获。黄淮海地区小麦、玉米、大豆生产已普遍实现机械化收获。存在的主要问题是,玉米收获时籽粒含水率在30% ~ 35%,含水率过高的条件下机械化收获籽粒会造成过高的破碎损失。随着秋季作业环节的减少,尤其是小麦免耕

播种技术的应用及适时晚收增产技术的推广,夏玉米收获前的生长时间可延长 10 d
左右,进一步降低了收获时的籽粒含水率,如果再能培育出适宜的品种,就有望实
现玉米籽粒机械化直收。小麦、玉米、大豆籽粒收获通用机械是发展重点,关键需
要解决高含水率玉米的摘穗与脱粒、大豆割台低位仿形和脱粒清选的技术难题。

⑤ 秸秆处理。上茬作物收获后的秸秆处理状况对下茬作物播种质量影响显
著。目前,小麦机械收获操作普遍留茬高,且不安装使用秸秆切碎和均匀抛撒装
置,导致秸秆未经切碎成条铺放,增加了玉米播种机开沟、防堵难度;玉米机械收获
秸秆全部还田后,因秸秆覆盖量过大,致使小麦免耕播种种子入土不实。为给下茬
作物创造良好的播种条件及避免秸秆焚烧,除要求小麦收获机手安装使用秸秆切
碎均匀抛撒装置外,主要对收获机械秸秆处理功能进行了强化,并研发了玉米穗茎
兼收和秸秆捡拾打捆等集运装备,部分产品已得到广泛使用。

⑥ 干燥。我国农户粮食生产每年产后损失率超过 8%,造成高约 200 亿 kg 粮
食损失,其主要原因是收获后干燥不科学、晾晒不及时。"十二五"以来,黄淮海地
区粮食生产的规模化、机械化发展催生了干燥技术与装备的研发与应用,但目前尚
处于试验示范和推广普及阶段。在小麦、玉米生产中推广使用的谷物低温循环和
高温连续干燥成套设备,多是在南方和东北机型的基础上改进设计而来,对黄淮海
地区的适应性有待提高。

(2) 农机农艺融合发展的重点技术

1) 重点农艺技术

① 保护性耕作技术。保护性耕作技术是对农田实行免耕、少耕,尽可能减少
土壤耕作,并用作物秸秆、残茬覆盖地表,减少土壤风蚀、水蚀,提高土壤肥力和抗
旱能力的一项先进农业耕作技术。在黄淮海地区实施保护性耕作,应以高保储、高
效益、少污染为目标,突破秸秆适量还田覆盖技术和翻耕、深松、免耕合理组合的耕
作方法等关键技术,完善具有区域特色的保护性耕作技术体系。

② 品种选育提优技术。适合黄淮海地区季节气候条件的小麦、玉米、大豆品
种应具有生育期短、熟期一致的特点。选育小麦、玉米两早熟高产品种,特别是生
长期更短、苞叶松散、后期脱水快、抗虫、高抗倒伏的耐密植夏玉米品种。玉米、大
豆种子要精细分级,以满足精密播种要求。

③ 栽培模式规范化。规范冬小麦夏玉米、冬小麦夏大豆栽培模式需要统筹规
划两茬作物种植方式,建立标准种植体系,作物的畦、行及田间作业机具行走空间
应与作业机具规格参数相匹配,使其既适应机械化作业需要,又满足作物高产优质
生产的农艺要求。

④ 肥料缓释技术。根据不同区域、气候特点和作物品种,发展适宜的缓释肥
品类。缓释肥在作物生长过程中缓慢释放肥力,肥效长、利用率高。可按作物需肥

规律进行科学配方、全生育期一次性施肥,减少施肥作业环节。

⑤ 化学除草技术。化学除草方法简便、经济有效,可省去除草作业环节,但易造成环境污染和人身伤害。应发展高选择性、低毒易降解、除草谱广的悬浮剂型和复配剂型除草剂,并改进除草剂的使用方法,减少化学残留和施用量。

2)重点装备技术

① 育种与种子加工。目前我国育种以进口装备为主,种子加工也还不能满足精密播种的要求。重点技术为小区精密精量播种、无损净仓收获与信息实时采集技术,以及种子精选与精确分级装备。

② 深松与精细耕整地。重点技术是宽幅高速双向犁、翻转犁耕地技术,深松、旋耕、分层施肥组合和圆盘耙、钉齿耙、碎土辊组合的联合耕整地技术,以及激光、卫星定位精准平地技术,以提高机组作业效能和可靠性。

③ 免耕施肥播种。提高现有小麦及玉米、大豆免耕播种机作业性能,发展集苗带耕整、分层施肥、精密播种功能为一体并与规范化栽培模式配套的技术与装备。其关键技术是单体同位仿形、前置高效清草、深松旋耕分层一次性施肥、立式旋转苗床整备、精确限深、精密播种、高效镇压技术等。灌区使用的小麦免耕播种机应具有起垄作畦功能。

④ 植保与灌溉。植保机械需发展与规范化栽培模式配套的高地隙和可变地隙、可变轮距的自走式吊杆喷雾机,以满足小麦、玉米、大豆的植保作业要求。其关键技术是喷杆自动折叠、作物顶面自动仿形、独立混肥混药、变量控制、喷嘴雾化、防飘移、精准对靶技术等。航空植保方式用于农作物病虫害的快速防治,专用药剂喷雾与作业精确控制技术是重点。

发展节水灌溉技术,包括滴灌、喷灌、畦灌及水肥一体化技术。

⑤ 收获。黄淮海地区小麦、玉米、大豆收获机械正在向纵轴流大喂入量和多作物通用化方向发展。其关键技术是割台等部件互换与脱粒清选参数调整、高湿柔性脱粒与清选、秸秆切碎与均匀抛撒、收获打捆一体化技术;玉米籽粒直收的高含水率低损摘穗与脱粒、穗轴回收技术,以及果穗收获的穗茎兼收技术;大豆收获的挠性割台低位仿形和脱粒清选技术。

⑥ 干燥。发展适应黄淮海地区气候特点的节能低耗、优质高效、清洁环保的小麦、玉米干燥成套设备。根据地域气候特点及作物特性,应优化小麦、玉米干燥工艺,开发利用地域清洁能源,提高热风干燥效能,突破在线水分检测等技术。

3.1.2　高产高效机械化栽培模式

构建小麦/玉米、小麦/大豆轮作高产高效机械化栽培模式,科学合理地确定两茬作物种植规格,实现接茬轮作的无缝衔接,是实现作物生产全程机械化和保证作物高产的基本条件。"十二五"以来,随着国家相关科技项目的实施,农机农艺科技力量协同合作,经过多年的集成研究与创新,逐步完善了黄淮海地区小麦/玉米、小麦/大豆轮作机械化栽培体系,并提出相应的技术规程,通过深入研究机械化栽培的规律特点,对两茬作物种植规格进行优化,形成了规范化栽培模式。

（1）机械化栽培模式规划要点

统筹规划小麦/玉米、小麦/大豆轮作机械化栽培模式,协调两茬作物轮作生产和机械化作业,应重点考虑以下几点:

① 起畦播种。起畦播种是黄淮海灌区小麦种植精耕细作的基本特征。小麦生长需水量大,生长期内要多次浇水。机械播种作业需同时完成起垄作畦,畦幅宽度应适当,一般不超过3 m,以提高灌溉效率。玉米、大豆生长期正值雨季,如遇干旱可利用前茬小麦的畦进行灌溉。小麦宽苗带免耕播种也应解决起垄作畦的问题。

② 两茬作物播种行的对应安排。冬小麦播种机械作业时,应预留出夏玉米、夏大豆播种行。夏玉米、夏大豆在预留行内直接免耕播种,可避免冬小麦根茬对播种质量的影响。

③ 田间管理机械进地空间的规划。小麦种植密度大,特别应为拔节后植保机具在田间行走留足空间,使其与作业机械轮距和轮胎宽度相匹配。玉米、大豆种植行距较大,基本不影响田间管理机械行走作业。

④ 充分利用土地和光热资源条件。两茬作物种植畦宽、行距和相对位置,以及田间管理机械进地作业空间的规划。应适合机械化作业,同时保证作物生长能充分利用土地和光热资源,满足不同作物高产优质生产在种植密度、基本苗量、土壤水肥条件等方面的农艺要求。

满足上述规划要求的机械化栽培模式,可实现:小麦机械化起畦播种,预留玉米或大豆播种行及小麦田间管理机具作业通道;小麦机械化收获后,玉米、大豆在畦内的预留行中机械化免耕播种;两茬作物可同畦灌溉,中耕施肥与植保机械可在田间行走实施管理作业。小麦、玉米、大豆均按畦进行机械化种、管、收,使用的玉米播种机与收获机作业规格一致,从而形成以作物结构和作业机械配套为基础的农机农艺相融合的全程机械化栽培技术体系。这样可大大提高三种作物生产各环节机械化作业的质量和效率,降低生产成本,提高农民收益。

（2）冬小麦夏玉米高产高效机械化栽培模式

根据实践经验和田间试验示范,优化提出如下4种规范化且可普遍应用的冬小麦夏玉米高产高效机械化栽培模式,适于灌区起垄作畦种植方式,畦幅240 cm、垄宽30 cm、垄高20 cm。这4种栽培模式与传统模式有较好的继承性,吸纳了小麦宽苗带、窄苗带播种和玉米等行距、宽窄行种植等组合技术,统筹规划了两茬作物种植规格,具有通风透光好、光热资源利用充分、产量高的特点,对发展农业规模化经营和满足个性化需求有较好的拓展性和适应性。随着规模化种植和机械化的发展,玉米等行距种植将成为主流模式。

1）冬小麦宽苗带、夏玉米等行距机械化栽培模式

冬小麦宽苗带、夏玉米等行距机械化栽培模式（见图 3-5）源于少免耕播种模式。该模式小麦 8 ~ 10 cm 宽苗带播种 8 行,行距 28 cm,两边行内侧预留 33 cm 玉米播种行兼作小麦田间管理机械行走道;小麦田间管理可用 180 cm 轮距的机械行走在预留行走道内,轮胎宽度应不大于 12 cm;玉米 60 cm 等行距播种在小麦行间和预留行内。该模式玉米 4 行标准等行距种植,符合农业部推荐的等行距 60 cm 的要求。因两侧的边行是半幅播种,播种时需对播种机进行相应调整。

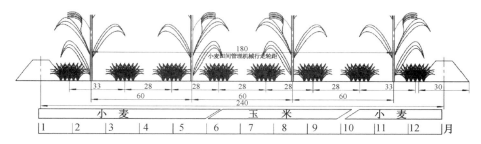

图 3-5　冬小麦宽苗带、夏玉米等行距机械化栽培模式示意图（单位:cm）

2）冬小麦窄苗带、夏玉米等行距机械化栽培模式

冬小麦窄苗带、夏玉米等行距机械化栽培模式（见图 3-6）由传统的玉米套种模式演变而来,在河南、河北和山东有较多类似应用。该模式下,小麦 3 ~ 4 cm 窄苗带播种 11 行,3 行为一幅,行距 15 cm,两幅相邻边行间预留 30 cm 玉米播种行,两边预留行兼作小麦田间管理机械行走道;小麦田间管理可用 180 cm 轮距的机械行走在预留行走道内,轮胎宽度应不大于 21 cm;玉米 60 cm 等行距播种在预留行内。该模式玉米 4 行标准等行距种植,符合农业部推荐的等行距 60 cm 的要求。

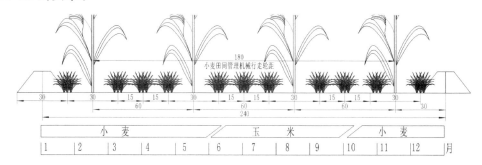

图 3-6　冬小麦窄苗带、夏玉米等行距机械化栽培模式示意图（单位:cm）

3）冬小麦宽苗带、夏玉米宽窄行机械化栽培模式

农作物宽窄行栽培是我国农业科技人员在精耕细作农业生产过程中总结出来的具有明显增产效果的栽培技术之一。冬小麦宽苗带、夏玉米宽窄行机械化栽培模式如图3-7所示。该模式小麦8～10 cm宽苗带播种7行，行距28 cm，两边行内侧预留44 cm玉米播种行兼作小麦田间管理机械行走道；小麦田间管理可用150 cm轮距的机械行走在预留行走道内，轮胎宽度应不大于24 cm；玉米80 cm/40 cm宽窄行播种在预留行内和相邻小麦行间。该模式玉米需要采用专用宽窄行割台进行收获。

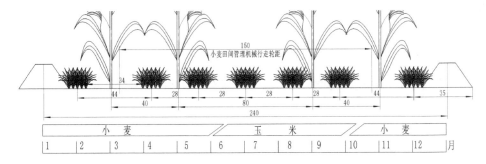

图3-7 冬小麦宽苗带、夏玉米宽窄行机械化栽培模式示意图（单位：cm）

4）冬小麦窄苗带、夏玉米宽窄行机械化栽培模式

冬小麦窄苗带、夏玉米宽窄行机械化栽培模式如图3-8所示。该模式下，小麦3～4 cm窄苗带播种9行，行距20 cm，两边行内侧及向内间隔两行预留30 cm玉米播种行，两边预留行兼作小麦田间管理机械行走道；小麦田间管理可用170 cm轮距的机械行走在预留行走道内，轮胎宽度应不大于21 cm。玉米70 cm/50 cm宽窄行播种在30 cm预留行内。该模式下，玉米需要采用专用宽窄行割台进行收获。

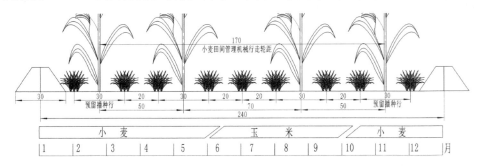

图3-8 冬小麦窄苗带、夏玉米宽窄行机械化栽培模式示意图（单位：cm）

由以上4种240 cm畦宽、每畦4行玉米的基本栽培模式可以衍生出多种机械

化标准栽培模式。而对确定的栽培模式而言,各生产环节的作业机具规格参数应相互匹配,整个机具系统配置和作业精准度应满足该栽培模式种植规格的要求。小麦/玉米轮作栽培模式种植规格规划及其作业机具产品设计制造,作业机械轮距、轮胎宽度、作业幅宽等参数均应符合相关标准要求。有统一标准才能实现较好的适配。

(3)冬小麦夏大豆高产高效机械化栽培模式

根据各地实际和田间试验示范,优化提出如下两种规范化且可普遍应用的冬小麦夏大豆高产高效机械化栽培模式,适于灌区起垄作畦种植方式,畦幅 210 cm、垄宽 30 cm、垄高 20 cm。这两种栽培模式继承了传统大豆等行距、宽窄行模式,统筹规划了两茬作物种植规格。规模化种植宜选用大豆等行距栽培模式,根据密度调整株距,保证亩株数在 1.5 ~ 1.8 万株。

1)冬小麦窄苗带、夏大豆等行距机械化栽培模式

冬小麦窄苗带、夏大豆等行距机械化栽培模式(见图 3-9)在河南、安徽、山东等地区规模化种植有较多类似应用。该模式下,小麦 3 ~ 4 cm 窄苗带播种 10 行,等行距 20 cm,小麦田间管理可用 120 cm 轮距的机械行走在边行小麦内侧隔行小麦间,轮胎宽度应不大于 12 cm。大豆 40 cm 等行距播种在小麦行间,符合农业部提出的等行距 40 cm 的要求。该模式小麦行距较大,通风透光良好,增产优势明显。

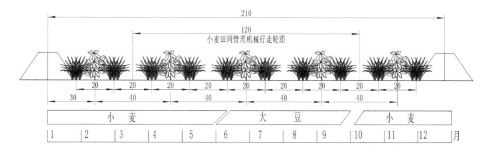

图 3-9　冬小麦窄苗带、夏大豆等行距机械化栽培模式示意图(单位:cm)

2)冬小麦窄苗带、夏大豆宽窄行机械化栽培模式

冬小麦窄苗带、夏大豆宽窄行机械化栽培模式(见图 3-10)集成了小麦、大豆两种作物宽窄行技术。该模式以大豆 60 cm/20 cm 宽窄行种植为一个工作单元,60 cm 宽行内播种 3 行小麦,行距 15 cm,20 cm 窄行内播种 1 行小麦。小麦 3 ~ 4 cm窄苗带播种 9 行,行距 15 cm 两窄行、行距 25 cm 两宽行相间;小麦田间管理可用140 cm 轮距的机械行走在小麦边行内侧 25 cm 小麦宽行间,轮胎宽度应不大于12 cm。大豆 60 cm/20 cm 宽窄行播种在 25 cm 小麦宽行间。该模式下小麦和大豆

均为宽窄行种植,两茬作物均有高产优势,但大豆需要采用专用宽窄行割台进行收获。

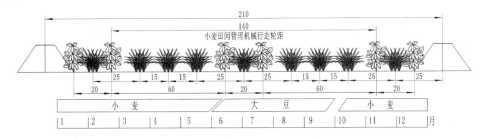

图 3-10　冬小麦窄苗带、夏大豆宽窄行机械化栽培模式示意图(单位:cm)

由以上两种 210 cm 畦宽的基本栽培模式可以衍生出多种机械化标准栽培模式。在小麦/大豆轮作栽培模式种植规格规划及其作业机具产品设计制造中,作业机械轮距、轮胎宽度、作业幅宽等参数要求与"冬小麦夏玉米高产高效机械化栽培模式"相同。

3.2　长江中下游地区小麦/水稻

小麦/水稻轮作是长江中下游地区粮食作物重要的两熟制模式,在水旱轮作模式中种植面积最大。南方稻作区习惯称之为稻麦轮作。稻麦轮作种植制度是我国长江流域成为大粮仓的基础,它的稳定发展关系到粮食生产的全局。近年来,随着社会经济的快速发展,农业规模化生产经营加快推进,农业劳动力资源日趋短缺,加之秸秆全面禁烧和长生育期优质品种的推广应用,加剧了粮食作物生产季节茬口矛盾,稻麦轮作区农业生产对农机农艺的深度融合提出了迫切需求。

3.2.1　农机农艺融合现状与重点技术

（1）农机农艺融合现状

稻麦轮作常规农艺流程如图 3-11 所示。稻麦轮作生产所涉及的田间作业项目有:耕整地、种子处理与育秧、种植(小麦播种或水稻插秧)、开沟、灌溉、施肥、除草、植保、收获、秸秆处理共 10 项,外加水稻和小麦的产后处理(烘干、产后加工、仓储物流等)。

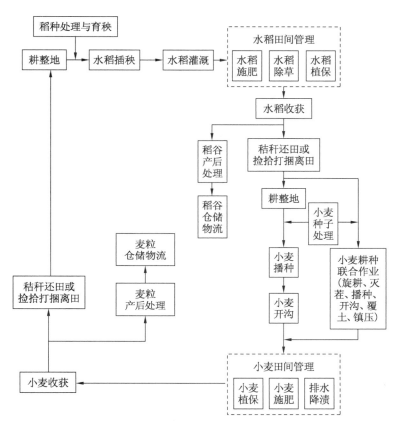

图 3-11　稻麦轮作常规农艺流程

受地理环境及气候条件的影响,长江中下游地区的稻作方式差异明显。其中水稻种植方式主要包括手插、机插、抛秧和直播。多种栽培方式长期竞争、此消彼长。在水稻种植的几种方式中,常规手插方式由于劳动强度大、费时费工,导致生产成本逐年增加,日益成为水稻生产发展的一道阻力。随着经济水平的提高及农村劳动力短缺加剧,在国家政策和政府部门的引导下,该区域各地正从传统手插向机械栽插、机械直播方向转变,机种、机收面积逐年扩大,水稻生产效率有较大幅度的提升。其中江西省在 2003—2012 年水稻插秧机数量增加迅速,年均增长 65.58%。2012 年,江西全省水稻机耕作业面积 29.5 万 hm²,机收作业面积 23.74 万 hm²,机插面积 6.11 万 hm²;机耕、机收率分别达 84.5% 和 68%,比 2011 年分别提高 1.5% 和 2%;机插率 17.5%,比 2011 年增长 4.5%。湖北省 2012 年水稻机械插秧面积达到 56.4 万 hm²,比 2011 年增加 10.7 万 hm²,机插率达到 27.71%;机收面积达到 191.33 万 hm²,机收率达 93.97%。江苏省由于经济基础雄厚,农业机械化发展更为迅速,至 2010 年手插面积较 2000 年减少近一半。直播稻由于操作简便,省工、省地、节本,受到农民的欢迎,2008 年以来在苏南、苏中地区呈现爆发性增长趋势,面积曾高达 31.4 万 hm^2。但是,由于其生产风险大,若大面积推广,将威胁国家粮食安全,故经政策调控,直播稻面积大幅减少。机插稻抗倒性好、适应性广、节本省工,自 2000 年以来,在江苏得到迅速示范推广,到 2015 年推广面积达174 万 hm^2(见图 3-12)。

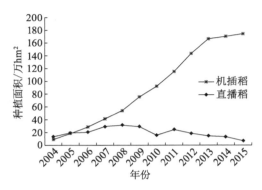

图 3-12　2004—2015 年江苏省主要稻作方式的种植面积
数据来源:农业部南京农业机械化研究所《中国农业机械化年鉴 2016》

　　由于长江中下游稻区部分省份对水稻机械化种植方式的重要性、紧迫性认识比较模糊,在水稻种植方式选择应用上犹豫不定,制约了长江中下游水稻机插发展,导致我国南北稻区水稻机械种植发展不平衡。目前江苏省的稻区机插水平在长江中下游的地区中遥遥领先,2012 年其机插面积、比例、插秧机数量仅次于黑龙江省,全国排名第二。因此,总结和借鉴江苏省近年来的机插推广经验,对发展长江中下游地区水稻机插种植及机械化生产具有重要意义。

　　长江中下游地区同时也是我国弱筋、中筋小麦优势产区,同期作物主要是油菜。由于该区域劳动成本高,而小麦具有人工投入少的生产优势,种植面积基本稳定,存在继续扩大的空间。小麦播种方法主要有条播、撒播和穴播三种。长江中下游地区作为稻麦轮作区,耕作土壤以稻田土为主,土质多黏重、整地难度大,大部分地区均以撒播为主,以利抢时抢墒和省工。由于条播落籽均匀,覆土深浅一致,出苗整齐,中后期群体内通风、透光好,便于机械化管理,使得条播成为小麦高产高效的主要播种方式。

　　长江中下游地区的小麦种植主要分布在鄂、皖、苏三地,其余地区因地理及气候因素种植面积较少(见图 3-13)。上述三省小麦生产机械化水平较高,其余地区小麦机械化作业尚处于较低水平。俗话说"七分种,三分管",播种之后的施肥及植保作业是稻麦生产管理中的重要方面。目前栽插(播种)施肥一体化机械已有相关研究成果在稻麦生产中开始应用。2014 年江苏如东进行了 21.3 hm² 稻秆还田、施肥、小麦播种一体化作业推广示范。具有灭茬功能的犁旋一体机将秸秆埋覆到 14 cm 深的土里,复合肥、小麦种子也随之入土,泥土被平整器压平,作业效果良好。病虫草害的防治是水稻生产过程中必不可少的环节,劳动周期长,几乎跨越整个水稻生长期,费工费时,劳动强度大且时效性要求高。相对而言,小麦植保作业则主要集中于生育中后期对赤霉病和纹枯病的防治上。

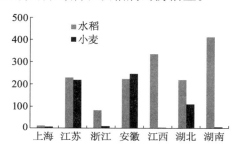

图 3-13　长江中下游地区 2015 年稻麦种植面积(单位:万 hm²)
数据来源:农业部南京农业机械化研究所《中国农业机械化年鉴 2016》

目前长江中下游地区稻麦轮作中农机农艺融合方面主要存在如下问题:

① 政令严禁秸秆田间焚烧,农艺要求稻草、麦秸及残茬全量埋覆还田,但主要耕整地机械——旋耕机的耕深不足,灭茬埋草质量不高,影响后茬的播种、栽植,造成播小麦晾种、架种,栽水稻倒秧、漂秧、活棵、成苗率降低。

② 水田作业时频繁使用轮式拖拉机牵引或驱动作业机具,轮胎沉陷破坏犁底层,造成泥脚逐年加深,致使田间作业不符合农艺要求,也影响水稻插秧机等机具田间作业的行驶通过性。

③ 稻田缺乏配套沟系,难以及时排水降渍。尤其在水稻收获期若遭遇连阴雨天气,湿烂的田泥影响收割机下田作业及小麦适期播种,加剧季节茬口矛盾。

④ 随着杂交稻等高产品种大面积推广,现有机械装备难以满足精量对位育秧播种、大苗移栽、精量高效直播农艺要求和大喂入量、高负荷切割、湿脱湿分的机械化收获要求。

⑤ 水稻除草主要依赖化学除草剂,化肥也主要采用表施、面施方式,极易随水流失,降低药效、肥效,也容易造成面源污染和生态危害。

⑥ 小麦、水稻种植行距窄,现有植保机械难以下田,主要依靠人工背负式机具作业,防治效率低,效果差。作业人员陷身于药液雾滴中,缺乏有效安全防护。

（2）农机农艺融合发展的重点技术

1）水稻全程机械化生产关键技术

当前机械化栽植技术是水稻生产机械化中最薄弱的环节。20世纪80年代，我国引进日本插秧机及其工厂化育秧技术并加以改造和创新，形成了适合我国稻田作业的"中头日尾"插秧机和薄膜覆盖育秧技术。经过几十年的发展，我国水稻栽培实现了由传统的育苗、手插等精耕细作方式，向直播、抛栽、机插等轻型省工方式的转变，目前水稻的机械化种植模式主要包括机械直播、钵苗摆栽和毯苗机插三种。

机械直播技术即通过机械直接将水稻种子播种到大田，包括机械条播和穴播，进一步减少了稻作用工，提高了种植效率。研究表明，机械直播可以严格控制播量，实现直播精确定量，但与移栽水稻相比，直播水稻主要存在难以控制基本苗、草害严重和后期早衰、倒伏等问题。同时，安全推广受品种、直播稻区的温光特性、播期、播量、整地平整度等因素的综合影响，推广区域局限性大，适宜品种少，技术要求复杂，大面积推广有减产风险，农业主管部门不提倡大面积推广直播稻。

钵苗摆栽技术，采用塑料穴盘育秧，带土栽插，将钵体秧苗按设定株行距均匀、无植伤地移植于大田，不仅有效地延长了水稻生育期，而且解决了手抛秧抛植深度不一致、群体分布不均匀、生育安全性差等技术问题，实现了钵育壮秧精确定量机械化栽植，但由于其育秧移栽成本高，推广难度较大。

机插秧技术是采用规范化育秧、机械化插秧的水稻移栽技术，主要内容包括适合机械栽插要求的秧苗培育、插秧机的操作使用、大田管理、农艺配套措施等，是目前我国农业部门主推的水稻机械化种植模式，具有定行、定穴和定苗栽插的优势，实现了插深、株距和插秧量的量化调节，可根据秧苗、品种、地区的不同情况灵活调整穴株数，育秧方式简易、多样化，群体均衡性好。机插秧是目前最为成熟的水稻机械化种植技术，且已大面积推广应用。

从技术成熟度、适应性等方面考虑，稻麦轮作区推广水稻全程机械化生产技术应着重把握以下几点：

① 发挥机插主导作用，推进水稻生产机械化。

水稻种植机械化已成为制约水稻生产全程机械化的瓶颈。插秧机是代替人力进行水稻种植的最主要机具。机械化插秧可以减少劳动用工量的40%，每亩节约成本约30元、提高单产25 kg。同时随着经济发展，长江中下游稻区农业经营模式由传统的家庭承包制向合作社、家庭农场等模式转变，规模化稻作生产迫切需要水稻栽插的机械化。目前水稻主要栽培方式产量规律普遍表现为：机插＞手栽＞直播，机插秧有效穗较多，常规手栽有效穗不足，直播稻穗粒数最少。机插秧较其他种植方式，明显增加了产量，降低了劳动强度，具有高产高效的特点。

② 继续完善机插机械,科学配套农艺技术。

目前我国发展水稻机械化栽植还处于初期阶段,插秧机种类和作业水平与日本、韩国仍有一定差距。研制高效、广适性插秧机,加大水稻机插农机配套,对实现我国水稻全程机械化生产具有重要意义。当前针对杂交稻育秧用种量大、秧龄弹性小、机插质量差、品种局限性等问题,主要通过研发新型精确定量播种装备,提高机械移栽精确度和均匀性,降低播种量,提高秧苗素质和机插质量来解决。应着重推进以下三个方面。

a. 插秧机械多元化、一体化。

长江中下游稻区地形复杂,水稻机械化种植难度大,不同地域应有针对性地推广不同类型插秧机械。平原地区应以高速插秧机为主,山区配合小型插秧机作业;杂交稻区应增加摆秧机和钵体苗插秧机研发,减少用种量;对插秧机功能充分开发利用,研制施肥、打药、除草一体化插秧机型。

b. 选用大穗型超级稻品种。

常规稻机插穗型普遍偏小,大穗型超级稻是目前机插发展趋势。江苏省近年来进行了超级稻机插大面积示范推广,增产效果显著。宁粳 3 号 2009 年在江苏如东百亩示范方,机插产量达 11 850 kg/hm^2;2011 年在安徽凤阳,宁粳 4 号达 12 337.5 kg/hm^2,连续 2 年在江苏东海县百亩示范方每亩产量超过 790 kg,连续 9 年在江苏武进高产方每亩产量超过 800 kg。

c. 完善壮秧培育技术。

现行水稻育秧方式都是以营养土育秧介质依托塑盘进行秧苗培育,秧苗达标率低,秧龄弹性小,运输中容易伤秧,机插性能相对低;同时营养土的大量取用造成了植被的破坏,废旧塑盘也于环境不友好。近年来推行钵盘培育,可培育 35 d 秧龄的带蘖壮秧,秧龄弹性大,大田增产效果明显。但由于钵盘成本高、育秧技术难度大、费用高,推广有一定局限性。水稻壮秧培育迫切需要一种低成本、操作简便的高效育秧技术。目前江苏省开发研制的水卷苗育秧技术,使用无纺布为育秧基质,通过循环营养液育秧,开创了我国机插育秧的新时代。

2) 小麦全程机械化生产关键技术

小麦种植机械化已成为稻麦轮作区小麦生产全程机械化的瓶颈。该区域由于采用水旱轮作种植模式,小麦播种时秸秆量大、土壤黏重、土壤含水率高,且水稻收获期易遭遇连续阴雨天气,导致机具难以下田、适期播种作业。同时随着经济发展,长江中下游地区农业经营模式由传统的家庭承包制向合作社、家庭农场等模式转变,规模化生产迫切需要提高小麦播种的机械化水平。现有的小麦播种机械具有整地、播种和施肥一体化作业优势,极大地减少了生产用工量。但在高含水率稻茬田和秸秆全量还田的双重要求下,该区域小麦全程机械化技术应重点考虑:

① 前茬水稻收获时,应采用低留茬收获、切碎均匀抛撒技术,便于秸秆全量还田作业。② 水田应配套相应沟系,及时排水降渍,降低水稻收获期与小麦播种期的土壤含水率,为水稻及时收获和小麦适期播种创造有利条件。③ 小麦机械化播种应重点发展旋耕、开沟、播种、施肥、覆土、镇压复式作业技术,在双轴旋耕、黏重土壤主动覆土等方面加快技术突破,进一步熟化完善精量播种、化肥深施等技术。

随着秸秆还田、免耕少耕、品种替换、产量提升的变化,小麦营养需求也已发生变化。而高产、优质、高效的生产目标对小麦体内多种营养的协调性要求更严,平衡施肥、养分综合管理显得非常重要。这不是简单的配方施肥就能解决的,应研究综合协调的小麦全程营养调控技术。

3.2.2　高产高效机械化栽培模式

长江中下游稻麦轮作区机械化生产主要存在茬口衔接矛盾突出、稻茬田黏重土壤耕种难、秸秆量大还田处理难、旱作易发渍害等问题。该区域地跨多省(市),各地生态条件和经济发展水平差异较大,多地各级农业和农机技术研发、推广部门,在大量田间试验和示范验证的基础上,针对本地区生产条件不断总结提出稻麦轮作机械化栽培技术模式、规程等,规范种子、肥料、专用机具及操作要求、作业流程、质量指标,以引领、指导一定区域内农机农艺融合进行稻麦轮作标准化生产。刘正平、何瑞银(2017)调查研究论述了江苏省常州市金坛区的一种典型的稻麦轮作高产高效机械化生产技术模式。应用该模式在2016年实现水稻单产 10 500 kg/hm²,小麦单产 4 500 kg/hm²,达到亩产吨粮的高产水平。按当年市场价格计算,总收益为37 500 元/hm²,净收益为 4 770 元/hm²,达到了较高的经济效益。

上述高产高效机械化栽培技术模式概要如下。

（1）水稻机械化生产

水稻机械化生产主要考虑如何缩短大田生育期、缓解茬口矛盾,围绕长秧龄中大苗育插秧、钵体苗机械化移栽技术配套各环节机械化作业,为下茬小麦生产创造有利条件。

① 冬麦收获同时已将麦秸切碎均匀抛撒于田面,全量还田。运用犁旋耕整机实施犁翻埋茬旋耕复式作业而后灌水泡田。犁耕深度 20～25 cm,旋耕深度 12～15 cm,麦秸残茬还田率≥85%。平田后田面高低差≤3 cm,田面水深 10～30 mm。

② 耕整排水后平田前撒施底肥,基肥与插秧同时侧深施入,分蘖肥、穗肥分2～3 次施用。

③ 育秧采用精量播种流水线设备,提倡旱育秧,培育长秧龄中大毯状苗、钵体苗。

④ 运用中大苗高速插秧机作业,有条件的地方可采用钵体苗移栽机。

⑤ 运用高地隙植保机施药 5~6 次。

⑥ 耕整地、插秧后一周各施用 1 次除草剂封闭。同时注意灌排水管理。

⑦ 运用全喂入/半喂入稻麦联合收割机作业,附加秸秆切碎均匀抛撒功能。留茬高度≤15 cm,稻草切碎长度≤10 cm。

⑧ 收获的稻谷运用低温循环粮食烘干机处理。

（2）小麦机械化生产

小麦机械化生产主要考虑解决秸秆还田、稻茬田黏重土壤播种作业、开沟排水降渍等问题。

① 小麦播前浸种,提高出苗率。

② 耕种可选用灭茬旋耕施肥播种开沟镇压六位一体机作业,旋耕深度≥12 cm,侧深施入基肥,播深 2~3 cm,开竖沟宽 20 cm、深 25 cm,沟距 3 m。黏重土壤覆土,采用主动旋耕抛土覆盖,并进行镇压。

③ 在秋播后和春季返青后施用除草剂。

④ 拔节期增施拔节肥。

⑤ 遇阴雨天气及时排出田间积水。

⑥ 运用全喂入/半喂入稻麦联合收割机作业附加秸秆切碎均匀抛撒功能。留茬高度≤15 cm,麦秸切碎长度≤10 cm。

⑦ 收获的麦粒运用低温循环粮食烘干机处理。

与两熟制旱作农业有所不同,小麦/水稻两熟系周年水旱轮作,每茬作物播种或移栽前均需耕整地、埋覆秸秆残茬和开沟作业,两茬作物的机械化栽培模式相对独立,空间规划上不需要统筹两茬作物的行距匹配。随着稻田保护性耕作技术(例如秸秆覆盖留茬还田、条耕播麦、条耕插秧等)的发展,统筹两茬间错行栽种和修复利用田内三沟的更加高产高效的机械化栽培模式有待研究开发。

3.3　长江中下游双季稻、再生稻

研究表明,长江中下游地区耕地复种指数变化对国家粮食安全影响显著。在现有高水平单产条件下,通过增加农业生产资料投入追求单季水稻高产必然带来更多的资源和环境问题,且生产风险也大。因此,在粮食生产优势地区,发展多熟制种植制度,提高复种指数,充分利用耕地、光热水等自然资源,挖掘耕地生产潜力,提高粮食作物播种面积是目前长江中下游地区提高粮食产量的重要途径。

3.3.1 农机农艺融合现状及重点技术

（1）农机农艺融合现状

1）双季稻、再生稻的增产潜力

种植模式的创新是提高复种指数的重要手段。双季稻的出现与发展，充分利用了农业温光热等资源，增加了粮食总产量，曾是我国最主要的稻作方式。正如浙江《龙游县志》所载，"贫家喜种之，以其收获特先，青黄可接"。长江中下游地区属亚热带季风气候，大部分地区的种植条件可以满足作物一年三熟的种植制度，水稻种植范围广，品种资源多，为我国双季稻发展提供了基础条件。1993—2012 年间，我国早稻和晚稻年平均产量分别为 5 430 kg/hm² 和 5 533 kg/hm²，双季稻单位面积年产量较单季稻单位面积年产量高 56%。通过提高双季稻的种植面积来提高复种指数和单位面积土地产出比，在有限的土地上保障粮食安全和增加稻农收入具有重要意义。

再生稻是采用"头季加再生季"来提高土地复种指数、稻田单位面积产量和经济收入，实现水稻"一种两收"的重要生产模式。再生稻还可以缓解双季稻生产季节性劳动力短缺的矛盾和秸秆全量还田或秸秆禁烧的压力，特别适合南方稻区种植单季稻热量有余而种植双季稻热量又不足的地区。同时蓄留再生稻可以作为水稻生产中头季稻遇到台风、洪涝等自然灾害的增收补救措施。此外，再生季的抽穗灌浆期大多在 9 月中旬以后，昼夜温差大，日照充足，有利于光合物质积累，因此再生季籽粒饱满，米质良好有光泽，腹白小，食味佳。也有报道指出，再生季的稻草比头季稻草柔软，使其还田是很好的有机肥料，可增加稻田有机质，改善土壤，培肥地力。近年来，随着新品种的应用、再生稻生长发育特性的深入研究和栽培技术的完善，我国再生稻生产在栽培面积稳步上升的同时产量也在不断增加，如 2014 年福建再生稻全程机械化耕种收获高产，再生季收获亩产达 298 kg。我国南方有 333.3 万 hm² 单季稻田适宜种植再生稻，据此若每亩增产 300 kg，总共可增产稻谷 1 500 万 t。再生稻模式是当前形势下粮食生产发展的重要支撑措施。

2）双季稻、再生稻生产现状

1975 年，全国双季稻面积占水稻种植总面积的 71.3%，长江中下游双季稻面积占全国稻作面积的 45% 以上。20 世纪 90 年代以来，由于种植结构、耕作制度的改革，社会经济的发展，农村劳动力减少及双季稻米质不佳等原因，到 2012 年长江中下游地区双季稻种植面积下降为 734 万 hm²，仅占全国水稻种植面积的 24.4%；单季中、晚稻种植面积上升为 750.8 万 hm²，占全国稻作面积的 24.9%（见表 3-1）。长江中游地区是该区双季稻主要分布地区，约占整个区域双季稻面积的 90%，尤以湖南省、江西省的播种面积最大，是我国双季稻发展的重要地区。该地区双季稻生产表现为效益不高，单产低。湖南省中低产稻田面积约占稻田总面积的 2/3，江西省双季稻每亩产量仅为 370 kg。长江下游地区近年来双季稻面积急剧萎缩,尤以浙江最为明显。当前双季稻面积仅为 1999 年的 15.6%。安徽省是双季稻生产最北缘地区,受光、温条件限制,双季稻品种选择余地小,产量发挥受到影响,双季稻面积总体相对平稳。当前长江中下游地区双季稻形势不容乐观,种植面积锐减,各地"双改单"现象明显,单季稻增长势头迅猛,整体形势严峻。长江中下游地区人均耕地面积约为 0.068 hm²,低于全国平均值 0.08 hm²,是中国人口密度最大的地区。随着耕地面积的逐渐减少,发展双季稻,增加复种指数,对于人多地少的长江中下游地区,尤其是下游经济发达地区,是提高粮食总产量的必由之路(见表 3-2)。

表 3-1　2012 年长江中下游地区双季稻、单季中晚稻各省份播种面积

单位:万 hm²

	双季早稻	双季晚稻	单季中、晚稻
长江中下游地区	351.42	382.58	750.83
上海	/	/	10.51
江苏	/	/	225.42
浙江	11.07	12.17	60.02
安徽	23.75	26.33	171.43
江西	138.95	154.07	39.81
湖北	35.18	41.31	125.3
湖南	142.47	148.7	118.34

数据来源:《中国农业统计年鉴 2013》

表 3-2　1979—2012 年长江中下游地区各省份粮食作物播种面积

单位:万 hm²

	1979	1983	1988	1993	1997	2004	2008	2012
上海	49.2	47.9	42.5	36.3	36.6	15.5	17.5	18.8
江苏	618.2	646.9	639.3	603.0	599.4	477.4	526.7	533.7
浙江	333.6	348.0	321.0	284.5	287.3	145.5	127.2	125.2
安徽	628.8	608.6	615.5	603.8	603.1	631.2	656.1	662.2
江西	384.4	371.4	358.9	336.0	358.7	335.0	357.8	367.6
湖北	548.9	529.3	508.8	481.2	494.1	371.2	390.7	418.0
湖南	570.4	542.3	519.6	505.1	515.5	475.4	458.9	490.8
长江中下游	3133.5	3094.4	3005.6	2849.9	2894.7	2451.2	2534.9	2616.3

数据来源:《中国农业统计年鉴 1979—2013》

再生稻可以有效缓解南方双季稻区茬口紧张和劳动力紧张问题,提高复种指数,且具有省种、省工、省水、省药、省秧田的优势,增加稻田单位面积稻谷产量、品质和农民经济收入,是南方稻区种植制度改革的一种极具发展潜力的模式。20世纪70年代,随着矮秆品种的推广和杂交水稻的问世,解决了品种再生力问题。20世纪80年代中期至90年代中期,再生稻呈快速发展趋势,1995年全国再生稻收获面积达到86.6万hm²,平均每公顷单产达到2.25 t,高产田块产量能达到每公顷6 t。进入20世纪90年代以后,再生稻蓄留面积逐年下降,至2007年,全国再生稻蓄留面积仅为50.0万hm²。近年来,随着新技术成果的应用,以及劳动力成本的上升,再生稻栽培面积又稳步上升,全国再生稻面积达到66.7万hm²左右。我国双季稻产区和单双季稻混作区稻农自发尝试"一种两收"新型种植模式,也正是我国农业主推的绿色增产模式。

3)双季稻、再生稻农机农艺融合问题。

① 双季稻农机农艺融合问题。

从1949年至今,南方双季稻栽培技术发展大致经历了以下4个阶段:a. 1949—1961年,在此期间全国范围内大力开展"单改双""籼改粳",各地总结水稻高产栽培经验,南方稻区总结出了双季稻"一黄一黑"的高产规律;b. 20世纪50年代末到90年代中,随着矮秆品种、晚粳品种、籼型杂交稻的陆续推广,分别开展了根据品种形态特征、产量形成特点以增加穗数获得高产的"穗数型"高产栽培技术、兼顾单位面积穗数与每穗粒数的"穗粒兼顾型"高产栽培技术和促进籽粒灌浆结实、增加结实率及千粒重的"穗重型"高产栽培技术的研究;c. 近年来,随着南方耕地大面积减少,台风、暴雨洪涝、干旱、低温冷寒等自然灾害发生频繁,开展了针对双季稻高产栽培的限制因子抗逆境栽培技术研究;d. 当前,随着经济的发展,种植业结构调整,农村劳动力"老龄化""妇女化"加剧,尤其是经济发达地区,"双改单"现象明显,双季稻种植效益日渐降低,双季稻播种面积开始大幅度下降。近年来,南方耕地大面积减少,加之我国人多地少的基本现状,人口与粮食产量之间矛盾日趋激烈。我国的粮食运输格局已经由"南粮北运"转变为"北粮南运"。当前农业生产必须由以劳动密集型的精耕细作向以省工轻简的适度规模化生产为主转变,才能适应新时期社会经济发展的需要。

我国双季稻生产长期采用的是高产量、低效益的劳动密集型生产技术。尤其南方双季稻区晚稻移栽时,正值夏季高温闷热天气,劳动力矛盾突出,稻农更倾向于应用轻简栽培方式。高产高效与机械化、轻简化栽培技术融合,引起了各级政府部门和农业科技人员的高度重视。

以机插秧为例,2012年全国水稻机插秧比率仅占37.9%,其中长江中下游双季稻区(以湖南、江西为例)机插比率仅为9.11%。朱德峰(2013)等认为双季稻种植面积下降的主要原因是：双季稻机插秧季节紧张，机械化程度较低，特别是机插秧比例不高，适宜机插搭配的品种少，机插质量较差及主要作业环节机械化不配套等，导致双季稻生产效益不高，生产面积逐年减少。目前长江中下游地区水稻栽植技术主要包括早稻直播技术和双季稻塑盘育秧抛秧技术。水稻机插秧技术在我国发展起步较晚，尤其是在双季稻生产上。

对于茬口过紧的双季稻生产，秸秆还田和机耕技术的研究至关重要。研究发现，秸秆还田的效应与秸秆种类细碎程度、还田量、肥料配施情况、还田时间等多种因素有关。我国科技工作者在引进国外技术和国内外科研成果的基础上，先后研发了机械化免耕覆盖稻秆还田技术、机械化稻秆粉碎还田技术、机械化根茬粉碎还田技术及与各种技术对应的农机具。但目前我国部分田块秸秆还田质量不高，还田后的秸秆不易腐烂，导致土壤悬空，不利作物前期生长。

目前长江中下游双季稻区秸秆机械化粉碎还田技术在农机农艺方面仍然面临大量的问题，主要包括：a. 秸秆收割粉碎达不到标准，一部分联合收割机因机型老、动力小、状态差，安装秸秆粉碎机后明显动力不足或秸秆粉碎效果差，不能达到秸秆留茬高度不超过 15 cm、秸秆粉碎长度不大于 10 cm 的作业标准；b. 经济效益差，粮食作物秸秆量多，形态粗、大，还田机械动力需要 55 kW 以上，动力消耗大，此外秸秆机械化还田增加了秸秆粉碎和旋耕两个环节的作业成本，每亩增加 20～30 元；c. 农机农艺融合不够，"三分插、七分管"，后期的田间管理（水分运筹、肥料运筹等）对产量的影响更为重要。有的地方因农机农艺没有紧密融合，技术脱节，秸秆还田后的部分田块由于前期水分过大、缺少氮肥等，出现生物夺氮、僵苗不发、死苗等症状。发展该区秸秆机械化粉碎还田技术关键在于研发一批新型耕地机械，不断优化还田农艺技术，充分融合农机农艺。

② 再生稻农机农艺融合问题。

在生产实践中发现，影响我国再生稻发展的关键制约因素是适宜再生稻种植的配套品种少、生产过程中高低温逆境风险大和机械技术不配套。其中机械技术不配套是当前限制再生稻发展的最关键因素。近年来水稻生产机械化水平大幅度提高，尤其是水稻收割环节机械化程度高。但目前的机械及技术主要针对常规稻设计，没有考虑蓄留再生稻，缺乏适合再生稻栽培的机械和技术，特别是头季插秧与收割相配套的机械。主要问题表现为：a. 再生季产量高低与其再生有效穗数多少密切相关，头季机械收割对稻桩碾压破坏面积过大，达 20%～30%，最终降低了再生季穗数，影响产量提高；b. 收割时对稻桩的碾压，使高节位的部分腋芽失去优势，低节位再生蘖大量发生，影响再生稻群体均衡性，低节位再生蘖抽穗时间明显推迟，使得灌浆期间易遭受低温影响，出现灌浆慢、籽粒发育不良、千粒重下降等问题，影响再生季品质；c. 头季机械收割时的留茬高度也是决定再生季产量和品质的重要因素之一,现行再生稻生产上均采用留高茬 40 cm 技术,留茬高,可发生再生蘖的节位较多,当收割留稻桩在 30~35 cm 时,基本上是倒一节、倒二节萌芽成穗,延长了生长期,然而这种留高茬技术加大了收割机械和机手的技术难度。此外,机械收割需要在头季收前 10~15 d 排水,自然落干稻田,以方便收割机作业。这种方式使再生芽的死亡加快,导致再生季大量减产,甚至绝收。

（2）农机农艺融合发展的重点技术

1）双季稻农机农艺融合关键技术

双季稻区一年种植两季水稻,早晚稻接茬时间短、茬口矛盾大。晚稻移栽正值夏季高温闷热天气,加之劳动力紧缺,稻农更倾向于应用轻简栽培方式。我国双季稻区机械化程度较低,机插秧比例不高,适宜机插搭配品种少。现有的机插秧技术在我国单季稻地区适应性较好,但在双季稻区有诸多不适应,杂交稻单少本机插、晚稻大苗机插等问题一直没有得到很好的解决。目前双季稻区水稻栽植技术主要包括水稻直播、抛秧和插秧三种技术模式。水稻种植机械化是双季稻区机械化生产最为薄弱的环节,因此该区域的机械化生产技术重点应在种植机械化环节。

① 水稻机直播技术。

水稻直播是一种原始的种植方式,按播种前后的灌溉方式,直播稻可分为旱直播和水直播,同一直播类型中又可分人工撒播、机械条播和穴播。因为直播稻不需要育秧和移栽过程,作业简单、省工、省力,同时具有无植伤、无返青期、分蘖节位低等优点。当前欧美、澳大利亚等国水稻生产主要采用该种模式。我国南方多数地区,由于大量高龄农民务农、户均稻田规模小,对产量要求不高,倾向于简单的直播生产方式,这种方式已经不推而广。

近年来我国对早稻种植开展了多种直播方式的探索。如早稻少耕分厢撒播栽培技术,即在稻田耕整后开沟分厢、撒播的栽培技术,适用于在劳力紧张地区的早稻生产。晚稻直播的面积一直较少。这主要是受生育期的限制,南方很多地区因积温不足,直播晚稻抽穗期易遇低温,导致不能安全成熟。

机械直播是将稻种通过机械直接播种于大田,包括机械条播和穴播,进一步减少了稻作用工,提高了种植效率。随着机械直播定量技术的发展、直播除草技术的运用,直播稻由于其省工节本的特点,在双季稻生产中的运用值得进一步探索。

② 水稻机抛秧技术。

水稻抛秧技术是 20 世纪 60 年代在国外发展起来的一项新的水稻育苗移栽技术,是指采用塑料秧盘或旱育苗床,育出根部带有营养土块的秧苗,移栽时利用带土秧苗自身重力,采用人工或机械均匀地将秧苗抛洒到大田的一种栽培方式。塑料钵盘育秧技术培育抛栽壮秧是水稻抛栽技术的关键。水稻抛秧综合了育苗移栽和直播栽培的两大优点:a. 高产稳产。抛栽水稻根部入土浅、分蘖节位低、分蘖多,保证足穗,抛秧通常比手工插秧产量高 5% ~ 10% 。b. 节本省工。人工抛栽可达每天 0.27 ~ 0.4 hm²,比手工插秧效率提高 5 ~ 8 倍,节本省工效应明显。当前水稻抛秧技术约占我国稻作面积的 30% ,尤以双季稻区分布最广,是我国当前最主要的轻简化稻作方式。如双季晚稻的免耕抛栽技术,即不经过牛犁或机械翻耕,应用百草枯等除草剂快速除草灭茬,泡田 1 ~ 2 d 后抛栽或摆栽。研究证明,免耕抛栽水稻前期分蘖稍慢,无效分蘖时间短,营养损耗少,个体发育健壮;后期不易早衰,有利于同化物的转运和结实率的提高。随着抛秧机械和配套栽培技术的不断成熟,抛秧面积会进一步扩大。

根据育秧载体的不同,水稻抛秧技术在我国发展经历了非钵体、塑盘、钵盘及当前部分地区采用的无盘旱育秧芽阶段。抛栽方式又可分为撒抛、点抛和摆栽。研究发现,钵盘育秧大大减少了播量,培育出带土移栽的秧苗健壮、整齐,在抛栽过程中钵体苗能保持秧苗根系完整,不伤根、不缓苗,返青活棵快、分蘖早,有效减少了早稻移栽后因低温引起不发苗的问题,具有增产增收等优点。钵苗摆栽属于机抛秧的一种模式,秧苗秧龄长,秧龄弹性大,用种量少,有利于实现杂交稻单少本移栽。此外,双季早、晚稻可以采用育秧温室提前播种,延长生育期,增加了双季稻产量优势。

水稻抛秧技术,尤其是钵体苗精确摆栽技术是发展南方双季稻轻简化栽培技术的重要方式。但也有研究指出,抛秧稻较移栽稻灌浆结实期相对延长,影响晚稻的安全成熟,同时钵体苗育秧技术难度大,钵盘、育秧大棚建设成本高。近年来钵苗摆栽技术在双季稻生产运用中仍处于示范阶段,进一步简化操作、降低成本是今后研究重点。

③ 水稻机插秧技术。

水稻机插秧技术是采用规范化毯状苗育秧、机械化插秧的水稻移栽技术,是水稻机械化移栽的主要方式,具有广泛的适应性,是水稻生产机械化的重要内容。与常规手插稻相比,机插秧主要优势为:a. 机插秧后发优势强,稳产高产。机插秧具有定行、定穴和定苗栽插的优势,实现了插深、株距和插秧量的量化调节,群体均衡性好。b. 省工节本效应明显。大田生产实践表明,机插秧的效率是人工作业的10 ~ 30 倍,大大提高了栽植效率,尤其是双季晚稻"双抢"栽插时节,机械栽插比人工手插平均节约成本 450 元/hm² 左右。c. 适合大面积推广。随着种植结构的调整,农业机械化的发展,以家庭为单位的小农生产模式逐步被以合作社、家庭农场等形成的大规模集约化农业生产方式所代替,农业生产逐步工厂化、产业化,机插秧有利于水稻大面积生产,是未来水稻栽植的重要方向。

发展机插秧对加快水稻生产规模化、产业化进程具有重要意义。当前日本、韩国及我国台湾地区是应用机插秧技术的发达地区,水稻机插比例近乎 100% 。目前我国传统的以人工栽插为主的双季稻生产模式已不能满足现代农业发展的需要。"新常态"下，要进一步提高农机化水平，必须把握主要因素，加快突破水稻机插秧这一薄弱环节。

机械化插秧的关键，不在于插秧而在于育秧。"七分育秧，三分栽插"，培育出适应插秧机作业的标准化秧苗直接影响机插质量和单位面积产量。培育均匀健壮、生长一致、秧龄适宜、盘根好、适宜栽插的标准壮秧是机插稻高产的关键和前提。研究发现，壮秧移栽后根系爆发力强，缓苗期短，分蘖早发，有利于高产群体形成。目前我国机插稻主要采用塑盘育秧或双膜育秧。机插秧对秧块质量有很高要求，生产上常通过增大播种量使秧苗够数成毯，减少漏秧率，提高播种均匀度。但是播种密度的增加，减少了秧苗群体透光性、透气性，秧苗个体间水、肥竞争增加，降低个体生长量和群体质量，秧苗素质差，进而影响大田机插质量，大田缓苗期长，最终影响成穗和产量。总而言之，目前机插育秧主要存在以下问题：a. 播种量大，秧苗素质差，杂交稻育秧生产成本高。姚熊等指出水稻机插长龄秧苗的成苗率随播种量增加而下降；陈惠哲等研究表明在 40 ~ 50 g/盘的播种量下，杂交稻秧苗素质均明显高于 120 g/盘播种量处理。因此，适当减少播量可有效提高秧苗素质和增加秧龄弹性。杂交稻通常每盘播种量在 80 g 以上，育秧成本每亩约 200 元，高额育秧成本成为发展机插杂交稻最大限制因素。此外高密度播量不利于杂交稻杂种优势的发挥。b. 秧龄弹性小。小苗机插的秧龄一般控制在 15 ~ 20 d 为宜。秧龄过大，大田分蘖能力弱，成穗少，难以形成足穗。我国南方稻区，耕作制度多样，气候多变。尤其是长江中下游稻区，插秧季节紧张、茬口灵活多样，加之秸秆全量还田的推广，农时紧张，对秧龄弹性有较大要求。传统的毯苗秧龄弹性小，在我国南方大面积推广受到制约。c. 品种局限性。机插稻高产的限定因素是群体颖花量，攻大穗是实现高产的主要途径。实践表明，南方稻区毯苗机插比常规手插稻迟播 10 ~ 15 d，生育期明显缩短，长生育期的高产品种难以应用。d. 经济效益低，生态效应差。每块秧盘需培营养土 4 kg，每公顷约需 300 ~ 375 块秧盘，因此每公顷秧田约需营养土 1.5 t，大面积取土造成了植被破坏，育成秧盘移栽大田人力搬运成本也较高。针对机插育秧问题的探索，目前南方部分合作社、家庭农场开展了硬盘工厂化育秧，该技术表现出一定省工效应，但前期投入大，难以大面积采用。近年来对育秧基质进行了创新，研发了水卷苗育秧技术，表现出了明显的节本省工效应。由于我国南方双季稻区地形地貌以丘陵山区为主，田块面积小且分散；农业生产以家庭联产承包制为主，生产规模小；南方地区季节差异大，种植模式、水稻品种类型多，应该因地制宜发展南方双季稻育秧方式。

超级稻由于生育期过长，在长江中下游双季稻区难以推广。有研究提出绿色超级稻概念，表现为高分蘖力、多穗、大面积的高产和稳产，可能是今后机插稻品种选用的方向。目前发展长江中下游机插稻要加快对生育期短、抗倒、耐密植、穗型大的高产水稻品种选育,通过合理搭配长江中下游双季稻栽培品种,充分利用当地温光资源,发挥品种生产潜力,实现机插稻的高产。

2）再生稻农机农艺融合关键技术

再生稻是利用头季收割后稻桩上的腋芽萌发成苗,在适宜的温、光、水、肥条件下,科学管理,使其抽穗结实再收获的一种稻作制度。不同地区再生稻产量水平差异悬殊。即使在光温分布不存在差异的同一地区不同田块间,其产量水平也相差较大。可见,再生稻产量高低与栽培技术体系密切相关。

① 头季栽培技术。

发展再生稻,种好头季是关键。只有在头季高产的基础上,蓄留再生稻,才可能实现两季高产、优质。再生芽的萌发能力与头季的根和母茎养分供给能力密切相关。因此,头季植株生长健壮、后期不早衰、无病虫害、绿色叶片多、根系活力强,才能为再生季的高产打下基础。头季生产技术主要包括:a. 因地制宜选择良种,要求生育期长短适宜,再生能力强、抗逆性强,不早衰、不倒伏;b. 对于温光资源较差地区,适时早播、早栽,适时收割,使两季都在较好的光温条件下生长,有利于夺取两季高产。一般蓄留的再生稻从头季收割到齐穗需要 25 ~ 35 d,根据当地再生季的安全齐穗期确定头季收割临界期;c. 培育壮苗,合理密植。

② 头季机收技术。

收割技术的好坏直接影响稻桩的数量与质量,从而影响再生稻的产量和品质。头季收割技术主要包括:a. 收割期田间水分管理。头季收割前排水时间不宜过早,在保证收割机可以正常下田作业条件下,尽可能推迟稻田排水时间,一般认为田间含水量达 21% 为再生稻受干旱影响的临界值;b. 收割机型的选择及田间作业。建议选用带茎秆粉碎及抛洒装置的收割机型,便于秸秆还田。收割机械选择以轻便的中小型为宜,尽量减少机械田间作业移动次数,减少稻桩被压行数,收割结束,全田竖立稻桩比例应达到 60% 以上;c. 留桩高度适宜。一般认为留桩高度越高,再生季抽穗成熟时间越早,留高桩不仅能促进再生稻高产,而且对于头季迟播、迟割的田,保障再生季安全齐穗具有重要作用。不同地区和品种留桩高度不同,留桩高度的确定应以确保再生季安全齐穗为原则。

③ 再生季栽培管理技术。

与头季一样,氮肥对再生季产量和品质形成也有重要影响。适时足量施用促芽肥,是提高再生季产量和品质的重要措施。头季割前施用催芽肥可以明显增加腋芽数,促进壮芽形成,加快生育进程,保证安全抽穗、灌浆。这主要是由于促芽肥提高了头季后期光合作用和氮代谢,促进休眠芽在收割前即开始生长。此外茎鞘中高的氮和非结构性碳水化合物含量为发苗提供了较好养分供应。促芽肥的施用主要以氮肥为主,对于磷、钾肥不足的田块,增施磷、钾肥可以促进水稻根系发育,其增产效果也很显著。多年生产经验表明,促芽肥最佳的施用期和量与气候条件、品种、头季施肥水平、稻田肥力、头季长势及留桩高度等有密切关系。一般对于肥力中等田块,促芽肥宜在头季齐穗后 15 ~ 20 d 施用尿素 8 ~ 10 kg;而对于低地力田块,头季长势差、再生能力差的品种,促芽肥可适当多施、早施。对于低地力田块和促芽肥施用不当的田块,应因地制宜施用发苗肥,时间一般应在头季收割后 1 ~ 2 d 进行,最迟不得超过 5 d。

当前植物生长调节剂被广泛应用于农业生产。自 20 世纪 90 年代开始,农业工作者们就已经开始研究不同外源物质喷施对再生稻的增产效应及其运用技术,结果表明,赤霉素、细胞分裂素及其类似物表现出一定的增产效应,但考虑到生产成本,经济实用的外源化控物质有待进一步研究。

3.3.2　高产高效机械化栽培模式

（1）双季稻高产高效机械化栽培模式

目前我国双季稻种植地区,在耕整地、收获环节的机械化作业水平已较高,但在种植环节,由于影响因素、制约因素多,技术难度大,机械化作业水平还很低。近年来农业、农机研究机构和技术推广单位结合承担的相关项目,在主要产区的部分试验示范点不断进行适用于双季稻种植的新机具、新农艺的试验研究和技术推广,但至今双季稻机械化种植仍没有取得有突出成效的进展。因此,提高种植机械化水平,是促进双季稻机械化生产发展的关键。

在我国双季稻产区水稻机械化种植方式,一是毯状(或钵体毯状)盘育苗机械插秧;二是钵体育苗机械抛秧;三是机械直播。目前早稻生产机具与农艺配套技术问题已获得解决,但连作晚稻的机械化生产,由于种植期短、秧龄弹性小,机具与农艺要求相适应的问题仍未得到解决,因此,晚稻栽植绝大多数还是采用人工抛秧或栽插来完成。

我国双季稻产区机械化种植技术的研究、试验和推广时间较长,在一些地区初步形成技术模式,总结出高产高效机械化栽培技术。如方文英的《余杭区双季机插水稻高产栽培技术研究》一文,通过浙江省余杭区从 2008 年开始至 2010 年 3 年间开展推广的双季水稻机械插秧试验示范工作,针对余杭区双季机插水稻生产中存在的问题进行试验和研究,获得了一些双季机插水稻高产栽培的关键技术值,并结合机插早稻和机插连作晚稻,将两季水稻生产统筹安排,初步形成了余杭区双季机插水稻高产栽培技术。各地区由于气候及地理情况各有其特点,需因地制宜试验示范形成适宜的高产高效机械化栽培技术。

上述双季稻高产高效机械化栽培模式的技术要点如下:

① 早稻选择苗期耐寒性、感温性强,产量高,对稻瘟病抗性强、适合机械栽插的早熟品种。晚稻选择后期耐低温的高产、优质、抗病的早、中熟晚稻品种。

② 早稻采用工厂化育秧,以旱育为主、适时炼苗,培育出适合不同茬口机插的毯状秧,根据当地适宜栽插期确定播期,分批次播种。晚稻采用软盘湿润育秧,根据晚稻的安全抽穗期和秧龄弹性,适时播种,分厢整地施肥。

③ 早、晚稻耕整地耕深 15 cm 左右,田面平整,根据土壤质地适当沉实。晚稻耕整地前要尽早将早稻收割后田块泡水软化土壤。

④ 早、晚稻根据茬口和品种特性选用 25 cm 行距插秧机,相应调整穴距至最小,确保栽插密度在 30 万穴/hm² 以上,力求浅插。

⑤ 早稻间歇灌溉,中期够苗分次搁田,抽穗期保持浅水层,后期湿润灌溉为主,收获前一周断水。晚稻干湿交替灌溉,成熟前 5 ~ 7 d 断水。对于深脚泥田或地下水位高的田块,在晒田前要求在稻田的四周开围沟,在中间开腰沟。

⑥ 早稻重点把握秧田期和抽穗前后两个关键时期,根据病虫害发生情况重点防治秧田立枯病和大田二化螟、稻飞虱、稻瘟病;晚稻大田期要加强二化螟、稻纵卷叶螟、稻飞虱等虫害和水稻纹枯病、稻瘟病及稻曲病等病害的防治。组织专业化防治队伍,采用自走式喷杆喷雾机、背负式机动喷雾机、高效宽幅远射程喷雾机等现代植保机械提高效率。

⑦ 早、晚稻要在稻谷全部变硬、穗轴上干下黄、谷粒成熟度达到 90% ~ 95% 时收获,采用带碎草装置的全喂入或半喂入联合收割机收获,早稻留茬高度尽量不超过 30 cm,机收损失率控制在 2.5% 以下。

（2）再生稻高产高效机械化栽培模式

近几年,全国再生稻种植面积有快速扩大势头,主要种植区在湖北、江西、浙江、安徽、四川等省。随着社会经济的发展,农村劳动力大量转移,劳力少、用工贵,再生稻生产迫切需要实现机械化。为发展再生稻机械化生产技术,各地农业、农机科研和技术推广人员开展了大量科学研究和技术推广工作,取得了许多关键技术成果,并在田间试验和技术示范验证的基础上,总结出一些再生稻高产高效机械化栽培技术,以规范再生稻的机械化生产。如安徽省农业科学院徐秀娟为了指导安徽省沿江地区再生稻机械化生产,对机插再生稻机械化生产过程中需要解决的关键技术问题进行针对性的研究和系统总结;江西省南昌市农业科学院王苏影等根据科研项目的研究成果及示范结果,制定出适于鄱阳湖地区直播再生稻机械化生产的配套栽培技术。他们所提出的再生稻机械化生产技术不仅可以指导当地再生稻机械化生产,而且可以为其他再生稻产区所借鉴。各地区由于气候及地理情况各有其特点,需因地制宜试验示范形成适宜的高产高效机械化栽培技术。

上述再生稻高产高效机械化栽培模式的技术要点如下:

① 再生稻品种选择应该考虑两季安全齐穗和成熟,选择生育期短(130~135 d)、分蘖力强、株秆健壮、超高产的超级稻品种,优先考虑再生季米质优良的。

② 头季播种,底土需配肥消毒,浸种拌种,夜晚露种,宜稀播壮秧,苗期适时揭膜降温。秧池保证沟内有水,畦面保持湿润状态即可。苗期重点防治立枯病、苗瘟、烂秧、稻蓟马、灰飞虱等病虫害,有杂草时以人工或用除草剂除草。移栽前要求田块平整,无杂物,大田高低差≤3 cm,建议采用侧深施肥高速插秧机,基肥在插秧时施用。插足基本苗数,一般中等肥力田块机插株行距为14 cm×30 cm,机插21~24 万穴/hm²,保苗60~75 万株/hm²。头季田间水分管理,应以薄水插秧、促分蘖,施穗肥后水分自然落干保持田间湿润,适度轻露,以后干湿交替灌溉。头季收割前田间水需放干,尽量减少机收压倒带来的损失。收割时留茬口35~40 cm。收割后第3天,灌跑马水,同时追施尿素,促进有效分蘖。

③ 再生季需追施穗肥,喷施生长调节剂,科学水分管理。再生季生长过程中以浅水管理为主与干湿交替结合直至成熟。再生季病虫害较少,如有大面积发生,需采用相应药剂防治。

3.4 华南地区稻薯轮作

稻薯轮作是华南地区粮食作物主要种植制度之一。2016 年农业部提出将马铃薯作为主粮产品进行产业化开发,要求充分利用南方冬闲田耕地和光温水资源因地制宜扩大马铃薯生产,有力地促进了该地区稻草覆盖马铃薯种植业的发展。但由于华南地区农业生产受制于自然条件,粮食生产机械化总体水平较低,且"稻强薯弱",极不平衡。随着马铃薯主粮化和绿色环保可持续农业的发展,迫切需要农机农艺融合构建稻薯轮作机械化栽培技术体系,加快全程机械化进程,促进马铃薯产业向规模化和标准化转变,这对华南地区农业经济和我国马铃薯产业发展具有十分重要的意义。

3.4.1 农机农艺融合现状及重点技术

(1)农机农艺融合现状

目前华南地区水稻生产领域机械化装备日渐成熟,种植、田间管理及收获各环节可选择的装备日益增多,基本做到了农机农艺相融合。但在稻草覆盖马铃薯栽培方面,农机农艺还没有很好地融合,各生产环节机械化程度相对薄弱,在种植、田间管理及收获等关键环节均无配套农机具。主要表现在如下几方面。

1)栽培不规范

马铃薯播种普遍采用人工开沟起畦、人工摆放薯种及人工铺放稻草的模式,畦面宽度及播种行数大多根据当地传统农艺来确定,这就造成了不同区域种植幅宽、种植行数不一致的现状,影响了马铃薯机械化生产。栽培没有统一的标准,种植规格各异,无法确定配套机具的作业幅宽、播种行数,给农机农艺的融合带来很大困难。

2) 稻草资源不足

按标准稻草覆盖厚度 8 ~ 10 cm 计算,每亩马铃薯种植一般需要 50 ~ 65 m³ 的稻草,约需要收集 2 000 m² 稻田的稻草,即 1 000 kg 稻草。小面积零星种植马铃薯不成问题,但大面积利用冬闲田规模化种植就会遇很多困难,不仅稻草资源明显不足,集中和搬运稻草也会占用很多人工,无形中增加了劳动成本。稻田收获后产生的稻草一般被用于耕牛饲料、造纸原料或其他用途,一些地方稻草价格达到 0.2 ~ 0.6 元/kg。并且,随着水稻机械化收割的推广,稻草多被打碎直接还田,完整的稻草越来越少。用机收稻田的碎稻草作为马铃薯种植覆盖用稻草,用草量更大,人工铺设碎稻草比以往的整段稻草铺设更加困难。秋季正是雨季,收获后稻草晾晒困难,也会影响稻草资源。即使在水稻产区,可用于覆盖的稻草也逐渐变得昂贵,稻草成本抵消、甚至超过了节省下来的劳动力成本。这成为发展马铃薯稻草覆盖种植技术的主要制约因素。

3) 种薯问题

马铃薯稻草覆盖免耕栽培技术主要用于华南水稻产区,所需种薯绝大部分要靠异地调种。调运马铃薯由于风险大、利润低,正规公司不愿开展此项业务,相当部分是靠马铃薯收购商调运,因受文化水平、科技意识、商业利益的影响,难于保证种薯质量。秋作马铃薯种薯最难解决,种薯来自春作。春作是蚜虫高发期,病毒病重,种薯容易退化,质量很难控制。而稻草覆盖种植马铃薯对种薯要求更高。为使种薯达到最佳状态,种薯常常需要生理调控、块茎处理,这种操作技术性很强,操作不当就会造成减产。

4) 绿薯率高

采用稻草覆盖免耕栽培的马铃薯,绿皮马铃薯比率与传统方法培育的比较相对要高,并且这个比率越到生育后期越高,达到 6.3% ~ 10.8%,平均达到 7.4%。究其原因,稻草覆盖太薄,覆盖稻草相接处接触不紧密,大风吹飞或吹动覆盖稻草,鸡、鸭、狗等牲畜的破坏,以及后期覆盖稻草的腐烂,均可造成稻草覆盖不严、发生漏光,导致薯块受光形成绿薯。

5) 出苗困难、出苗率低

稻草覆盖种植马铃薯的技术要求比常规种植要高,稍有不慎就会导致减产。主要表现为:播种时土壤干旱,种植时没有浇透水,种植后继续干旱无雨,就会影响出苗;播种后遇到长时间降雨,低洼田积水较多,排水不及时,也会导致种薯腐烂,造成缺苗,有的农户种薯腐烂率达 10% ~20% ,高的超过 50% ;稻草覆盖过厚、稻草过湿都会造成出苗困难;种薯生理年龄过老、块茎过小、播种不当也会出现出苗困难、出苗率低的问题;施肥不当也会伤害种薯,影响出苗。

6) 免耕播种出苗迟缓且不整齐

将免耕稻草覆盖马铃薯种植与耕作后传统的马铃薯种植进行对比试验,结果显示,免耕稻草覆盖马铃薯种植比耕作后传统的马铃薯种植,出苗时间晚 5 d,出苗高峰期晚 8 d,出苗末期晚 10 d。造成此现象的主要原因,一是播种后厢面稻草保水能力差,种薯吸收水分困难,推迟了出苗期;二是稻草覆盖太厚实,阻碍了幼苗向上生长,使得部分马铃薯苗在稻草层内横向生长成为"白化苗";三是稻草覆盖太薄,防冻防晒作用小、效果差,也会影响出苗。

7) 不能适时播种

受气候制约,有时水稻延迟成熟,或连雨天田间积水不能收获,或者人为因素推迟水稻播种,都会致使马铃薯不能在最佳节令播种。秋冬作马铃薯最容易产生这种问题,错过最佳播期,出苗相对推迟,导致马铃薯长势差、生育期短、产量低;春作马铃薯不能适期播种,就会出现地上部植株长势过旺,生育期延长,为不影响下茬水稻的生产,只好未成熟收获,其产量、品质受到很大影响。

8) 晚疫病

因稻草覆盖,小气候湿润,给晚疫病发生创造了条件。另外,秋季出苗时雨季尚未结束,冬作区中后期进入雨季,都会带来晚疫病暴发的风险,需做好预测预报,及时防治。

9) 种植技术不到位

稻草覆盖种植马铃薯对土壤要求不严,但对播种要求很严。切块种植的块茎芽眼要朝下,否则出苗迟,出苗率低,产量下降明显。稻草覆盖厚度要严格控制在 8 ~10 cm,过厚影响出苗,过薄也会影响出苗且产生绿薯,都会影响产量。稻草不能太湿,否则影响出苗。稻草覆盖马铃薯根系较浅,对水肥敏感,施肥量不足常造成生育后期缺肥,影响产量。

10) 贮藏损失大

华南地区很多山区贮藏设施简陋标准化的种薯贮藏库极少,种薯大多散堆在灶房、阁楼,导致贮藏损失达 15% ~30% ,农户的生产积极性受到极大影响,导致大规模发展马铃薯生产也受到一定程度的制约。

(2) 农机农艺融合发展的重点技术

1) 开沟、起垄与覆膜放苗技术

因水稻收获后田地中秸秆较多,必须增加旋耕,以便于马铃薯播种开沟和起垄。由于稻草资源不足、集运成本高,且随着水稻机械化收割的推广,完整的稻草越来越少,用碎稻草覆盖马铃薯,用草量更大、人工铺放更加困难,因此种植农艺上要采用覆黑膜的方式以防过多依赖稻草,相应种植机具上也要加装覆膜装置。

2）机械化栽培技术

目前人工种植马铃薯的栽培方法很不规范,种植规格各异,机具无法配套作业。为此,在农艺上要充分考虑配套动力轮距及作业环境,要保证 14.7 ~ 29.4 kW 拖拉机能够进地,垄宽要保证控制在 1.1 ~ 1.3 m 并符合拖拉机标准轮距,为机械化作业创造条件。

3）种薯抗病与机械化播种减损技术

机械化播种要减少种薯包衣损坏和病毒侵染。由于稻草覆盖种植马铃薯所需种薯绝大部分要靠异地调种,难于保证种薯质量;秋作马铃薯种薯因易受病毒病侵害而退化,质量很难控制。因此,为适应机械化作业必须要提高马铃薯种薯抗病能力,还要进行生理调控、块茎处理。

4）降低绿薯率技术

为降低稻草覆盖免耕栽培马铃薯的绿薯率,避免稻草覆盖不严发生漏光导致薯块因受光而形成绿薯,农艺上必须在原有覆盖稻草或薄膜的基础上适当覆土,因此马铃薯播种机必须具有覆土功能。

5）避免种肥混施技术

稻草覆盖马铃薯在农艺上要求施肥技术比常规种植要高,主要是在播种时肥料与种薯容易混施造成烧苗。而且在南方马铃薯播种作业时肥料比较潮湿容易板结,传统的外槽轮施肥方式无法满足要求。在设计播种施肥联合作业机时要充分考虑这些因素,必须采用侧深施肥方法,施肥器采用搅龙或者链耙结构,以满足农艺要求。

3.4.2　高产高效机械化栽培模式

稻薯轮作栽培模式的马铃薯种植,经由人工稻草全程覆盖向稻草减量覆土覆膜方式演变,目前正在推行宜机作业的种植方式。近几年,通过国家相关科技项目的实施,对华南地区稻薯轮作机械化栽培体系进行了研究探索,对稻草覆盖种植农艺和两茬作物种植规格进行优化,提出了可推广应用的机械化栽培模式。这些模式还需在推进马铃薯规模化种植和全程机械化发展中逐步完善,以满足高产高效生产的需要。

（1）稻薯轮作栽培模式的发展与转变

稻草覆盖马铃薯种植模式发展初期,农户都尽可能地采用稻草全程覆盖马铃薯。稻草覆盖的好坏直接影响马铃薯的产量。由于稻草资源与马铃薯种植所需稻草量不匹配,有限的稻草无法满足大面积马铃薯种植,从而严重制约了华南地区马铃薯产业的发展,冬季闲田没有被充分利用,很多土地闲置。近年来,随着华南地区推进马铃薯生产、扩大种植面积,稻薯轮作模式逐步向以下方式转变。

① 稻草充足的农户,尽量选用稻草作覆盖物,因稻草和其他农作物的秸秆相比,稻草腐烂时间长,保温、保湿、保肥的效果好,有利于马铃薯的膨大,不易出现青皮薯。一般种植 1 hm² 的马铃薯需要 3 hm² 的稻草量来覆盖。种植模式为水稻收获后,稻田免耕,直接开沟成畦,沟内泥土覆盖在畦面上,将种薯分行摆放在畦面上,并用稻草全程覆盖,稻草覆盖厚度需满足 8 ~ 10 cm(见图 3-14、图 3-15)。此种模式种植的马铃薯在收获时作业比较简单,仅需将稻草扒开,将马铃薯拣出装袋即可。

图 3-14　稻草覆盖起垄种植马铃薯　　　　图 3-15　稻草覆盖种植马铃薯出苗期

② 稻草量不足的农户,可采用不同种植方式:一是将土地旋耕整地后,先将马铃薯摆放,薯上覆土起垄,垄上覆盖稻草的起垄种植模式,按照此模式种植马铃薯,一般 1 hm² 稻田的稻草可实现覆盖 1 hm² 的马铃薯;二是将土地旋耕整地后,在地面直接摆放马铃薯,薯上直接覆盖稻草的平作种植模式,按照此模式种植马铃薯,一般 2 ~ 2.5 hm² 稻田的稻草可实现覆盖 1 hm² 的马铃薯;三是将土地旋耕整地后,先摆放马铃薯,再在薯上覆土起垄,垄上覆盖地膜,膜上覆盖稻草的起垄种植模式(见图 3-16、图 3-17),按照此模式种植马铃薯,一般 1 hm² 稻田的稻草可实现覆盖 1 hm² 的马铃薯。这三种种植模式既可弥补稻草量不足的缺点,又可提高土壤肥力。

图 3-16　覆膜覆盖稻草起垄种植马铃薯　　图 3-17　覆膜覆盖稻草种植马铃薯出苗期

（2）推荐的机械化栽培模式

华南地区稻薯轮作种植方式多种多样,能够实现农机农艺融合并推广应用的栽培模式主要包括免耕种植马铃薯和开沟起垄种植马铃薯两种。这两种栽培模式与传统种植模式有较好的继承性,满足马铃薯生长条件,对发展农业经营规模化和满足个性化需求有较好的适应性,经过示范推广受到农民的普遍认可。

1）免耕种植马铃薯机械化栽培模式

免耕种植马铃薯模式是在水稻收获后的茬口田免耕土表进行播种、施肥再覆盖稻草栽培马铃薯。这种模式需在水稻收获前半月进行开沟排水,水稻收获后根据当地的栽培条件、生态环境和气候情况利用小型手扶式中耕培土机进行开沟作厢,一般厢面宽 1.3 m,厢沟宽 30 cm、深 20 cm,十字沟沟深 30 cm,围边沟沟深30~40 cm。要开好厢沟、十字沟和围边沟以排干田水。在开沟时,使用沟内土填平厢面低洼处,使厢面横向略呈拱形。水稻收获后稻茬行距 30 cm,稻茬高度一般为 20 cm 左右,播种马铃薯时按照不同的厢面宽度在稻茬间摆放 4 行薯种,行距为 30 cm,在厢面上覆盖8~10 cm 的稻草,并用沟内取出的土均匀地撒在稻草上,再将各条沟清理顺畅,做到沟沟相通。这种模式能够较好地解决机械化播种问题。华南地区多采用 22 kW 左右的拖拉机,按照 JB/T 8300—1999《农业轮式拖拉机轮距》及相关标准要求选择轮距,一般调至1.5~1.6 m。采用该功率段的拖拉机背负马铃薯播种机可实现薯种的定点摆放,如图 3-18所示。

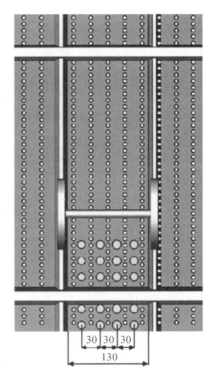

图 3-18　免耕种植马铃薯机械化栽培模式示意图(单位: cm)

免耕种植马铃薯还可采用定点摆种后厢面覆膜、膜上覆盖稻草的种植模式。地膜覆盖可以实现保温增温、保水及保持养分,增加光效和防除病虫草害等,使冬种马铃薯提前 7~10 d 收获,提早上市。

2）开沟起垄种植马铃薯机械化栽培模式

开沟起垄种植马铃薯是在水稻收获前半月进行开沟排水,水稻收获时稻秆打碎直接还田,采用旋耕机进行旋耕整地,除净根茬,耕深范围为 20~30 cm,做到表土细碎、土壤颗粒大小合适,土壤松软,地表平整,上松下实。土地旋耕整地后,开2 条行距 30 cm 的浅沟,将薯种按指定株距摆放于浅沟内,在 2 行薯种上覆土起大垄,垄高 15～20 cm,垄上覆盖地膜,膜上覆盖薄土层。起垄播种完毕后,利用小型手扶式中耕培土机在垄间进行开沟,并将沟内取出的土均匀地撒在大垄上,保证从垄顶到沟底的深度为 30 cm;挖出围边沟,深度为 30～40 cm,保证沟沟相通,排水无阻。配用轮距 1.1 m 的拖拉机背负马铃薯播种机可实现薯种的定点摆放,如图3-19 所示。

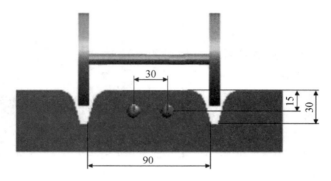

图 3-19　开沟起垄种植马铃薯机械化栽培模式示意图(单位:cm)

第 **4** 章　两熟制粮食作物耕整地机械化技术

4.1　耕整地农艺要求

4.1.1　旱田耕整地农艺要求

黄淮海平原主要为小麦/玉米、小麦/大豆一年两熟种植模式,每年5月下旬到6月上旬小麦收获后,为了抢农时、增加土地复种指数、节约生产成本,一般采用免耕播种机直接播种玉米或大豆,不再进行耕整地作业。为了保证玉米、大豆的播种质量,小麦收获时,要求联合收割机麦秸秆直接进行切碎,并均匀抛撒在地表,地表留茬高度不宜超过20 cm。

黄淮海地区耕整地主要集中在秋季,应用较多的耕整地方法主要有平整土地、翻耕、耙地、深松、旋耕等。秋季机械化耕整地目的是为播种提供良好的种床条件,根据不同情况还可组合成不同的耕整地流程。对耕性良好的土壤可先由铧式犁耕翻,然后用钉齿耙或圆盘耙进行整地或直接用旋耕机旋耕2~3遍完成耕整作业;对耕性不良的土壤可先用深松机松土,再用旋耕机旋耕。目前正在研究示范不同流程跨年度周期循环组合的耕作方法,隔一到数年耕翻、深松旋耕一次,其余年份免耕。

（1）土地平整技术

① 平整土地必须在沟渠路林村田全面规划的基础上进行,要根据当年作物播种安排有计划地进行复垦、倒茬和休闲等;安排在冬春或夏秋平整的土地,尽可能保留熟土层,对高差较大而土壤瘠薄的田块,应先将表土层放在一边,然后挖去要削平的部位,最后再铺表土层,表土的厚度一般约25 cm为宜。

② 地形平坦的情况下,要求一次平整完毕;地形复杂、土方量大时,可采取小块平整,逐年加工过渡。虚土将会有一定的沉陷,填土处一般应留有相当于填土厚20%左右的虚高,保证虚土沉实后田面高度一致。

③ 平整后的土地应具有适当的田面坡度,地势较低的低洼地,平整后的高程应高于常年涝水位0.2 m以上。田面高程应与灌溉、排水工程相结合,田面高度应低于田间末级灌溉渠渠底高度0.1 m以上,高于排水沟沟底高度0.6 m以上。旱地田面坡度应限在1∶500以内。

（2）秋季耕整地农艺要求

① 秸秆处理。前茬作物收获后，对田间剩余秸秆和根茬进行粉碎还田或将秸秆打捆收集后根茬切碎还田。要求粉碎后 85% 以上的秸秆长度 ≤10 cm，且抛撒均匀。

② 耕翻整地。对上茬作物根茬较硬，没有实行保护性耕作的地区，小麦播种前需进行耕翻整地，土壤含水率 15% ～25% 时耕整地较为适宜。耕翻整地属于重负荷作业，需用大中型拖拉机牵引，拖拉机功率应根据不同耕深、土壤比阻选配。耕地质量要求耕深 ≥20 cm，深浅一致，无重耕或漏耕，耕深及耕宽变异系数 ≤10%；犁沟平直，沟底平整，垡块翻转良好、扣实，以掩埋杂草、肥料和残茬。耕翻后及时进行整地作业，要求土壤散碎良好，地表平整，满足播种要求。

③ 旋、耙精整地。适宜作业的土壤含水率为 15% ～25%，旋耕深度要达到 12 cm 以上，旋耕深浅一致，耕深稳定性 ≥85%，耕后地表平整度 ≤5%；必要时镇压，创造上松下实的种床条件，为小麦出苗奠定良好基础。

④ 深松整地。间隔 3～4 年深松 1 次，深度以打破犁底层为主，一般为 35～40 cm，稳定性 ≥80%，土壤膨松度 ≥40%，深松后应及时旋耕合墒。

⑤ 保护性耕作。实行保护性耕作的地块，如田间秸秆覆盖状况或地表平整度影响免耕播种作业质量时，应进行秸秆匀撒处理或地表平整，保证播种质量。

⑥ 施足底肥。在非免耕年份，结合耕整地方式，按需施足底肥。

4.1.2　水田耕整地农艺要求

（1）水田平地技术

① 水田平整宜采用格田形式，必须保证排灌畅通，调控方便。在格田范围内精细平整，达到水平。格田田面高差应小于 ±3 cm，长度保持在 60～120 m 为宜，宽度以 20～40 m 为宜。格田之间以田埂为界，埂高以 40 cm 为宜，埂顶宽以 10～20 cm 为宜。在渍涝型灌溉水田区，田面高度应高于排水沟沟底高程 0.8 m 以上。

② 滨海滩涂区耕作田块设计应注意降低地下水位，洗盐排涝，改良土壤，改善生态环境。在开发利用过程中，可采用挖沟垒田、培土整地的方法。以降低地下水位为主的农田和以洗盐除碱为主的滩涂田块田面宽宜为 30～50 m，长宜为 300～400 m。

（2）稻茬麦耕整地技术

长江中下游冬麦区稻茬麦播前耕整地应根据茬口和土壤墒情，选择适宜的耕整地方式。籼稻茬冬麦播前有较充裕的耕整地时间，应适墒采用深旋耕或犁翻、浅旋碎土相结合的方式进行精细整地，耕整深度应在 15 cm 以上。粳稻/冬麦茬口相对较紧，应在水稻收获前 10～15 d 排水，并在收稻后采用深旋耕方式抢茬适墒整地,要求地表平整、土壤细碎、无大土块。如茬口紧迫到无耕整地时间,可考虑采用冬麦少耕播种或稻板田播种。

提倡水稻秸秆全量还田。收获水稻时应在联合收割机上加装碎草与匀草装置,碎稻秸长度控制在 10 cm 以下,并均匀抛撒。尽可能采用犁翻耕或反转旋耕方式,深埋稻秸,尽量减少地表深 5 cm 以内土层的稻秸量,以保证播种质量,为麦苗扎根、抗冻防倒奠定基础。

耕地前应施足底(基)肥,提倡用播(撒)肥机精确控制施肥量,并提高施肥均匀度。也可将种肥两用播种机的排种管和开沟器卸掉,用排种器施肥,在精确控制施肥量的同时,还能通过肥料从高处降落并在地面的反弹,提高肥料颗粒在田间均匀分布程度。机械振动易造成复合肥和尿素在肥箱中自动分层,这两种肥料不宜直接混合后施用。提倡采用双肥箱播(撒)肥机,或复合肥与尿素分别施肥的方式。

稻茬冬麦生长期间雨水较多,应搞好以排水为主的田间沟渠,合理配置外三沟和内三沟,做到“三沟”配套,沟沟相连,排水通畅。要求田外沟深 1 m 以上;田头沟深 40 cm 以上,并与田外沟畅通;田内横沟间距小于 50 m、深 30~40 cm,田内竖沟间距小于 3 m、深 20~30 cm。

机械开沟作业不仅效率高,且开沟质量好,走向整齐,沟壁和沟底光滑易于排水。一般采用圆盘式开沟机(配置大型动力)或旋耕刀(切土刀)式开沟机(配手扶拖拉机)开沟。根据不同沟的功能要求设定开沟深度。冬春两季注意清沟理墒,保持沟系畅通、排水顺畅,确保雨止田干。

稻茬田播种冬麦可参照北方旱地小麦播种“少动土,多覆盖”为原则的保护性耕作农艺,要求残茬和稻草(部分或全量)翻埋还田或覆盖还田,实行免耕或少耕,间隔几年犁耕深翻。因而多将耕整地与播种施肥联合作业,一次行程完成旋耕灭茬、碎土、施肥、条播、盖籽、镇压等多道工序,然后开挖墒沟。其技术要点如下:

① 按测土施肥配方施足底肥,拟稻草残茬翻埋还田的,撒施复合肥及有机肥于田表。

② 根据当地农艺要求合理确定播种量和旋耕深度,稻草残茬翻埋还田量多的田块,适当加深旋耕。拟稻草残茬覆盖还田的,采用条耕条播深施肥机作业。

③ 播种后即用开沟机开沟,以利迅速排除田表积水并降低土壤含水量(见图 4-1)。同时将切碎的沟土抛撒到两侧,均匀地覆盖到已播种的田表。

图 4-1　手扶圆盘开沟机作业

④ 播前或播后要进行化学除草。

（3）水稻插（抛）秧耕整地技术

水稻机械化播种主要分为直播和移栽两种方式。直播技术虽然成本低，但是受积温、光照、种植品种等生态与生产条件限制，推广应用的局限性较大，目前只在我国南方少数地区试验、研究、应用。水稻机械化育插秧技术能够实现稳产高产，因此是我国水稻机械化生产发展的主流。

稻田耕整地机械化技术是通过机械将田块耕翻、平整，以利于水稻机械化播种和插秧的作业技术。插秧前常规耕整地的农艺技术要求是平整、洁净、细碎、沉实。对前作茬田、绿肥田、休闲田等要求耕深适当，一般为 12～20 cm，耕深一致；犁耕时应审垡断条，以利架空晒垡，无漏耕、重耕、立垡、回垡等现象；埋覆绿肥、残茬和还田的秸秆；耕后田面平坦，田头田边整齐。整地耙耢结合，深度可调，一般不小于 10 cm，深浅一致；耕层土壤松软，田面土壤细碎、起浆好；田面平整，不拖堆，不出沟，高低差不超过 3～4 cm。田面洁净，无残茬、无杂草、无杂物、无浮渣等；土层下碎上糊，上烂下实；田面泥浆沉实达到泥水分清，沉实而不板结，使机械作业时不陷机、不壅泥。

南方稻区有条件的应实行冬季翻耕，能促使秸秆加快腐烂，便于来年耕作。冬翻耕应旱耕或湿润耕作，提倡秸秆还田，采用犁耕或旋耕，犁耕深度 18～22 cm，旋耕深度 12～16 cm。

稻秧移栽前 1 周左右耕整大田，提倡旱耕或湿润旋耕，犁耕深度 12～18 cm，旋耕深度 10～15 cm，达到秸秆还田、埋茬覆盖。之后采用水田耙或平地打浆机平整田面，沉实后达到机插前耕整地质量要求。丘陵山区可采用小型拖拉机匹配相应的旋耕机或犁整地。南方麦（油）稻及双季晚稻等一年多熟制地区由于季节紧张，前茬作物收获后要及时整地，在泥脚较深的稻田，提倡用橡胶履带拖拉机配套旋耕机、反转旋耕灭茬机、平地打浆机等机具进行整地作业，做到田面平整，泥浆沉实后及时机插。

随着轻简化稻作技术和秸秆残茬全量还田技术的应用推广，目前我国长江中下游冬麦/水稻轮作区以旋耕为主的简化耕整地农艺正在逐步替代犁耕晒垡→耙地→平整的传统农艺。当前主推的麦秸残茬机械化翻埋全量还田集成机插秧技术，主要有水还田和旱还田两种技术模式。水还田技术模式是：冬麦机械收获同时进行麦秸切碎抛撒→灌水泡田→施基肥→用水田埋茬（草）耕整机翻埋整地→机插秧；旱还田技术模式是：冬麦机械收获同时进行麦秸切碎抛撒或机收时高留茬→施基肥→旋耕灭茬翻埋→灌水泡田→平田整地→机插秧。

（4）水稻直播耕整地技术

① 水稻直播对田面平整度的要求为高度差小于 ±3 cm。灌水后田面精确一

致的水深是播种成功的条件,若田面高低相差过大,高处稻种不易着水,即使出了芽,排水后高处也易旱使稻种回芽,低处易烂种烂芽,并且影响化学除草剂的除草效果。宜应用激光控制平地机作业,提高稻田的平整度。

② 水稻直播对秸秆、残茬、杂草切碎埋覆的要求高。采用水稻直播技术离不开化学除草剂,但为了保护环境,避免或减少化学药剂对农田并由此扩及浅表地下水及江河湖海水体的污染,应尽可能减少用药量,限量施用药剂而充分发挥其效果。这就有赖于耕整水田时将杂草籽大部分埋覆在深 10 cm 以上的浅层土壤中,在泡田期诱发杂草大量发芽,在直播前施药,将杂草杀死在萌发期。同样的理由,为减少化学肥料施用量,增加稻田土壤有机质,要求充分切碎、翻拌、埋覆秸秆残茬等生熟有机肥,加速其分解矿化,形成有效肥分。为满足这些要求,采用旋耕机及秸秆残茬还田、化肥深施联合作业机进行直播稻田的耕整地,比传统的牵引式农具更适宜。

双季稻地区栽培晚稻时农时紧,有些地区以耙代耕,将稻茬直接压入糊泥中,再将地整平即行插秧,这就要求整地机械灭茬起浆性能好。秸秆还田,虽需要先耕后耙,但要求耙田不仅能碎土起浆,还要能压草。

(5) 华南马铃薯耕整地技术

华南大部分地区冬季平均气温为 14 ~ 19 ℃,降雨不多,温暖无霜,随着稻草覆盖种植马铃薯技术的不断发展,稻茬地栽培冬马铃薯的种植模式也逐渐发展变化为"稻—秋马铃薯""稻—秋马铃薯—冬马铃薯""稻—稻—冬马铃薯"等多种轮作模式。本节主要介绍一年两熟制的稻薯轮作中的冬种马铃薯耕整地的技术要求。

1) 深耕

种植马铃薯要进行深耕整地,整地时除净根茬,应适墒采用翻耙、起垄、镇压连续作业。马铃薯是块茎作物,因此耕深范围为 20 ~ 30 cm,做到表土细碎、土壤颗粒大小合适,土壤松软,地表平整,上松下实,并进行适当的镇压保墒。深耕可使土壤疏松,透气性好,并可提高土壤的蓄水保肥和抗旱能力,改善土壤的物理性状,为马铃薯的根系充分发育和薯块膨大创造良好的条件。

2) 开沟作厢

根据当地的栽培条件、生态环境和气候情况进行开沟作厢。水稻收获前半月进行开沟排水,水稻收获后要开好厢沟、十字沟和围边沟以排干田水。一般厢面宽 1.0 ~ 1.2 m,厢沟宽 30 cm、深 20 cm,十字沟沟深 30 cm,围边沟深 30 ~ 40 cm。开沟取土要分二次进行:第一次取土填平厢面低洼处,使厢面横向略呈拱形;第二次是在覆盖上稻草后进行,将沟内取出的土均匀地撒在稻草上,再将各条沟清理顺畅,做到沟沟相通。开沟的土放在厢面上整碎,使厢面略成弓背形。若稻桩较高或杂草较多时,需割平稻兜或在播种前 2 ~ 3 d 均匀喷除草剂。田间无墒的还要在播种前 1～2 d 灌一次跑马水以保持田间墒情。

3）施肥

马铃薯对肥料要求较高,特别是脱毒薯生长势旺,吸收能力强,增产潜力大,必须施好肥,施足肥,保证营养的供给。马铃薯施肥的总原则是:肥料种类以农家肥为主,化肥为补充。由于稻草覆盖种植模式的特殊性,保护性耕作种植马铃薯时可通过撒肥机将所需底肥在播种前整地时和化肥混合施用撒于地面、耙入土中。对于熟地,肥源不足时,以施农家肥为主,一般 18～30 t/hm²,配合高浓度复合肥(含氮磷钾比例 14%,15%,18%)375～450 kg;对于熟地,且肥源充足时,在前期施底肥的基础上,在播种过程中可以通过播种同时施肥的方式增施氮肥、磷肥和钾肥,氮肥主要有碳酸氢铵、尿素等,磷肥主要有磷酸二铵、过磷酸钙等,钾肥主要为硫酸钾,具体施肥量应根据当地土壤肥力状况而定,将肥料均匀撒入施肥沟内,且肥料不能接触种薯,可通过在播种机的播种开沟器两侧前方设置施肥开沟器的方式将肥量释放于马铃薯的两侧。对于生地(如新修梯田等),农家肥用量一般为 60～75 t/hm²,其他肥料适当增加。马铃薯是喜钾作物,以氮、磷、钾三要素比例为 5.5∶2.0∶12.0 为宜,需氮、磷较少,整个生长期钾吸收量比氮多 2/3。马铃薯生育期短,前中期需肥量较大,采用一次性施肥及播前深施增产效果显著。

4.2　耕整地机械

4.2.1　平地机械

农用平地机主要用于农田平整地作业,也可用来修筑梯田、平整土地、道路和场地等。目前大部分水田平整有人工平整、畜力平整、拖拉机平整和耕整机平整等方式,主要凭目测和经验,平整后高差一般都在 10 cm 以上,并随着田块增大,高差也增大。

(1)平地机分类、结构与工作过程

农用平地机有牵引式、悬挂式和自行式平地机。牵引式平地机由拖拉机牵引作业。悬挂式平地机一般采用凿形松土部件,安装在平地铲的铲壁上,在平地作业时,松土部件在铲壁上部,呈非作业状态。松土作业时,将平地铲回转 180°,使松土部件呈作业状态。两项作业不能同时进行。自行式平地机主要用于工程项目,按发动机功率和刮刀长度的不同,可分为轻型、中型和重型三类。

平地机的主要工作装置是装有刀片的刮刀,它具有高度的灵活性,可以根据工作需要随时形成与行驶方向不同的各种夹角,可以在垂直面上形成必要的倾斜角度,也可以横向调整机体。农用平地机由机架、牵引(或悬挂)装置、平地铲及其操纵、调节装置和松土铲等组成,具有使平地铲不随地面起伏而上下运动的反仿形性能,以获得农田平整效果。

平地机在作业时,铲土、运土和卸土三道施工程序是连续进行的。在作业前,应根据土质的不同调整好刮刀的铲土角和平面角,然后先从地块的一侧慢速前驶,同时将刮刀倾斜,使其前置端入土中,这时被切下的土壤沿刮刀侧卸于一侧,按环形路线将已铲挖的土堆逐次移向低洼处,最后刮平遗土,这是土地整平过程。

(2)旱田平地机

1)牵引式平地机

牵引式平地机以平地机后面的地轮为支点,结构简单,但纵向跨度小,平地铲与拖拉机后轮间的距离小,反仿形能力差,平地质量较差,适用于小块地作业。

简易牵引式平地机通常安装凿形松土部件(见图4-2),成排地安装在平地铲的前方,其松土深度较平地铲的切土深度深约5 cm。在平地铲作业前先松土,可改善平地铲的作业条件,有利于提高平地质量。

农用牵引式四轮平地机(见图4-3)则以四轮为支点,后面设专门的驾驶人员控制平地机的姿态,中间通过转盘悬挂铲式松土部件,通过液压缸调整平土铲的角度和高低,但主要依靠操作人员目测手动控制液压手柄,平地精度较低。

图4-2　简易牵引式平地机

图4-3　农用牵引式四轮平地机

2)悬挂式平地机

简易悬挂式平地机(见图4-4)由拖拉机牵引工作,适用于小块地作业。与牵引式相比,其结构较简单,重量较轻,操纵方便,但平地质量较差。简易平地机的凿形松土铲一般安装在平地铲的铲壁上,松土作业时,将平地铲回转180°,使松土部件呈作业状态。两项作业不能同时进行。

激光平地机(见图4-5)是在平地机上配备激光装置,作业过程中与安装在地边适当位置的激光发射器保持联系,即可根据接受激光光束位置的高低,自动调整平地铲的高低位置,精准控制切土深度,从而大大提高平地质量。旱田平地机的后端通过支承轮调整高程,水田激光平地机的机架前端采用四连杆机构通过高程油缸与平地铲总成连为一体并与拖拉机的三点悬挂机构挂接,自动调整高程。与牵引式相比,其结构较简单,重量较轻,操纵方便,平地质量好。激光平地机调平系统采用机械电控液压一体化结构,激光平地机对于土地平整机械而言是一个重大创新,它大大简化了平地机的结构,对提高农田的平整精度和平整效率有重大意义。

图 4-4　简易悬挂式平地机　　　　图 4-5　激光悬挂式平地机

3）自行式平地机

自行式平地机主要用于大型土地、场地的平整,自行式平地机有 4 轮和 6 轮两种形式。自行式平地机(见图 4-6)的纵向跨度大,推土铲与后轮间距较大,反仿形性能好,平地质量好,工作可靠,但结构较复杂,金属耗量大,适用于大面积平地作业。平地铲由平直的铲刀和圆弧形的铲壁构成。为适应不同土壤类型和不同地形条件的要求,切土角(铲刀面与地平面的夹角)、水平回转角、垂直回转角均可通过液压装置调节。其调节范围:切土角为 30°~65°;水平回转角可按顺时针、逆时针方向各回转 40°~60°;垂直回转角可按顺时针和逆时针方向各回转 25°。

图 4-6　自行式平地机

（3）水田平地机

水田平地机(见图 4-7)以悬挂式为主,由水田拖拉机或插秧机的底盘牵引作业,既具有悬挂式平地机结构较简单、重量轻、操纵方便的优点,又具有自动化程度高、平地质量好的优点。主要用于泥浆地平整和插秧前精整平地作业。

图 4-7　水田激光平地机

华南农业大学研制的水田激光平地机具(见图 4-8),以旋转的激光束平面为基准自动调整平地铲高度,采用微机械陀螺仪和加速度计实时检测平地铲的水平倾角,实现了平地铲水平位置自动调整,平整精度高(<3 cm)。

水田激光平地机平地铲工作幅宽可根据田块进行选择,现有 3 m,4 m,5 m 三种幅宽。平地铲采用折叠式设计,方便运输,工作效率较高(0.2~3.3 hm²/h)。

图 4-8　华南农业大学研制的水田激光平地机

4.2.2　前茬处理机械

前茬处理就是对上一茬作物收获时留在地里的秸秆和残茬进行处理,主要目的是为后面的耕作和播种创造有利条件。秸秆处理的方式较多,主要包括整秆深埋还田、秸秆粉碎还田、秸秆打捆运出再利用等。秸秆还田是把麦秸、玉米秸和水稻秸秆等直接深埋、切碎或堆积腐熟后施入土壤中的一种方法。秸秆粉碎后直接还田翻入土壤,可有效提高土壤内的有机质,增强土壤微生物活性,提高土壤肥力。秸秆打捆机具是将秸秆打成圆捆或方捆后运出地块再利用的机具。

（1）还田机

通用秸秆粉碎还田机按整体结构不同分为两类，一类为卧式秸秆粉碎还田机，一类为立式秸秆粉碎还田机。

1）卧式秸秆粉碎还田机

卧式秸秆粉碎还田机的刀轴呈横向水平配置，安装在刀轴上的甩刀在纵向垂直面内旋转。卧式秸秆粉碎还田机主要由传动机构、粉碎室和辅助部件等部分组成（见图4-9）。传动机构由万向节传动轴、齿轮箱和皮带传动装置组成。粉碎室由罩壳、刀片和铰接在刀轴上的刀片组成。刀片的形式有L形、直刀形、锤爪式等，辅助部件包括悬挂架和限深轮等。通过调整限深轮的高度，可调节留茬高度，同时确保甩刀不打入土中。

卧式秸秆粉碎还田机与拖拉机动力输出轴连接，由拖拉机动力输出轴输出的动力经万向节、主变速箱二轴带动主动轮旋转，主动轮通过三角皮带带动被动轮及粉碎滚筒旋转，安装在粉碎滚筒上的锤爪随滚筒旋转，在离心力作用下张开。高速旋转的锤爪将地面上的作物秸秆抓起，喂入机壳与滚筒组成的粉碎室。此时，秸秆被第一排定齿切割，大部分被切碎。未被粉碎的秸秆，在折线形的机壳内壁受到壳壁截面变化的影响，导致气流速度的改变，使秸秆多次受到锤爪的撞击而被粉碎。当秸秆进入锤爪与后排固定齿间隙时，再次受到剪切和撕拉，被粉碎的秸秆经导流板均匀抛撒在田间。紧随其后的限深滚筒将留下的根茎连同秸秆压实在地面上，这样就完成了全部工作过程（见图4-10）。卧式秸秆还田机的刀辊线速度通常大于36 m/s，随着人们对还田细碎程度要求的提高，刀辊的线速度也在不断提高，但一般小于45 m/s。

图4-9　卧式秸秆粉碎还田机

图4-10　卧式秸秆粉碎还田机作业现场

2）立式秸秆粉碎还田机

立式秸秆粉碎还田机由悬挂架、齿轮箱、罩壳、粉碎工作部件、限深轮和前护罩等组成（见图4-11、图4-12）。立式秸秆粉碎还田机与拖拉机动力输出轴连接，拖拉机动力输出轴输出的动力，通过万向节传动轴、传动齿轮箱输入横轴，经过圆锥齿轮增速和转向后,使垂直立轴旋转,带动安装在立轴上的刀盘工作。罩壳侧板上装有定刀块,在前方喂入口设置了喂入导向装置,使两侧的茎秆向中间聚集,以增加甩刀对秸秆的切割次数,改善粉碎效果。罩壳的前面还装有带防护链或防护板的前护罩,从而只允许秸秆从前方进入不能抛出。在罩壳后方排出口装有排出导向板,以改善铺撒秸秆的均匀性。限深轮装在机具的两侧或后部,通过调节限深高度,可调整留茬高度,保证甩刀不入土,并有良好的粉碎质量。立式还田机刀片打土较少、功耗小,但不能破碎表层土壤。目前这种机具应用相对较少。

图 4-11　立式秸秆粉碎还田机　　图 4-12　双轴立式秸秆粉碎还田机

3）水田翻转埋草机

翻转埋草机主要适用于收获粉碎后的水稻及翻埋于地下的其他作物秸秆,主要原理是利用反向回转的旋耕机刀轴反转旋耕,机具的罩壳后半段用栅条代替,栅条将秸秆挡在前面首先落下,碎土可以通过栅条后将秸秆埋在土下,使之腐烂分解做底肥,较传统的种植方式相比省去了多道工序(见图 4-13)。

图 4-13　水田翻转埋草机

(2)灭茬机

1)深松双轴灭茬机

1SXM－2100 双轴灭茬机是以拖拉机动力输出轴驱动的机具,通常由旋耕机改进而来(见图 4-14)。它既可用于农田的旱耕或水耕,也能用于黄淮海地区浅层耕作,用于灭茬除草、翻压绿肥、蔬菜田整地等作业,已成为水田、旱地机械化整地的主要配套农具之一。并且它能加挂起垄或深松部件,组成旋耕、灭茬、起垄或深松复式作业机械。整机刚性好,左右对称,受力均匀,工作可靠,耕后地表平整,覆盖严密,工效较高,油耗较低,对土壤适应范围较大,一般拖拉机能工作的田地即可进行作业。配套动力 47.84 ~ 58.88 kW,耕幅 2 100 mm,耕深旱地 120 ~ 140 mm、水田 140 ~ 160 mm,机具前进速度 2 ~ 5 km/h,整机重量 682 kg。

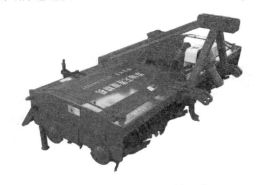

图 4-14   1SXM – 2100 双轴灭茬机

1GQNM – 250S 双轴水田灭茬旋耕机主要用于水稻田的灭茬旋耕打浆平整作业,与轮式拖拉机配套作业,采用后置液压全悬挂连接方式,具有灭茬率高、耕作深度均匀、碎土打浆充分、土肥混合均匀、起浆好、田面平整等优点(见图 4-15)。田间作业时不受土壤和地理条件限制,工作运行平稳、作业质量好、适应性广泛,是新一代理想的水田旋耕作业机械。该机配套动力 62.5 ~ 73.5 kW,工作幅宽 2.5 m,旋耕深度 80 ~ 120 mm,作业效率 0.6 ~ 1 hm²/h。

图 4-15   1GQNM – 250S 双轴灭茬机

2）对行灭茬机

对行灭茬机主要用于起垄播种的玉米灭茬,玉米播种的行距是固定均匀的,灭茬机通过高速旋转的刀轴将残茬打碎并破碎表层土壤(见图 4-16)。

图 4-16　对行灭茬机

3）水平回转灭茬机

水平回转灭茬机是一种主要用于灭除表面根茬的灭茬机,主要特点是结构简单,安装的刀片较少,成本低。可以将刀轴直径加大,实现一轴双行灭茬,转速和故障率较低。图 4-17 是法国库恩公司生产的水平回转灭茬机。

图 4-17　法国库恩公司生产的水平回转灭茬机

4）直联反转灭茬旋耕机

反转灭茬旋耕机(见图 4-18)用于留茬地的旋耕埋茬作业,其刀辊反转,向上掘起的秸秆残茬和土块沿机罩内面滑动,向后输送抛掷。由于附加了挡草栅,尺寸较大的秸秆残茬和土块不能通过栅隙,顺栅条滑落于刀辊后方,先铺于耕沟底层,而碎土被抛掷通过栅隙,稍后落下盖于表层,实现埋覆秸秆残茬的功能,并使耕后土壤形成下粗上细的层次分布,透气性好,有利于作物着床生长。

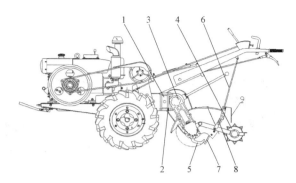

1—反转齿轮箱；2—挂接框；3—左支臂；4—镇压轮及连接拉杆；5—旋耕刀；
6—撑杆；7—栅条；8—调节板；9—橡胶帘

图 4-18　直联反转灭茬旋耕机

事实上，水稻收获后的秸秆和小麦收获后成条铺放的秸秆，以及粉碎不好的玉米秸秆很难处理，一个可行的方法是打捆运出地块后沤化再还田或作其他利用。

（3）圆捆打捆机

圆捆打捆机是一种将秸秆连续旋转形成圆捆后用绳环绕扎结成捆的机具（见图 4-19），这种草捆密实度相对于方捆小，但容易直接包膜贮存。缺点是通常需要停车打捆、放捆，影响作业效率。

图 4-19　圆捆打捆机

捡拾器/抬禾器是将作物秸秆捡拾起来喂入打捆机内进行打捆的关键部件（见图 4-20），主要由回转轴、凸轮、导轨、弹齿、护板等组成，适用于小麦、水稻、谷子、油菜、红豆、芸豆、黄豆、花生等的秸秆和需要晾晒后分段收获作物的捡拾。特点是喂入量大，工作效率高，每小时收获 $1 \sim 1.3$ hm^2（轮式），履带式每小时 $0.53 \sim 0.60$ hm^2，捡拾迅速，浪费性小，不缠草，安装便捷。

图 4-20　捡拾器

（4）方捆打捆机

方捆机是一种可以不停机连续作业的打捆机,其工作原理是通过活塞的连续循环压缩成方形草块,通过打结器捆扎成捆。其关键部件是打结器,此机国内虽有制造但成捆率低,目前还主要依赖进口。按照捡拾方式的不同,方捆机还可以分成捡拾打捆机和切碎捡拾打捆机。

1）捡拾方捆打捆机

其捡拾器与圆捆机相同,如图 4-21、图 4-22 所示。

图 4-21　捡拾方捆打捆机

图 4-22　方捆打结器机

2）切碎捡拾方捆打捆机

这种打捆机是将甩刀式还田机作为捡拾器,可以直接将站立或未经切碎的秸秆切碎后喂入到方捆打捆室进行压缩打捆（见图 4-23）。其使用场所更加广泛,目前主要用于玉米、水稻等需要切碎的秸秆打捆。

图 4-23　切碎捡拾方捆打捆机

（5）收获打捆机

在作物收获的同时将收获机吐出的秸秆直接打捆是一种较好的思路，这种打捆机可以省掉捡拾器，尤其适用于侧面排草的小麦收获机，可将打捆机安装在收获机的一侧，由脱粒滚筒排出的小麦秸秆直接喂入打捆室，通过活塞压缩成捆。缺点是增加了收割机的功耗，降低了工作效率。收获打捆机通常与方捆打捆机结合，可以连续作业，如图 4-24 所示。

图 4-24　收获打捆机

（6）打捆收获机

打捆收获机是一种分段收获的机具（见图 4-25），它是一种将已经成熟的作物切割后打捆，然后运出晾晒或晾晒后运出脱粒的机具，主要用于小地块、山地梯田等播种的水稻及其他作物的分段割捆收获。机具的优点是作物运出后田块比较干净，利于下茬耕作和播种。脱粒后的秸秆可以再利用。

图 4-25　小型打捆收获机

4.2.3　犁耕机械

小麦耕整地机械化装备包括铧式犁、旋耕机、深松机、耙及深松整地联合作业机等。

（1）单向犁

铧式犁是翻耕作业的主要机具。按与拖拉机挂结的形式,铧式犁可分为牵引犁、悬挂犁和半悬挂犁;按使用范围和用途分为水田犁、旱田犁;按结构特点分为单向犁和双向犁。黄淮海地区的地块、现有动力相对较小,铧式犁多以悬挂机型为主,随着大型拖拉机的发展,双向翻转犁逐渐成为主流。

单向犁(见图 4-26、图 4-27)由犁体、犁刀、犁架、悬挂装置和耕宽调节装置等组成,通过悬挂装置将犁与拖拉机挂接。耕深由拖拉机液压系统力调节或位调节控制,也可由犁的限深轮控制。为防止重耕和漏耕,通过耕宽调节器改变犁的两个下悬挂点的前后相对位置来控制正确耕宽。耕宽调节器有销轴式和曲拐轴式等。

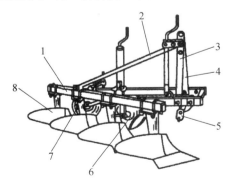

1—犁架;2—中央支杆;3—右支杆;4—左支杆;5—悬挂轴;6—限深轮;7—犁刀;8—犁体

图 4-26　旱田单向犁

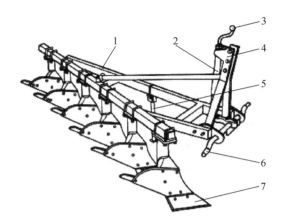

1—犁架;2—曲拐轴调节丝杆;3—调节手柄;4—悬挂架;5—撑杆;6—曲拐轴;7—犁体

图 4-27 水田悬挂六铧单向犁

（2）双向翻转犁

双向翻转犁（见图 4-28）是继普通单向犁之后发展起来的一种新式耕作机具。由于双向犁可变更其翻垡方向，在机组往复行程中，土垡都向一侧翻土，可实现梭式作业，减少了地头的空行程，提高班次生产率。双向犁作业，耕地无开、闭垄，地表平整，减少了耕后整地的难度。

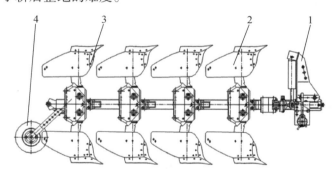

1—翻转机构;2—机架;3—犁体;4—地轮

图 4-28 双向翻转犁结构简图

（3）犁翻埋茬旋耕复式作业耕整机

犁翻埋茬旋耕复式作业耕整机（见图 4-29）是将传统的犁耕作业与旋耕作业相结合研制的一种新机具，可一次作业行程完成土壤翻耕、埋覆秸秆残茬、碎土、平整等多项工序。其特点是充分开拓了犁耕作业的功效，20 cm 以上的犁耕深度不仅能完成秸秆全量深埋还田，还可打破原有土壤犁底层，提高耕层土壤的透气性、透水性，改善作物根系的生长环境，提高肥料的吸收利用率，最终提升粮食品质和产量。

图 4-29　威迪 1GKNL-250 型犁翻旋耕复式作业耕整机

犁翻埋茬旋耕复式作业耕整机包括机架、传动装置、铧式犁和旋耕机等部分。机架的中间上方安装了中间传动齿轮箱,中间传动齿轮箱右侧连接了传动轴,传动轴连接了侧边传动齿轮箱,侧边传动齿轮箱带动旋耕刀辊转动,旋耕刀辊上安装了多把旋耕刀。在机架的前下方倾斜安装了一排犁体和推草板,在机架的左侧安装了地轮,当拖拉机牵引并驱动中间传动齿轮箱转动时,铧式犁将土壤深耕翻转,同时由推草板将秸秆残茬推到刚犁开的土沟内掩埋,然后由旋耕刀辊将犁翻的土垡进行浅耙碎土。实现一次行程完成犁耕、埋草、旋耙的复式作业,提高了作业效率,降低了作业成本。

（4）栅条犁（水旱兼用犁）

栅条犁由犁体、牵引架、耕深调节机构、前犁耕深调节机构和机组行驶直线性调节机构等组成（见图 4-30）。

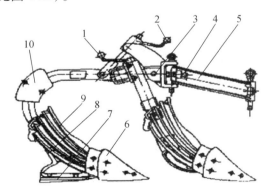

1—前犁耕深调节机构;2—耕深调节机构;3—水平插销;4—行驶直线性调节机构;
5—牵引架;6—犁铧;7—犁踵;8—犁托;9—栅条犁壁;10—配重块

图 4-30　1LS-220 手扶拖拉机直联栅条犁

根据稻田保护性耕作原则,一方面为避免对土壤过度加工,应多采用免、少耕,适当减少犁耕;但另一方面我国稻田耕整多年来采用旋耕机械作业,一般旋耕深度≤15 cm,导致土壤耕层变浅,犁底层上移、加厚形成坚实的犁底层,影响降水渗入土壤深层,阻止作物根系下扎,不利于蓄水保墒和根系对深层土壤水分的吸收利用。为恢复、保持稻田的耕层土壤厚度在18 cm以上,改善土壤结构,需要隔2~3年用犁耕深翻一遍,耕深以18~25 cm为宜。

4.2.4 深松机械

深松是在不翻转土壤的前提下,利用工作部件疏松土壤、打破犁底层、加深耕作层,从而调节土壤的固、液、气态比,改善土壤机构,减少土壤侵蚀和提高蓄水保墒能力。随着我国旱作农业耕作技术的发展和国家支持政策的加大,深松耕作技术已在我国得到大面积推广,深松机具的发展也较快,已成为我国耕作机具家族中的重要成员,也是推广保护性耕作的主要机具之一。

(1)局部深松及机具

局部深松是在深松作业时,对整个土层进行有间隔的局部深松作业,也就是在耕层中深松和不深松土壤同时存在,创造了一个"虚实并存"的耕层构造。局部深松机(见图4-31)其工作部件是有刃口的铲柱和安装在其下端的深松铲,横向相邻工作部件按一定间隔配置,作业后两铲间有未松土埂。有些产品在铲柱的上部加装有双翼浅松铲,在对中、下层土壤深松的同时对全表层土壤浅松。振动式深松机在安装深松刀的每根震动臂与机架之间设置一个弹性元件,以减少牵引阻力。

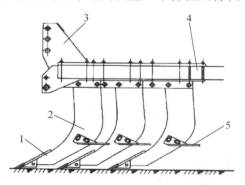

1—铲尖;2—深松铲;3—悬挂架;4—机架;5—双翼浅松铲

图4-31 局部深松机

(2)全方位深松及机具

全方位深松是指在深松部件的作用下,梯形断面的土流被抬起、断裂和疏松。在深松作业时,对整个土层进行高效的松碎,也就是在耕层中只存在疏松土壤,其实质是在耕层中创造一种全虚的耕层结构。从耕层垂直截面上看,耕层中只有耕

作的疏松土壤而不存在未扰动的紧实土壤。全方位深松机(见图4-32)工作部件
为 V 形(或称倒梯形)铲刀,作业时铲刀部件的底刀和两侧刀切出 V 形土条,当机
具以一定速度前进时,工作部件对土条进行挤压、剪切和拉伸,使土壤松碎并落回
开出的 V 形沟内,可避免失墒。

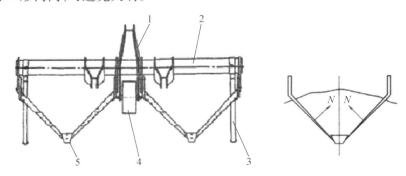

1—悬挂架;2—圆管横梁;3—支撑杆;4—限深轮;5—深松部件

图 4-32　全方位深松机

(3)深松整地联合作业及机具

深松整地联合作业是对中下层土壤进行疏松的同时对表层土壤进行碎土整地
的一种作业方式。深松与碎土、旋耕、分层施肥等不同作业的组合形成多种形式的
深松整地联合作业机。黄淮海地区多用深松与旋耕碎土联合作业机型(见
图4-33),可一次完成深松、旋耕灭茬、碎土、平整作业,作业效率高,综合油耗少,达
到作物种植种床要求。机具作业后深松断面质量高,地表细碎平整,表层覆盖性良
好,有良好的土壤保墒效能,避免了对土壤的多次压实。

图 4-33　深松整地联合作业机

4.2.5　旋耕机械

(1)旋耕机

旋耕机是由动力驱动刀辊旋转,对田间土壤实施耕、耙作业的耕耘机械。旋耕

机与其他耕作机具相比,具有碎土充分、耕后地表平整、减少机组下地次数及充分发挥拖拉机功率等优点,广泛应用在大田和保护地作业。

黄淮海地区的旋耕机由水田旋耕机改进而来,早期主要用于播前精整地,其突出的特点是在托板的后面增加了镇压碎土辊(见图4-34),主要由机架、传动系统、旋转刀轴、刀片、增压辊、耕深调节装置、罩壳等组成。由于耕后土壤较松软,所以一般带有镇压辊。旋耕机工作时刀片一方面由拖拉机动力输出轴驱动做回转运动,另一方面随机组前进做等速直线运动。刀片在切土过程中,先切下土垡,抛向并撞击罩壳再落回地表,镇压辊对土壤进行压实。机组不断前进,刀片就连续不断地对未耕地进行松碎。但旋耕机作业对土壤扰动剧烈,会杀死蚯蚓等有益生物,常年旋耕会形成犁底层,使耕层变浅。为此,"十二五"以来国家大力推广深松机具以打破犁底层,同时新的跨年度周期循环组合的耕作方法也逐步得到人们认可。

图4-34　旱田旋耕机

为适应新农艺发展的要求,旱田旋耕机已向复式作业发展出了多种机型。

国产旋耕机产品技术的改进:

① 机架。初代国产中小型卧式旋耕机的机架都是以中间传动箱体为基础,由左右主梁、侧板和侧边传动箱体(或双侧板)分段联结组成的,虽然结构简单紧凑,但强度和刚性有限。随着配套动力增大,耕幅增宽,这种左右侧悬臂梁非框平面结构显示出局限性。往往由于弯矩变载荷增大导致左右主梁法兰连接螺栓蠕变,中间箱体连接螺孔失效。因机架的刚性不足而导致刀轴两端轴承易损。20世纪80年代农业部南京农业机械化研究所联合多家企业研制新系列旋耕机时,在左右侧板间增设了全幅钢管副梁(见图4-35),增强了机架刚性。80年代末国内在研发旋耕联合作业机时,为了便于在旋耕机上附加多功能工作部件,出现了由前后全幅钢管横梁和左右顺梁焊合的平面框式通用机架,中间传动齿轮箱安装在机架的座板上并用螺栓紧固,箱体成为全幅框架的中心支撑件,使机架的刚性进一步增强。此

后这种结构得以推广应用。20 世纪 90 年代末,农业部南京农业机械化研究所与原连云港旋耕机厂合作研发大功率宽幅多用旋耕机,其结构特点之一是传动箱体与全幅钢管前后横梁、左右纵梁、前副梁及左右侧板构成立体框式机架,其强度和刚性大幅度提高,显现的效果之一是在连续重载作业条件下保护了齿轮、轴承等传动系零件免受或减轻附加载荷,延长了寿命。

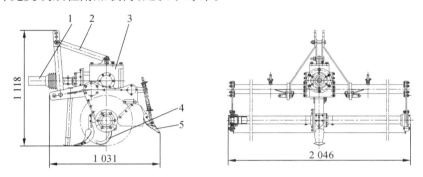

1—万向节伸缩传动轴;2—悬挂架;3—齿轮传动箱;4—刀辊;5—罩壳拖板
图 4-35　1GQN－180 型旋耕机

② 传动系统。三点悬挂旋耕机有中间传动和侧边传动两种形式(见图 4-36)。中间传动系统由万向节伸缩传动轴和中间齿轮箱组成;侧边传动系统由万向节伸缩传动轴、中间齿轮箱和侧边齿轮箱组成。直接连接的旋耕机没有万向节伸缩传动轴,而是采用三角皮带传动或齿轮传动,把拖拉机动力直接传递到旋耕机上(见图 4-37)。

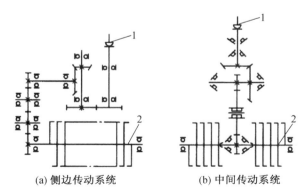

(a) 侧边传动系统　　　　(b) 中间传动系统

图 4-36　旋耕机的传动系统

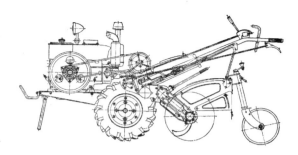

图 4-37 手扶拖拉机及直接连接的旋耕机

中间传动型旋耕机的齿轮箱主要由一对锥齿轮和三个圆柱齿轮组成。采用这种传动形式的齿轮箱,拖拉机动力经万向节伸缩轴传给齿轮减速并改变方向后,直接带动刀辊旋转工作。刀辊分为左、右两段安装在齿轮箱两侧。这种结构形式的特点是布局紧凑合理,传动路径短,以其为核心部件形成的对称机架牢固、刚性强,特别是用于宽幅旋耕机时,更显出它的优越性,缺点是箱体宽度内不能布置旋耕刀,会出现漏耕带。常用附加前犁或深松铲等工作部件来消除漏耕现象。目前国产旋耕机产品以中间传动型为主流。

万向节伸缩传动轴(农用万向节传动轴,见图 4-38)是将拖拉机动力传递给旋耕机的传动件,它能适应旋耕机升降或左右摆动的变化。万向节伸缩传动轴主要由活节夹叉、十字节、轴夹叉、轴、轴套夹叉、插销等零件组成。由于旋耕机工作时负荷变化较大,工作条件较差,因此,所用的十字节应具有足够的强度和可靠性,一般选配载重卡车用十字轴总成。轴和轴套管的配合长度随拖拉机和旋耕机相对位置的变化而变化,为了保证传动的可靠性,轴与轴套管至少保持最小的配合长度,根据配套动力和悬挂参数的不同,配备不同长度的轴和轴套管。按标准规定的安全技术要求,农用万向节传动轴应带塑料防护罩。

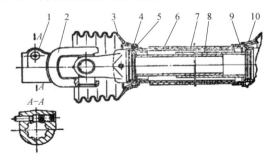

1—锁销;2—万向节;3—罩冠4—滑环座5—滑环6—护罩外管;
7—护罩内管;8—伸缩传动轴;9—滑环座;10—滑环
图 4-38 带塑料防护罩的万向节伸缩传动轴

　　万向节伸缩轴的传动,要求耕作时该轴伸缩段与拖拉机动力输出轴及旋耕机第一轴的夹角均不超过 10°,地头转弯提升时(动力不切断)最大不超过 30°。夹角过大,万向节伸缩轴就不能灵活转动,甚至产生很大的离心力和轴向力,造成传动部件的早期损坏,并使旋耕机功率消耗过大。

　　随着我国农业机械化的发展,大功率拖拉机使用增多,拖拉机动力输出轴的离地高度也增大了。相应配套的中间传动型旋耕机齿轮箱的第一轴与刀轴的中心距偏小,使机组耕整作业时旋耕机第一轴比拖拉机动力输出轴低得多而使万向节伸缩传动轴夹角过大。为解决这一问题,20 世纪 90 年代末农业部南京农业机械化研究所与原连云港旋耕机厂合作研发大功率宽幅多用旋耕机时,在中间传动箱体内增设一级变速圆柱齿轮传动(中国专利 ZL00219952.1),研发了所谓“高箱”的中间传动齿轮箱。此后,国产采用“高箱”的大中型旋耕机逐渐普及。

　　③ 旋耕联合作业机。旋耕机与其他部件或机具结合组成联合作业机,可提高工效,节能降耗,减少机组下地作业次数并减轻机械对土壤的压实。

　　在旋耕机上附加灭茬、深松、起垄、开沟等工作部件,组合为不同种类的旋耕联合整地作业机。常用的有单轴式旋耕灭茬深松起垄联合作业机、双轴灭茬旋耕机、深松旋耕联合作业机、旋耕开沟联合作业机等,详情请参阅有关书籍。以下举例并概述南方稻田耕整常用的旋耕开沟联合作业机主要结构及典型产品。

　　旋耕开沟联合作业机由旋耕刀辊和开沟部件组成。开沟部件有在旋耕刀辊上增设的开沟刀盘,也有后置的开沟铲、双翼铧式开沟器(见图 4-39)和开沟刀辊(见图 4-40)等几种。常用于可灌排田地旋耕开沟筑畦复式作业。

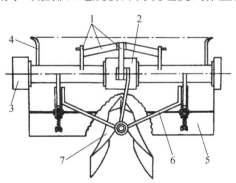

1—悬挂架;2—中间传动箱 3—侧边传动箱;4—旋耕刀辊;5—挡泥板;
6—联结装置;7—双翼铧式开沟器

图 4-39　装有双翼铧式开沟器的旋耕开沟机

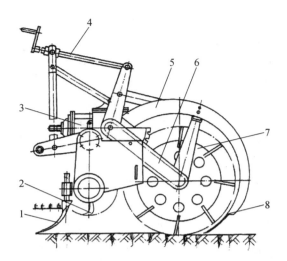

1—前犁;2—旋耕刀辊;3—中间传动箱;4—沟深调节器5—挡土罩;
6—链传动箱;7—开沟刀辊;8—清沟犁铲

图 4-40 装有开沟刀辊的旋耕开沟机

1KJ–35 型单圆盘旋耕开沟机如图 4-41 所示。该型机械主要用于冬麦播种前、后开沟作业,由变速齿轮箱、刀盘、机架、防护罩、散泥板等部件组成。

图 4-41 单圆盘旋耕开沟机

1KG–230 型旋耕开沟复式作业机如图 4-42 所示。旋耕开沟复式作业机与 50~75 ps 轮式拖拉机配套使用,主要用于麦田开沟排水,开出符合农艺要求断面为梯形的沟,是冬麦旱涝保丰收的必要措施。开沟复式作业机能使麦田开沟这一繁重的工作实现机械化。刀轴采用长、短旋耕刀,采用新颖独特的双翼铧式开沟器和散土罩,抛散土均匀,能够一次行程完成浅旋耕、碎土、开沟的复式作业,工效高。

图 4-42　旋耕开沟复式作业机

（2）微型耕作机

微型耕作机是由小型手扶拖拉机演变发展而成的微型多功能农机。其特点是比小型手扶拖拉机体积更小、重量更轻，但配置的发动机功率与小型手扶拖拉机相当，一般在 4.41 kW 以下。更换工作部件和配置附加机具可犁耕、旋耕、开沟起垄、铺膜播种、中耕除草培土、抽水喷灌、喷雾施药、割晒、短途运输、发电等，适用于山区、丘陵、果园、菜地、温室大棚和大田高秆作物行间等高陡、低矮或狭小的场所及小块田地作业。

国内市场销售的微型耕作机有很多品牌，有国外、境外进口的，中外合资、合作生产的，国内自行研制开发的，新的品牌还在相继出现。可大体归纳为以下 5 种类型：

① 基本型。此类型与小型手扶拖拉机结构类似（见图 4-43、图 4-44），主要由风冷柴油或汽油发动机、底盘（包括机架、手把、离合器、变速传动箱、行走轮）和旋耕机等部件组成。

图 4-43　前置式微耕机

图 4-44　1WGQ4.0 – 50 型后置式微耕机

② 无轮型。又称半轴式微耕机，其结构比基本型简单。主要由风冷柴油或汽油发动机、机架、变速箱总成、旋耕刀辊或驱动轮、阻力铲等部件组成（见图 4-45）。

其特点是在驱动方轴上对称安装上旋耕刀辊取代驱动轮,在牵引架上挂接阻力铲即可进行旋耕作业,所以称之为无轮旋耕。进行其他多功能作业时,需卸下旋耕刀辊,装上驱动轮。

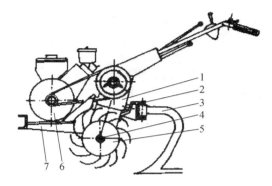

1—变速箱总成;2—牵引架;3—中耕器或阻力铲;4—驱动方轴;

5—驱动轮或旋耕刀辊;6—发动机;7—机架

图 4-45　无轮型微耕机

③ 履带型。例如培禾微型履带耕作机(见图 4-46)、若松牌单履带顶推式(俗称屎壳郎式)微耕机(见图 4-47)等。其特点是采用履带行走装置,附着性能好,上坡能力强,下坡安全。主要由发动机、离合器、底盘、变速箱、扶手及操纵机构、履带、耕耘机具等部件组成。

图 4-46　履带式微型耕作机

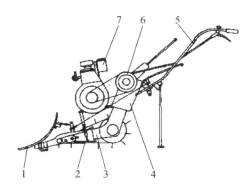

1—犁铧;2—履带;3—底盘;4—变速箱;5—扶手及操纵机构;6—离合器;7—风冷柴油发动机

图 4-47　单履带顶推型微耕机结构

④ 水田型。主要有水田耕整机、双轴差距螺旋水田耕作机等,是我国湖南省、四川省的科研、生产、推广部门和农民为适应农村联产承包责任制生产方式而研制、生产、推广、使用的微型水田耕整机械。水田耕整机(见图 4-48)结构由两部分组成:一是动力行走部分,类同国产插秧机动力头,配用 2.94 ~ 4.41 kW 风冷柴油机,作用如同拖拉机,产生牵引力;二是农具部分,可换装犁、耙、蒲滚等,在动力头牵引下,对水田土壤起耕翻、耙碎、浪平等作用,适用于泥脚深度浅于 30 cm 并保持 6 ~ 12 cm 水深的水田里作业。

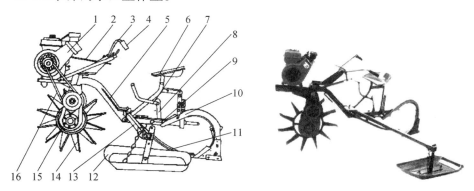

1—风冷柴油机;2—油门拉杆;3—离合连杆;4—方向机;5—牵引架;6—座位;
7—农具升降杆;8—升降连杆;9—牵引杆;10—犁;11—小拖板;12—大拖板;
13—主横梁;14—驱动轮;15—减速箱;16—传动三角带

图 4-48　水田耕整机

⑤ 无线遥控型。遥控无人驾驶微耕机是无须机手下田驾机,只需在田边地头通过无线遥控器即可操作完成田间作业的新型耕整地机械。它在很大程度上改善了机手工作条件,减轻了劳动强度。图 4-49 所示遥控无人驾驶微耕机由市售微耕

机和遥控装置两部分组成,遥控装置系由广西区崇左市农机局于 2006 年研制 (ZL200620095330.4),不需改变微耕机的原有结构,附加遥控装置,机手即可在 100 m 距离内对微耕机的油门大小、传动离合、行驶转向随意操纵。图 4-50 所示遥控履带式微耕机,由陕西省东明机械公司于 2007 年研制并已产品化 (ZL200720004287.0),机手通过遥控器,可在 200 m 距离范围内使微耕机依照指令进行左右转弯和旋耕部件的升起、降下动作。尤其适用于果园中枝条低矮的果树间的耕整地作业。国内已有几家企业制造同类产品。

图 4-49　遥控微耕机在水田耕整作业

图 4-50　遥控履带式微耕机

4.2.6　耙地机械

整地作业包括耙地、平地和镇压,其目的是对犁耕后土壤做进一步加工,使表层土壤细碎疏松、地表平整,为播种和移栽作业创造良好的条件。整地机械种类很多,可根据不同土壤和作业条件选用。耙是精整地机械的典型代表,主要适用于旱田。通过精整地作业,可进一步松碎土壤,平整地面并压实土层,从而达到消除土块间的过大空隙、保持土壤水分,为小麦播种、生长创造良好条件的目的。耙类机具主要有圆盘耙、齿耙和滚齿耙等。圆盘耙是广泛应用的一种。

（1）圆盘耙

圆盘耙（见图 4-51）一般由耙组、耙架、牵引器（或悬挂架）和偏角调节机构等组成。圆盘耙耙地时,在牵引力的作用下,圆盘滚动前进,并在耙的重力和土壤的反力作用下切入土壤一定的深度。耙片滚动时,在耙片刃口和曲面的综合作用下,进行推土、铲土（草）,并使土壤沿耙片凹面上升和跌落,从而起到碎土、翻土和覆盖等作用。

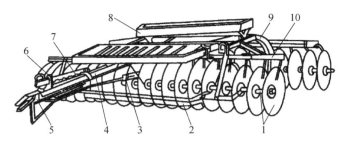

1—耙组;2—前列拉杆;3—后列拉杆;4—主梁;5—牵引器;6—卡子;
7—齿板式偏角调节器 8—配重箱;9—耙架;10—刮土器

图 4-51　圆盘耙

（2）钉齿耙

钉齿耙（见图 4-52）主要用于旱地犁耕后进一步松碎土壤、平整地面,为播种创造良好条件。钉齿耙可分为轻型、中型和重型 3 种;按钉齿形状可分为菱形、方形、圆形等多种形式,如图 4-53 所示。

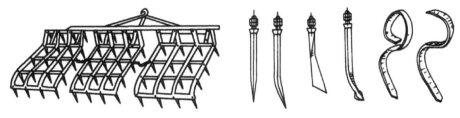

图 4-52　钉齿耙　　　　　　**图 4-53　钉齿类型**

（3）驱动耙

1）水平回转驱动耙

驱动耙可一次性完成耕后碎土、平整和镇压作业,既能达到"上实下虚"播前耕作准备的要求,又不会破坏深层土壤。主要用于旱田精整地。其结构一般由悬挂架、传动齿轮箱体、耙辊、镇压滚等组成。其工作原理是在传动箱体前安装松土铲,疏松板结土块,后面安装碎土辊进一步破碎土壤、平整地表,这种机具其实是由旋耕机改进而来,只是增加了镇压碎土辊,也可用于旱田的浅耕。机具总体结构如图 4-54 所示。

图 4-54　水平回转驱动耙

2）立式回转驱动耙

立式回转驱动耙与水平驱动耙一样可一次性完成耕后碎土、平整和镇压,而且基本不扰乱上下土层,既能达到"上实下虚"播前耕作准备的要求,又不会破坏深层土壤,熟土在上层,对作物出苗和苗期生长有利。具有作业效果好,作业效率高等优点,主要用于旱田精整地。工作原理是拖拉机将动力通过万向传动轴传递给具有一对锥齿轮的箱体,然后通过传动箱体相互啮合的齿轮传动,相邻耙齿座的旋转方向相反,可以抵消侧向力,使机组工作平稳。后面拖拉镇压辊,既起到镇压作用,又可以调节耙齿深浅,清土铲清理镇压辊上的泥土。目前人们常说的驱动耙即是立式回转驱动耙(见图 4-55)。

图 4-55　立式回转驱动耙

（4）水田耙

1）水田牵引耙

水田地区在耕后使用各种类型带轧辊和耱板的水田耙,使土壤松碎起浆、覆盖绿肥,田面平坦,有利于进行水稻移栽作业。

下面以 1BS－322 型悬挂式水田耙(见图 4-56)为例说明此类机具的构造,该产品与 22.1 ~ 29.4 kW 轮式拖拉机配套。主要参数:耙幅 2.2 m,最大耙深 10 ~ 14 cm,质量 257 kg,外形尺寸为长 1.47 m、宽 2.33 m、高 1.03 m。

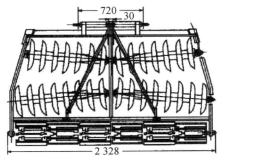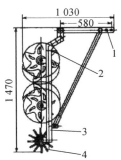

1—悬挂架;2—星形耙组;3—耙架;4—轧辊

图 4-56　1BS – 322 水田耙

　　整机由悬挂架、耙架、前后列星形耙组及轧辊等组成。耙架是由矩形无缝钢管弯成,两旁焊有可调轴承座,中间焊有中间轴承座,前端焊有悬挂销座。耙架的前面做成上翘形状,可以避免前进时壅土。耙架上面装有悬挂架。

　　星形耙组(见图4-57)由耙片轴、星形耙片及轴承等组成。耙片直径 400 mm,6 齿边缘加工成锋利的刃口,7 个耙片焊在由钢板卷成的圆筒上构成耙片组。耙片组圆筒的两端装有衬套,衬套中装有整体式耐磨橡胶轴承。耙轴由短轴和钢管焊合而成,穿过橡胶轴承以支承耙片组,轴的两端都用销钉固定,以防耙轴移动。整个耙片组装在耙架轴承座上,可以拆卸。

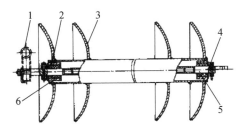

1—耙架;2—橡胶轴承;3—耙片;4—插销;5—耙轴;6—轴承座

图 4-57　星形耙组

　　为了加强星形耙片的碎土及翻转根茬的能力,其回转面应和机具前进方向成一偏角。前列耙片组偏角可调节为 5°或 10°,后列固定为 5°。耙片组在工作时产生侧压力,偏角愈大则侧压力也愈大,因此耙组都采用对称配列的方法,以平衡侧压力。前列耙组的星形耙片凹面向外,后列凹面向里。前后列耙组的耙片交错排列,这样就加大了前后列耙片的间距,防止堵塞,且避免了漏耙。

轧辊采用直径 280 mm 的实心形式,由轧片、滚筒、轴承座等组成,轧片交错地焊在滚筒上,滚筒的两端装有轴承座,内装橡胶轴承,心轴穿过橡胶轴承固定在耙架上。轴和轴承磨损后可以更换。

2)水田驱动耙

水田驱动耙(见图 4-58)是我国于 20 世纪 80 年代研制开发的水田整地机械。1BQS-23 型水田驱动耙配套 36.8 kW(50 ps)中型轮式拖拉机,由拖拉机动力输出轴驱动,通过万向节伸缩传动轴传入中间传动箱和侧边传动箱,经一对锥齿轮和三只圆柱齿轮带动主要工作部件齿板型耙辊旋转,切削破碎土块。稠板安装在后部,带有弹簧强压杆,机组前进时平移,耙平表层土壤。它与一般非驱动型水田耙相比有以下优点:① 改善了碎土和起浆性能,碎土率可达 70% ~80%,耙得细烂,表层松软,土肥混合均匀,增产效果显著;② 工效高出一倍以上,省油耗,减少拖拉机下地次数;③ 适应性强,能适应各种水田土壤的耙田和轧田作业,尤其在黏重土壤中作业效果更佳;④ 带有稠板,具有很好的宽幅整平作用。

1—耙辊;2—拖板;3—稠板;4—罩壳;5—调节杆;6—传动箱;7—悬挂架;8—万向节传动轴

图 4-58 水田驱动耙

第 **5** 章　两熟制粮食作物播种机械化技术

5.1　小麦播种机械化技术

5.1.1　小麦播种农艺要求

（1）黄淮海小麦播种技术

黄淮海地区小麦播种仍以条播为主，向宽幅宽苗带、精播方向发展。播种与耕整地有两种结合形式，一种是耕整地后进行起畦播种，另一种是旋耕播种。旋耕播种又分为全幅旋耕播种和条带旋耕播种。保护性耕作播种环节的作业内容包括前茬清理、深松、旋耕、起畦、开沟、施肥、播种、覆土、镇压，根据不同情况有不同的作业组合。

小麦优先选择已在当地播种并表现优良的品种，可从农业部《农业主导品种和主推技术推介发布办法》每年推荐的主导品种中选择，如 2016 年黄淮海地区有济麦 22、百农 AK58、西农 979、洛麦 23、周麦 22、安农 0711、鲁原 502、山农 20、运旱 20410、石麦 15、郑麦 7698、衡观 35、良星 66、淮麦 22 等。小麦播种应符合播种模式要求，适时播种，行畦要直，地头整齐。播种量要准确、均匀，种子无破损。根据种子品种、播期、土壤条件确定播种量，播量误差不超过 5%，断条率≤5%，种子破损率不超过 0.5%，播种深度为 3～5 cm，且均匀一致。覆土均匀严密，镇压效果良好，土壤较干旱时应适当加大镇压力度。

（2）稻茬麦种植技术

长江中下游地区的轮作类型很多，根据不同的轮作方式，冬小麦分为稻茬麦和旱茬麦。稻茬麦的前茬作物多为水稻，因为小麦为旱地作物，稻麦轮作即为水旱轮作，水稻收获后种植的小麦即为稻茬麦；有些地方前茬作物为豆类、棉花或花生等旱地作物，作物收获后种植的冬小麦即为旱茬麦。本地区冬小麦主要以稻茬麦为主。

1）稻茬麦种植特点

长江中下游冬小麦适播期为 10 月下旬至 11 月中旬，播种方式以稻茬麦为主，稻茬麦特点主要为：① 前茬水稻收获后，留茬高低不齐，留茬量不均；② 由水田转为旱地播种小麦时，土壤质地板结黏重、整地困难、宜耕性差；③ 耕作管理粗放，出苗不匀,出苗后小麦根系的下扎和对下层土壤养分、水分的吸收利用受稻茬影响较大,不利于小麦生长发育,最终影响产量;④ 生育后期多雨,湿害重及病虫草害发生较为严重。

2)旱茬麦播种特点

长江中下游的一些地方以山地(即旱地)为主,适合播种旱茬麦,前茬多为玉米、大豆、甘薯等作物及棉花、花生等经济作物,旱茬麦播种特点主要为:① 小麦播种期受雨量影响较大,干旱年份会因墒情不足推迟播期,多雨年份由于土壤黏重需推迟播期;② 前作收获后,应首先浅耕灭茬,然后深翻堡土,使残茬腐烂并接纳秋雨,雨后浅耙,充分接纳雨水,提高土壤蓄水能力,以利于小麦苗全苗壮,保证地下部与地上部协调生长;③ 遇季节性干旱,需要补充灌溉;④ 生育后期病虫草害较重。

3)冬小麦的播种方式

① 基本模式撒播。近年来,随着农村劳动力向城市转移,原来的精耕细作型栽培技术难以实施,冬小麦人工撒播的比例较大。这种播种方式虽然省工、省事,但浪费种子和化肥,群体结构不合理,田间管理较为粗放,生长后期抗逆性差,影响小麦的高产稳产。

② 常规机播。机具为常规播种机,主要特点是出苗整齐,整体播种质量较好。但机具进地次数多、效率低、成本高,适用于小规模生产。

③ 免(少)耕播种。机具为免(少)耕条播机,在正常留茬和非秸秆还田田块使用效果较好。由于免(少)耕播种机的工作层较浅,不宜在高留茬和秸秆还田的田块作业,虽然作业费用低,但目前已基本无人使用。

④ 水稻秸秆粉碎埋覆还田集成小麦播种机械化复式作业。这是应用相关机械在水稻收割后对水稻秸秆进行处理,而后用复式作业机具进行小麦机械化播种的一种新型技术。该技术能完成水稻秸秆粉碎、埋茬,一次性完成小麦整地、施肥、播种、覆土、镇压等工序,实现秸秆全量还田和小麦播种机械化复式作业。

4)冬小麦机械化播种农艺技术要求

冬小麦播种方式多样,旱茬麦多为条播,播种期偏早;稻茬麦播种方式根据水稻收获期不同而异,水稻收获早的有稻茬田撒播机撒播或播种机条播,水稻收获偏晚的则在水稻收获前人工撒种套播。近年来,随着农业机械化程度的提高,传统的人畜力耕作逐步被机械耕作所代替,冬小麦播种由原来的撒播逐步过渡为机械化复式作业。从作业模式上,稻秸秆还田集成小麦机播成为固定作业模式;从世界先进国家对秸秆综合利用的情况来看,秸秆还田而后用复式机械播种是主要利用渠道。由此可见,随着我国秸秆禁烧力度的加大,稻秸秆还田集成小麦机械化播种的作业方式将是今后冬小麦播种的主要作业模式。

冬小麦机械化播种的农艺技术要求：

① 稻茬麦旋耕及埋茬要求。一般要求水稻割茬 20 cm、秸秆切碎或粉碎的长度在 10 cm 以下（高留茬作业时不限），并保持均匀抛撒，不"扎堆"。秸秆旋埋率在 80% 以上，旋耕深度不低于 15 cm，并保证土草全层均匀混合，不漏埋。

② 旱茬麦深耕保墒。根据深耕利于雨季蓄墒、少耕利于保墒的不同增产作用，旱茬麦播种前的土壤耕作可考虑采用深耕与少（浅）耕相结合的耕作方法，作用是增强渗入，最大限度地把雨水积蓄在土壤中；疏松表层，切断毛细管，减少水分蒸发损失。耕深 25～30 cm，打破犁底层，旋耕机旋耕 2 遍，深度 15 cm，创造一个有利于麦苗根系生长的环境。

③ 麦种的选用及处理。根据当地的气候条件、土地的肥力、不同耕作制度、病虫害种类等因素选择优良品种，并对种子做包衣及药剂拌种处理。

④ 适时播种。冬小麦播种适期与气温关系密切，长江中下游播种适期为日平均气温 14～18 ℃，把握时机、适时播种是实现苗全、苗齐、苗匀、苗壮的主要措施。

⑤ 适量播种。稻茬麦高产田块的行距在 23 cm 以上，中、低产田块行距 16～23 cm，播种深度 2～4 cm。稻茬麦的播种期一般较晚，同时，水稻秸秆还田后对成苗率也会产生一定影响。因此，应适当增加播量，保持合理的播种密度。旱茬麦播深 4～5 cm，以求播量准确，下种均匀，播深一致。

⑥ 肥料管理。施足基肥，适时追肥。秸秆在腐烂过程中会出现与苗争肥的现象，因此，秸秆还田时应根据秸秆还田量大小按一定的比例增施氮肥和磷肥，定行、定深、定量施肥。行间施肥，施肥深度 6～8 cm，也可定行全层施肥，保持种肥隔离。

⑦ 根据墒情灌好两遍水。小麦播种后看墒灌水，如墒情不好，播后应及时放水洇灌。如遇冬旱应再洇灌一遍越冬水，从而起到防止秸秆争水死苗和进一步沉实土壤的作用。旱茬麦播种前浇足底墒水，将灌溉水变为土壤水。

⑧ 病虫草害防治。播种后，要及时施用杀菌剂、杀虫剂和除草剂。

由于各地气候及地貌不同，秸秆还田方式、播种原理、适应条件等也存在差异，因此机械化作业时应该根据各地情况，因地制宜地制定配套的农艺技术要求。

5.1.2　小麦播种机械

目前，小麦播种装备种类多、型号多，在选择播种装备时应满足标准播种模式对应机具系统的要求，并着重从现实生产规模、经济条件考虑，选择适用性强、性价比高的产品。

（1）条播机

小麦条播机主要以外槽轮式排种器为主，行数根据播种模式确定。

条播机（见图 5-1）主要由机架、行走装置、种肥箱、排种器、开沟器、覆土器、镇压器、传动机构及开沟深浅调节机构等组成。条播机工作时,开沟器开出种沟,行走轮带动排种轮旋转,种子通过外槽轮式排种器排入输种管落入沟槽内,然后由覆土器覆土完成播种过程。镇压器将种沟内的松土适当压实保证种子与土壤密切接触,以利于种子生根发芽。外槽轮式排种器(见图5-2)通过调节槽轮宽度达到播种量要求。条播机采用平行四杆单体仿形机构保证播种深浅一致,开沟器主要有圆盘式或锄铲式。小麦条播机适用于我国大部分地区。

图 5-1　小麦条播机

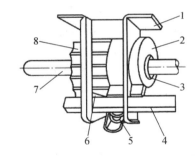

1—排种杯;2—阻塞轮;3—挡圈;4—清种方轴;5—弹簧;6—排种舌;7—排种轴;8—外槽轮

图 5-2　外槽轮式排种器

(2)旋耕播种机

旋耕播种机(见图5-3)是由旋耕机构和播种机构组合而成的复式作业机具,主要由悬挂装置、变速箱总成、机架总成、旋耕刀总成、种肥箱、传动装置、输种(肥)管、限深装置等组成。旋耕播种机适用于秸秆还田地块、前茬高茬地和深耕地等,可一次完成灭茬、旋耕、播种、施肥、覆土和镇压等作业,减少作业次数,节本增效。旋耕播种机作业质量好,播后地表平整,播深一致。旋耕播种机解决了拖拉机轮辙对播种质量的影响,解决了北方一年两熟地区抢农时的问题,在我国得到了广泛应用。

图 5-3　旋耕播种机

（3）免耕播种机

免耕播种机（见图 5-4）是一种在未耕翻的土地上直接播种的播种机具，由于土壤坚硬，地表还覆盖有残茬、秸秆杂草，要求免耕播种机具有较强的切断覆盖物和破土开沟的能力，其他则与普通播种机基本相同。黄淮海地区通常采用条带旋耕免耕播种机。免耕播种机是保护性耕作机械中的关键机具，具有保护环境、节能降耗、节约农时等许多优点，越来越受到重视。免耕播种机主要由悬挂装置、万向节总成、齿轮箱总成、机架、传动装置、旋耕刀辊、种肥箱、镇压器等组成。旋耕刀实现苗床整备兼具开沟功能，小麦播种通过排种器的反射板实现宽苗带。免耕播种机适用于干旱、半干旱地区，地表无垄沟、秸秆铺放均匀、未耕作、较平整的大地块。

图 5-4　小麦免耕施肥播种机

（4）稻麦条播机

冬小麦浅旋耕条播机机械化技术是指使用浅旋耕条播机在稻茬地上按一定行距将种子呈条状、均匀地播入播种沟内，一次完成旋耕灭茬、碎土、播种、覆土、镇压等多道工序的机械化技术。冬小麦浅旋耕条播机械化技术将浅旋耕法、条播和机械化三项内容有机组合，具有明显的高产、省工、节省成本的效果。

在冬小麦轮作区,该技术所使用的主要机具是 2BG－6A 型稻麦条播机、2BFG－6 稻麦(油)施肥播种机等。该型机具与 8.8 kW(12 ps)手扶拖拉机直联,适用于移去稻草的稻茬田全幅浅旋耕条播冬麦或手工撒播麦种后的浅旋耕灭茬盖籽。其浅旋耕方式解决了在稻茬田含水量较高、黏性较强土壤表面一次行程完成灭茬、松土、开沟、下种、覆土和镇压 6 道工序的难题,自 20 世纪 80 年代以来便是长江中下游稻麦轮作区广泛使用的机具。图 5-5 所示为 2BG－6A 型稻麦条播机,主要部件包括种箱传动系统、侧边链条箱、旋耕装置、种箱、镇压轮、乘坐装置等。

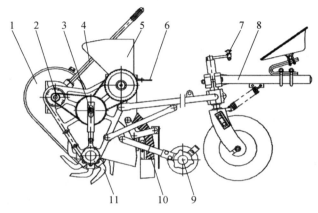

1—链条箱总成;2—播种箱传动系统总成;3—张紧轮调节螺母;4—离合器手柄;5—种箱;
6—播种量调节器;7—尾轮调节手柄;8—乘坐装置总成;9—镇压轮;10—波纹管;11—旋耕犁刀

图 5-5　稻麦条播机

播种机工作时,动力由手扶拖拉机变速箱经过离合器从输出轴分别传至两侧链条箱总成和播种箱传动系统总成,右侧的链条箱总成将动力传给旋耕刀,而左侧的播种箱传动系统经两级齿形带变速后将动力传给播种箱里的排种轴和排种槽,槽轮中的种子通过波纹管和播种头均匀地流入开出的沟里,经过旋耕刀抛出的碎土覆盖和镇压轮的镇压完成播种作业。

(5)稻麦撒播机

普通的小麦撒播机具比较简易,将籽粒在旋耕前撒于地表,待旋耕时籽粒即随土壤翻动埋于地下,籽粒水平分布较均匀,但垂直分布较差;部分籽粒埋得过深而不能发芽,也有些籽粒露出地表或覆土过浅,虽能出苗,但易受冻害或干旱死亡而不能越冬,造成种子浪费和水肥苗期损失。稻麦撒播机与拖拉机配套,主要适用于稻麦轮作区,一次进地可以完成施肥、旋耕、撒播、起埂和镇压等全部作业,突出的特点是能够实现等深撒播。如图 5-6 所示,稻麦撒播机主要部件包括挂接装置、种肥箱、机架、旋耕机、种子均撒装置、起埂器、拨土轮及镇压轮等。

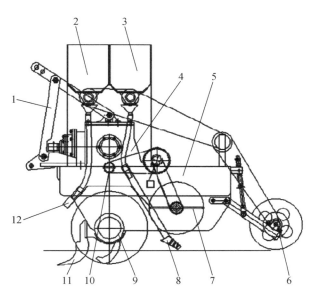

1—挂接装置;2—肥箱;3—种箱;4—传动装置;5—机架;6—镇压轮;7—拨土轮
8—种子均撒装置;9—旋耕机;10—齿轮箱;11—起埂器;12—肥料打散装置

图 5-6　小麦等深撒播机

小麦等深撒播机选用中型拖拉机为配套动力(≥48 kW),挂接形式采用后悬挂正配置。作业时,拖拉机的后动力输出轴通过齿轮箱带动旋耕机刀轴旋转,创造种床,保证播种环境。镇压轮带动播种施肥轴转动,播种施肥轴带动排种器与排肥器转动,旋耕机前方先进行肥料自流打散撒施至地表,然后在旋耕机的工作过程中将肥料均匀旋耕至各土层,既保证了肥料的均匀性,又节省了施肥动力(与条播开沟施肥相比)。旋耕机后方为种子横向均撒装置,该装置采用籽粒自流打散方式实现了种子均撒及种子水平均匀撒播,并上下位置可调整(即播种深度可调),保证播种的深度可达到农艺要求。旋耕机旋耕时带起的浮土经机具刀具本身抛洒并越过撒播播种装置,直接进行种子覆土,保证播种深度。齿轮箱一侧带有万向节传动装置,通过中间轴带动拨土轮进行强制覆土,保证种子的覆土量。镇压轮进行土壤压实,保证种子出苗环境,在旋耕机前端的两侧分别安装一个反向翻土起埂犁,旋耕播种时进行起埂。

5.2　玉米播种机械化技术

5.2.1　玉米播种农艺要求
黄淮海平原主要为小麦、玉米一年两熟播种模式。每年 5 月下旬到 6 月上旬小麦收获后,为抢农时、增加土地复种指数、节约生产成本,一般采用免耕播种机直接播种夏玉米,不再进行耕整地作业。为了保证夏玉米的播种质量,小麦收获时,要求联合收割机对小麦秸秆直接进行切碎,并均匀抛撒在地表,地表留茬高度不宜超过 20 cm。

夏玉米播种多采用免耕贴茬直播,也有部分采用条带旋耕播种的方式。免耕播种机一次进地,完成开沟、深施肥、播种、覆土等多项作业。等行距播种是目前一年两熟区普遍采用的播种方式,行距一般为 50 ~ 70 cm(大多数为 60 cm 等行距播种),株距为 20 cm 左右,保证亩株数在 4 000 株以上,紧凑型玉米播种一般达到 6 000 株左右,每 667 m² 用种量一般为 1.5 ~ 2.0 kg。播种深度影响出苗一致性,进而影响玉米产量。播种深度要视墒情而定,一年两熟区播种深度一般要求为 5 cm,若播种时墒情不好,需要适当增加播种深度,或及时浇水,以保证出苗。播种时侧深施底肥,施肥量 0.06 kg/m² 左右,种肥间距在水平和垂直方向均为 5 cm。

黄淮海一年两熟区小麦、玉米周年复种的农艺流程:小麦联合收割→麦秸秆切碎还田→夏玉米免耕播种→玉米收获→灭茬、旋耕→冬小麦播种。冬小麦、夏玉米采用作畦播种,两者合理衔接的播种方式为,畦宽为 240 cm,畦埂宽为 30 cm,畦内播种 8 行小麦,播种行距为 28 cm,小麦收获后直播 4 行玉米,玉米播种行距为 60 cm。该种植模式较好地解决了黄淮海一年两熟区夏播玉米播种存在的诸多问题,是一种典型的农机农艺相融合的播种模式。

5.2.2 玉米播种机械

随着玉米播种机械化技术的推广普及,玉米精量播种技术已经成熟并得到广泛应用。玉米机械化精量播种可使种子在田间分布均匀,播深一致,达到苗齐、苗全、苗壮的效果,是玉米播种技术的发展方向。排种器作为播种机的核心部件,其排种性能直接影响播种效果。玉米播种机按排种器的工作原理可以分为机械式和气力式。机械式玉米排种器有窝眼轮式、勺轮式、指夹式等;气力式排种器有气压式、气吹式、气吸式等。下面对生产中应用较为广泛的玉米精量排种器和播种机进行介绍。

(1)窝眼式排种器与播种机

窝眼式排种器主要工作部件是垂直配置的圆柱形窝眼轮,种子依靠自重落入旋转的窝眼轮型孔内,当经过刮种器时,多余的种子被清落,然后进入护种区,转到下方位置,种子靠自重或其他强制方式脱离型孔,落入种沟。窝眼轮上的型孔尺寸、个数、排数都可以按照播种农艺要求进行设计,以满足多种作物点播、条播和穴播的需要,通用性好。但是型孔对种子外形尺寸要求严格,在护种过程中极易损伤种子,因此该排种器作业速度较低、伤种率高,不能实现单粒精播。

　　2BYF－3/4 型玉米免耕施肥播种机(见图5-7)主要用于两熟区小麦秸秆覆盖地免耕播种玉米,可一次完成施肥、开沟、播种、麦秸还田覆盖及镇压等作业。其核心排种部件采用可调窝眼式排种器,使用毛刷刮种,可完成玉米穴播,每穴籽粒数 2±1 粒。播种和施肥开沟部件均采用箭铲式开沟器,入土效果好,适于茬地作业。机架前梁装有被动式防缠绕滚筒装置,清除播种行上的小麦秸秆,提高播种质量。采用独立式镇压轮,可沿垂直于地面方向仿形,保证排种、排肥的可靠性和播种深度。其中4 行机主要技术参数:配套动力 13.2 kW 以上,工作效率 0.3 ~ 0.4 hm²/h,作业行数 4 行,作业行距 450 ~ 700 mm,开沟深度 60 ~ 100 mm,施肥深度 60 ~ 100 mm,播种深度 30 ~ 50 mm。

图 5-7　2BYF－4 型窝眼式玉米免耕施肥播种机

　　(2)勺轮式排种器与播种机

　　勺轮式排种器是目前生产中使用最为广泛的一种机械式排种器。勺轮式排种器的排种盘上一般均匀分布着 18 个小勺,其后部安装有与排种勺同步旋转的导种叶轮,导种叶轮的每个存种舱与排种勺一一对应,排种盘与导种叶轮之间由隔板分开。工作时排种盘转动,排种勺通过充种区,勺内舀入 1 ~ 2 粒种子;随着排种盘的转动,勺内多余的种子依靠自重自行滑落,完成清种;随后勺内的种子经过隔板的开口落入与其相对应的转仓内,随导种叶轮转动至排种器下方;最后通过排种口落入种沟。勺轮式排种器作业速度不大于 6 km/h 时,排种性能优良,因此广泛应用在我国黄淮海地区中小地块的玉米精量播种机上。

　　2BYSF－2/3/4 型玉米精量播种机主要用于免耕地精量播种玉米(见图5-8),可一次完成开沟施肥、开种沟、播种、覆土、镇压等作业工序。其核心排种部件采用勺轮式排种器,可实现单粒精播。播种开沟器和施肥开沟器左右方向错开 5 cm,避免化肥烧苗。通过调整变速箱传动比可改变各行株距。其中 2 行机主要技术参数:配套动力 8.8 ~ 13.2 kW,行距 428 ~ 630 mm 可调,播种行数 2 行,播肥深度

60 ~ 80 mm,播种深度 30 ~ 50 mm,工作效率 0.2 ~ 0.33 hm^2/m,亩玉米播量 1.5 ~ 2.5 kg。

图 5-8 　2BYSF－3 型勺轮式玉米精量播种机

（3）指夹式排种器与播种机

指夹式排种器的工作原理与勺轮式排种器类似,其不同之处在于它利用指夹的夹持作用携种,与勺轮式排种器相比,能有效避免种子在运送过程中因机具振动等引起的掉落,降低漏播率,提高播种精度。指夹式排种器主要由排种夹盘、指夹、颠簸带、排种叶片等构成。排种夹盘上一般均匀分布有 12 个指夹,工作时,种子从种箱进入充种区,指夹在经过充种区时会在弹簧的作用下夹住一粒或多粒种子。指夹在转动过程中的开启和关闭是依靠凸轮完成的,开启阶段指夹器进入充种区充种,关闭后将种子运往颠簸带清种。由于清种区的底面凹凸不平,被指夹夹住的种子经过时,压力变化会引起颠簸,所以清种后指夹腔通常只剩下一两粒种子,之后排种夹盘继续转动,经过毛刷清种,指夹腔只留下 1 粒种子,然后经过卸种口投入排种室,最后经投种口投入种床。指夹式排种器的最佳工作速度为 8 km/h 左右,在我国正逐渐取代勺轮式排种器,得到越来越广泛的应用。由于指夹式排种器在加持玉米种子运行过程中会破坏种子包衣,所以在实际播种作业时需要用滑石粉等拌种,以降低对种子的磨损破坏。

2BMYFZQ－4B 型指夹式玉米精量播种机（见图 5-9）,可一次性完成播前小麦秸秆或杂草清理、深松、分层施肥、精量播种、覆土镇压等工序。其核心播种部件采用指夹式排种器,可实现单粒精播。该播种机采用四连杆浮动仿形,每个播种单体有两个橡胶仿形轮,实现了与开沟器同步上下运动,播种深度可调,确保播深一致、出苗整齐。主要技术参数:配套动力 88.3 ~ 110.3 kW,播种行距 400 ~ 700 mm 可调,播种行数 4 行,工作幅宽 2.4 m,工作效率 1.3 ~ 2.2 hm^2/h。

图 5-9　2BMYFZQ - 4B 型指夹式玉米精量播种机

（4）气吸式排种器与播种机

气吸式排种器是应用较为广泛的一种气力式排种器,适宜高速作业,主要由排种器壳体、排种盘、负压腔室、清种器等组成。排种盘将负压腔室和存种室隔开,负压腔室通过软管与风机相连。风机工作时,负压腔室产生一定的真空度,在排种盘型孔处形成吸力,利用负压气流将存种室内部的种子吸附在排种盘的型孔上,种子随排种盘旋转至清种区时,清种器将未占吸力优势的种子刮掉,只留一粒种子继续随排种盘进入无吸力区,最终在自重或推种器的作用下排出。

2BYQFH - 4 型气吸式玉米精量播种机适用于免耕地的玉米精量播种(见图5-10)。其核心排种部件采用气吸式排种器,能够实现单粒精播。播种机行距可调,株距调整采用多级变速,满足了不同株距的需求;滑刀式开沟器阻力小;一级多楔带式风机传动形式,结构紧凑,传动效率高。主要技术参数:配套动力 29.4 ～ 36.5 kW,播种行数 4 行,播种行距 550 ～ 670 mm,播种株距 140,200,250,285, 300 mm 可选,播种深度 20 ～ 50 mm,种肥间距 50 mm,麦茬地作业速度 4 ～ 5 km/h。

图 5-10　2BYQFH - 4 型气吸式玉米精量播种机

（5）气吹式排种器与播种机

气吹式排种器利用窝眼轮式排种器的充种原理，种子在自重和气流压差作用下，充填入排种轮型孔内，当充满种子的型孔转到清种区时，由风机提供给气嘴的高压气流将型孔里多余的种子吹掉，只有一粒种子被压在型孔底部，随排种轮转动，经护种区到达投种区，在推种轮或推种片作用下，卡在型孔底部的种子被全部顶出，最终依靠自重排入种沟。

2BYJMFQC-3/4型气吹式玉米精量播种机适用于免耕地的玉米精量播种（见图5-11）。采用气吹式玉米精量排种器，能实现单粒精播；采用主动式抛物线型防堵滚筒和分禾栅板机构，能有效拨开秸秆和杂草，适应秸秆覆盖量较大的麦茬地玉米免耕播种。该播种机对未分级的玉米种子适应性强、种子机械损伤小、播种精度高、风机动力消耗低、麦茬地作业防堵效果好。主要技术参数：配套动力22~29.4 kW，播种行数3~4行，播种行距600~700 mm，株距210~380 mm可调，工作幅宽1.8~2.4 m，播种深度30~70 mm，麦茬地作业速度4~6 km/h，生产率0.72~1.44 hm²/h，种子破碎率≤0.2%，粒距合格率≥98.9%，重播率≤0.1%，漏播率≤1.0%。

图5-11 2BYJMFQC-3/4型气吹式玉米免耕精量播种机

（6）气压式排种器与播种机

气压式排种器与气吸式排种器类似，都是采用压差携种，不同之处在于其气室和种子室共用一个腔室，利用正压气流将种子压附在排种盘的型孔上。与气吸式排种器相比，所需气流压力低、结构也更简单。十二五国家科技计划气压式播种器课题组研发了一种气压与机械拨指结合式玉米精密排种器，该排种器在作业速度为10 km/h时，合格指数>95%，漏播率<2%。

2BYJMQY-4型气压式玉米精量播种机是在"粮食作物农机农艺关键技术集成研究与示范"课题支持下研发的一种新型播种机，适用于黄淮海一年两熟区麦茬地玉米免耕贴茬直播(见图 5-12)。其核心排种部件采用气压式排种器,能够实现高速作业条件下的单粒精量播种。该播种机一次进地,可以完成防堵开沟、精量施肥、精量播种、压种覆土、后续镇压等多道工序,在保证麦茬地良好通过性的前提下,播种效果良好,株距稳定,出苗整齐,工作稳定可靠。主要技术参数:配套动力≥29.4 kW,播种行数 4 行,播种行距 550 ~ 650 mm,播种株距 180 ~ 280 mm 可调,播种深度 30 ~ 80 mm,施肥深度 70 ~ 120 mm,种肥间距 50 mm,麦茬地作业速度 4 ~ 7 km/h。

图 5-12　2BYJMQY – 4 型气压式玉米免耕精量播种机

2BYFGJ – 4 型玉米苗带秸秆还田旋耕施肥播种机是在"粮食作物农机农艺关键技术集成研究与示范"课题支持下研发的另一种新型播种机(见图 5-13),适用于黄淮海一年两熟区麦茬地玉米免耕贴茬直播。其核心排种部件采用勺轮式排种器,能够实现高速作业条件下的单粒精量播种。该播种机一次进地,能够完成秸秆还田、开沟施肥、播种、覆土、后续镇压等多道工序,播种效果良好,株距稳定,出苗整齐,工作稳定可靠。主要技术参数:配套动力≥88.2 kW,麦茬切碎长度≤10 cm,灭茬旋耕条带宽 15 ~ 20 cm,条带旋耕深度 15 ~ 18 cm,播种行数 4 行,播种行距 600 mm,播种深度 3 ~ 5 cm,施肥深度 6 ~ 10 cm,漏播率≤8% ,重播率≤10% ,种子破损率≤1.5% ,作业速度 4 ~ 6 km/h。

图 5-13　2BYFGJ – 4 型玉米苗带秸秆还田旋耕施肥播种机

5.3　大豆播种机械化技术

5.3.1　大豆播种农艺要求

（1）小麦秸秆粉碎还田大豆免（少）耕播种

其工艺流程为：秸秆切碎还田→大豆免（少）耕播种。两个环节分段完成。技术要求主要为：

① 秸秆粉碎还田。小麦联合收获机自带秸秆粉碎还田机，完成秸秆切碎还田作业。秸秆留茬不大于 13 cm、秸秆切碎长度 10 cm。

② 精选优良品种。黄淮海地区是我国食用大豆主产区，应选用高产、高蛋白大豆品种。中部地区要选用适宜本区域播种、熟期相对适中的大豆良种，如冀豆17、中黄30、皖豆28、荷豆13、中黄37、周豆12 等。南部地区热量条件相对较好，可选用生育期相对较长的品种，如中黄13、徐豆14、皖豆24、阜豆9 号、郑92116、商豆6 号、豫豆29 等。北部地区要选用生育期相对较短的品种，如冀豆19、邯豆5 号、沧豆10 号、齐黄34、菏豆19 号、山宁16 等。

③ 播种方式。免耕播种机或少耕播种机进行播种时，可结合测土配方施肥，适当增施磷、钾肥，少施氮肥。一般亩施45%的复合肥或磷酸二铵15 kg 左右，播种、施肥一次完成。另外，黄淮海南部地区播种时应注意开好三沟，便于清沟排渍，减轻大豆苗期渍害。

（2）小麦秸秆灭茬大豆免（少）耕播种

工艺流程为：灭茬→旋耕整地→施肥播种→覆土镇压。灭茬与免（少）耕播种两个环节分段完成。技术要求主要为：

① 灭茬。用根茬粉碎还田机实现对根茬、秸秆的灭茬处理，灭茬深度≥7 cm，根茬粉碎率≥90%。

② 精选优良品种与播种方式与小麦秸秆粉碎还田大豆免（少）耕播种要求相同。

5.3.2　大豆播种机械

大豆播种机根据排种原理主要分为气力式和机械式；根据播前土壤耕作情况分为翻耕地用播种机和免耕播种机；按照播种方式分为大豆条播机和大豆精密播种机。

（1）大豆播种机械化关键技术

1）变量施肥播种机

播种机的变量控制系统有手动和处方图自动控制两种形式，手动控制可在预先设置的肥量基础上随时进行增减播量,增减幅度可以进行预先设定;处方图自动控制需将 PCMCIA 数据卡插入变量施肥播种机控制器中,在变量控制监视器上选择地块处方文件和种肥箱所对应的控制播种、施肥的处方图层。在播种前可以对种子、肥料排量进行校准,并且可完成多种作物的变量播种、施肥,如玉米、大豆等。

另外,先进机型多采用电控或电液控来调整播量,或采用电动驱动排种轮及电子控制排种轮的旋转速度的方式调整播量。

2)电子监控播种机

国外播种机械上广泛应用电子监控系统(见图 5-14、图 5-15),其主要由监控显示器、监控电路、种子流光电传感器、测距传感器、转换器与驱动电机、播种机提升传感器及种子层面高度传感器等几部分组成。监控系统把整个播种情况(如重播、漏播、株距、播种面积、播种速度、播种量和行数等)通过显示仪显示出来,实现了播种机的智能化监测。当播种机不能够正常播种时,进行双向报警,及时通知驾驶员,最大限度地避免了漏种现象的发生,极大地提高了播种机的工作质量。

图 5-14　监控器终端

图 5-15　监视传感器

3)智能导航播种机

美国 DEERE 公司 1770NT 精密播种机安装有 Seedstar2 监控系统,能轻松地完成播种工作。Seedstar2 监控系统拥有 Seedstar 监控系统所有的优点,可以方便地监测到重要的播种数据,如种子密度和行间距、行间重叠度、平均密度、真空度及排肥压力。Seedstar2 监控系统安装便捷,用户可以很容易地在 GSR 第二代绿星系统监视器上读到一些重要的播种信息。另外,Seedstar2 监控系统完全可以和自动驾驶系统、农具智能导航系统及作业图兼容,从而为播种设备带来无与伦比的精确性和高生产率,省去了单调的设备调节时间,根据种子大小调节最佳的播种间距,从而达到每块土地的最佳产量。

德国 AMAZONE 公司生产的精确变量播种机是在其气力式播种机基础上研制的,排种轮由电子-液压马达驱动,可根据机载计算机发出的指令进行无级调速。

机具在 DGPS 装置引导下进行田间作业,使其播种量满足处方图的要求。法国夏托蒂厄里布朗科特公司的电子控制播种机,用电脑控制电机调整转速、播种株距和行距,并能准确掌握行驶路线、播种面积和播种量。

（2）机械式大豆精密播种机

目前黄淮海地区大豆播种机以机械式排种器机型为主,代表排种器类型主要是勺轮式（见图 5-16）和窝眼轮式（见图 5-17）。

图 5-16　勺式排种器

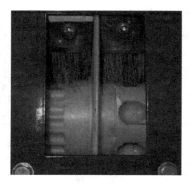

图 5-17　窝眼轮式排种轮

倾斜勺式精密排种器（见图 5-18）的主要工作原理是:倾斜安置的排种盘上均匀分布 15～30 个小勺,排种盘旋转时,排种小勺通过充种区,勺内舀上种子一二粒。随着排种小勺向上旋转到上方过程中,多余种子靠自重滑落下来,自行清种,使勺内仅留一粒种子。当排种小勺转到上方,勺内种子靠自重作用,通过隔板开口落入与排种勺盘同步旋转的导种叶轮上相应的槽内,种子随叶轮转到下方,通过底座排出口落入种沟内。

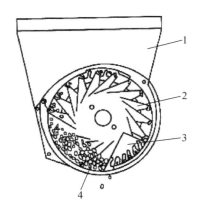

1—种箱;2—排种勺轮;3—导种叶轮;4—种子

图 5-18　倾斜勺式工作原理

窝眼轮式排种器(见图 5-19)的工作原理是：窝眼轮式排种器利用绕水平轴旋转的窝眼轮排出种子。窝眼轮式排种器有圆柱形、圆锥形及半球形等。窝眼轮转动时，型孔进入种子箱并充种。充种型孔在转出充种区时先由刮种器清除型孔上的多余种子，再由护种器盖住型孔护种，然后靠种子自重或推种器投种。无孔多粒的排种器一般不需要推种器。刮种器有刷种轮、清种刷、刮种板及弹片等形式，刷种轮性能最好，但结构复杂。种子损伤大多由刮种器造成，使用时需仔细调节刮种器位置。窝眼轮式排种器可用于播大豆、玉米、高粱等大、中粒种子。

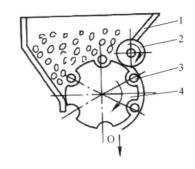

1—种箱;2—刮种轮;3—种子;4—排种轮

图 5-19　窝眼式工作原理

机械式大豆精密播种机的关键技术主要是精密排种和开沟,其中精密排种涉及种子尺寸与勺轮形状和大小。开沟涉及开沟性能和投种高度,在保证开沟性能的前提下,尽量降低投种高度,减少种子在导种管及种沟内的弹跳。

(3)气吸式大豆精密播种机

气吸式精密排种器的工作原理是：种子箱内种子流入排种器存种室,排种盘将吸室和存种室隔开,吸室通过软管与风机相连,当风机工作时,使吸室产生一定的真空度,在排种盘吸孔处形成吸力,将存种室内部分种子吸住。种子随排种盘旋转到刮种部位时,刮种器将多余的种子刮掉,只留一粒种子继续随排种盘旋转到开沟器上方无吸力区,种子在自重或推种器的作用下掉入种沟内(见图 5-20)。

气力式精密播种机对种子形状、尺寸要求小,伤种率低,适于高速作业。气力式包括气吸式、气吹式和气压式三种,其中气吸式应用比较广泛。发达国家普遍采用气力式播种技术实现精密播种,且普遍向大型化、集约化技术发展,如德国阿玛松公司(AMAZONE)生产的 EDX9000 系列气吸式精密播种机(见图 5-21),其基本特点是:播种计量由地轮传动和计量改为电子马达传动、传感器计量,取消了链条传动,播种深度控制由传统的机械设定改为感应器设定,播种作业速度在 15 km/h以上。种肥箱集中化设计,由分散的单个排种盘改成一个集中的排种滚筒。高精度种肥实时监测技术,从电路功能上实现排肥、排种报警逻辑和排种量电子计量显示功能。车载计算机控制面板,能实现实时变量播种。宽幅播种机机架立体折叠技术,解决了宽幅机具道路运输问题。

图 5-20 气吸式排种器及工作原理图

图 5-21 气吸式精密播种机

经过多年的发展,我国大豆气吸式播种机械技术逐渐成熟,出现了多种品牌的大豆气吸式精密播种机,主要特点:一般通过更换排种盘,既可播种大豆,又可播种玉米,通用性好,时速可达 8 km/h 以上;另外,通过更换工作部件和改变安装方式,既可耕整后播种,又可在软茬原垄上直接播种;既可垄作播种,又可平作播种;既可单条精密点播,又可双条精量播种。图 5-22 为机型之一,与拖拉机悬挂连接,播种 6 行,行距 40～60 cm 可调,更换排种盘可播种大豆、玉米等。

气吸式精密播种机的关键技术主要是精密排种和开沟,其中精密排种器(见图 5-23)涉及种子类型与吸力间的关系、排种盘的密封性能、刮种性能、排种盘的转速、开沟器对投种高度影响等因素,这些因素均为影响播种质量的关键。整机设计时要在满足开沟性能的前提下,尽量降低投种高度,减少种子在导种管及种沟内的弹跳。

图 5-22 高速气吸式精密播种机

图 5-23 我国自主研发的气吸式精密排种器

（4）大豆免耕播种机

大豆免耕播种机可以在前茬未耕土地上一次完成开沟施肥、开沟播种、覆土、镇压等作业，省工、省时、节本增效。大豆免耕播种机与翻耕地用播种机的差异主要在开沟部件上，排种器可以通用。由于两熟制地区前茬小麦秸秆量大，农时短，秸秆处理不得当，导致目前该地区免耕播种机具很少，大部分开沟器前面带有秸秆粉碎装置。除了对秸秆根茬的处理外，对土壤有扰动，属于少耕。主要机型如图 5-24 所示，机具最前面配置旋耕装置，主要进行秸秆根茬的粉碎，后面配置播种开沟部件，完成大豆精密播种作业。该机型在适用于粉碎麦类作物秸秆的同时，可完成大豆免耕精密播种，是目前实现麦茬地直接播种的较为广泛的机型之一。

不同品牌产品的秸秆处理装置的刀型、排列方式有所差异。图 5-25 是具有带状粉碎功能的秸秆处理装置，只粉碎和扰动种床带上的秸秆和土壤，相对旋耕刀型，其对土壤的扰动小，且满足直接播种的要求。

图 5-24　带秸秆粉碎装置的大豆免耕精播机　　　图 5-25　秸秆处理装置（带状粉碎）

图 5-26 所示为另一类机型代表，该机可一次完成开沟施肥、大豆单粒播种、覆土等多项农艺。采用铲式开沟器，铲柄上配置防秸秆缠绕装置（见图 5-27）。

图 5-26　大豆免耕精播机　　　　　图 5-27　秸秆防缠绕装置

图 5-28 所示的 2BMFJ 系列茬地免耕覆秸复式作业机,是国家大豆产业技术体系针对黄淮海粮食主产区麦茬地条件研制出的大豆播种机。该机集成了种床整备、精密播种、侧深施肥、覆土镇压、农药喷施和秸秆均匀覆盖等功能于一体,能在小麦、大豆、玉米收获后的茬地甚至玉米站秆地上,一次性完成大豆作物的免耕精密播种。该系列播种机目前已在多地区开展试验。

图 5-28　2BMFJ 系列茬地免耕覆秸复式作业机

图 5-29 所示的 2BQX－6F 型麦茬地大豆精密播种机为"粮食作物农机农艺关键技术集成研究与示范"课题的研究成果之一。该机与 73.5 kW 以上拖拉机配套,为 6 行悬挂机型。其围绕保护性耕作、降低生产成本、增加效益,在技术上形成创新,采用靴铲式施肥开沟器,入土能力强;波纹圆盘破茬双圆盘开沟播种,使机具通过性和适应性大大提高;双圆盘两侧配置同步限深轮,确保播深一致性好;V 形覆土镇压轮,确保覆土镇压效果,同时具有仿形功能,实现单体仿形;气吸式排种器实现了大豆等精播作物的单粒排种,节省种子及间苗工序。该机主要技术参数:行距 40 cm,亩株数最多可达 2.3 万株,且根据播种作物需求,行距可调至 60 cm。

图 5-29　2BQX－6F 型麦茬地大豆精密播种机

图 5-30 所示的 2BQX－6 型秸秆全量还田清垄覆秸大豆精密播种机,为"粮食作物农机农艺关键技术集成研究与示范"课题的研究成果之一。该机与 73.5 kW以上拖拉机配套,为 6 行悬挂机型。以 2BQX－6F 型麦茬地大豆精密播种机为基础,在施肥开沟器前面,增加清垄覆秸装置,可使种床带清洁,待下一步播种作业时被清理出去的秸秆还原到刚播种后的种床带上,实现覆秸功能。该机具作业无堵塞现象,作业质量高。

图 5-30　2BQX－6 型秸秆全量还田清垄覆秸大豆精密播种机

5.4　水稻种植机械化技术

5.4.1　水稻种植农艺要求

水稻机械化种植技术主要有机械化育秧、机械化插秧技术及机械化直播或抛秧技术。

(1) 麦茬稻机械化育秧技术

1) 农艺技术要求

适宜机械化移栽的秧苗应播种均匀,出苗整齐、根系发达、苗高适宜、茎部粗壮、叶挺色绿,秧苗成毯状。长江中下游地区的麦茬稻的适宜播种期为 5 月中旬至6 月上旬,应根据当地的情况因地制宜地制定适合的农艺规范。

2) 育秧技术

目前水稻育秧技术主要有田间育秧和工厂化育秧。南方水稻产区主要以田间育秧技术为主,包括摆盘、泥浆铺设、精密播种、压种等田间分段作业。近年来,随着土地流转、规模化生产和农业合作社的发展,工厂化育秧技术推广应用也发展较快。

① 田间育秧技术要点。我国南方水稻产区农民广泛采用田间淤泥软盘育秧技术,如图 5-31 所示,是指采用育秧软盘、塑料硬盘(平底盘或钵型盘)直接用水稻田淤泥进行育秧,简单方便,既有利于个体农户小规模自行育秧,也有利于种粮大户较大规模的集中育秧。该技术操作简易、成本低。床土也可用稻田翻耕土,经晒

干、粉碎、过筛备用。播种前20～30 d每100 kg床土加水稻壮秧营养剂500～600 g,加优质三元复合肥,或2/3水稻土加1/3水稻专用育苗基质,土、肥(基质)充分拌匀。床土用肥量不宜过多,肥料多,不仅对出苗有影响,还会导致以后控苗困难。盖土用纯水稻土,不加任何肥料。每个秧盘约需床土4.5 kg。

(a) 育秧播种

(b) 秧苗长势

图5-31 田间育秧技术

田间育秧主要工艺流程如图5-32所示。

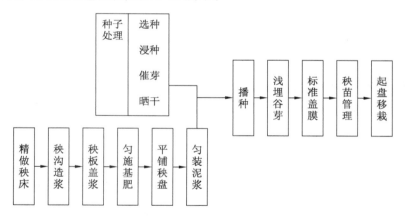

图5-32 田间育秧工艺流程

田间育秧主要包括以下几个步骤:

秧田的准备:选择排灌、运输方便、地力较好、土质松软的非砂质土水田作秧田。秧田与大田比例为1∶80左右。播种前3～4 d耕整秧地(有充分时间晒硬秧床),以畦面横排2个秧盘的宽度开沟分畦,精做畦面。秧床畦面宽130～140 cm、高15～20 cm,秧沟宽度50～70 cm,整平畦面、耖平和晒硬秧床,秧床制作要做到"实、光、平、直"。同时塞好排水口,沟底保持4～6 cm浅水层。

铺浆:将基肥均匀撒于泥浆面(复合肥、杀虫剂等),用脚踩或工具将沟底的田土造成泥浆。去除泥浆中的小石块及块茎杂物,用水舀或小水桶将泥浆装入秧盘,或用泥浆铺设机铺浆,刮平育秧盘的泥浆面,泥浆厚度 2.0 ~ 2.5 cm。

播种:播种期的确定要综合考虑机插育秧播种特性,光照条件,水稻品种等因素,长江中下游地区的麦茬稻一般在 6 月 15 日前完成播种。播种量按盘称种,常规稻每盘(28cm×58cm)干种谷 110 ~ 130 g,杂交稻盘播量 80 g 左右,用芽谷播种。为确保均匀,可以 4 ~ 6 盘为一组进行播种,播种时要做到分次细播,力求均匀。

压种:用压板将种子压入秧盘的泥浆中 1 ~ 3 mm。

秧苗管理:a. 播种后薄膜封盖。覆膜后严格控温,避免闷种,高温烧芽。把握揭膜时间,在温湿度适宜下,播种 3 ~ 4 d 后就可练苗。b. 水分管理。揭膜前先进行平沟灌水,管理好床土水分,使秧板盘土保持不发白状态。c. 揭膜炼苗。秧苗1.5 ~ 2 叶期,要结合天气,科学炼苗。揭膜(网)炼苗时,秧沟要保持盘底水,防止秧苗出现生理性失水,揭膜时间最好选在晴天傍晚,小雨之前或大雨之后。d. 肥料管理。施薄肥,并追洒清水,避免秧苗受到伤害。在起秧时喷 1 次治虫农药。e. 适龄移栽。3.0 ~ 4.0 叶龄为机插秧苗适龄移栽期。秧苗要随插随起秧,起秧时顺便剔除劣苗。

② 工厂化育秧技术要点。水稻工厂化育秧是在育苗大棚或温室内,人工控制水、肥、土、温、湿、气等条件,为种子、秧苗提供最适宜的出芽、生长条件,使秧苗均匀、健壮、整齐,为农户和种粮大户提供高质量秧苗,是减轻"倒春寒"影响的一项新技术。工厂化育秧省地,效率高,是将来发展的方向。

工厂化育秧主要工艺流程如图 5-33 所示。

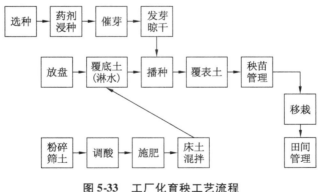

图 5-33　工厂化育秧工艺流程

水稻工厂化育秧的工艺主要包括种子处理、床土处理、播种作业、种床准备及摆盘、田间管理等 5 部分工序。

种子处理:种子处理包括晒种、脱芒、选种、消毒、浸种、破胸露白和脱水等工序。晒种可促进种子内部的活动,提高发芽能力。脱芒即通过机械或人工方法把水稻种子芒和小枝梗脱掉,以保证播种机播种均匀。消毒可防止水稻的稻瘟病、恶苗病、白叶枯病等疾病的传播,在播种前需对种子进行严格的消毒处理。浸种即将稻种放入约 60 ℃的水中,使种子预先吸足水分,达到出芽快、出芽整齐的目的。破胸露白即选择专用的催芽器将种子催芽至破胸露白,要保证种子整齐露白,芽长 1～3 mm。催芽后的种子表面水分很足,机械播种时,易粘播种轮影响播种的均匀度。因此,播种前可使用脱水机脱去种子表面的水分至不黏手状态;也可将稻种摊开阴干。

床土处理:床土处理一般包括碎土、筛土、调酸、土肥拌和等工序。盘育秧床土是培育壮秧的基础,直接影响播种、管理和机械移栽的质量。因此床土要选择经过熟化、有机质高、土质疏松、通透性好的肥沃耕作层土壤。理想床土土粒直径 1～2 mm、含水量 20% 左右。单独采用耕作层土壤作床土的育苗效果不佳,应根据各地土壤质地配合一定比例的草灰土、腐殖土或腐熟的有机肥土,或按所育秧苗大小施用酸性氮、磷、钾等速效化肥以保证秧苗的生长发育。还要注意床土消毒,播前喷消毒药剂,以防秧苗立枯病。水稻幼苗期适宜在 pH 4.5～5.5 的酸性土壤中生长,在酸性条件下,秧苗生理机能旺盛,抗立枯病的能力增强,并有利于提高床土中某些营养元素的有效性。床土调酸时,为使用方便和可靠,最好是施用酸性肥料,做到调酸与施肥一次完成。

播种作业:播种作业一般是采用将育秧盘置于水稻育苗播种流水线设备上,进行铺床土、淋水、精密播种、覆表土及清扫土等工序的联合流水作业,其播种均匀、播种量精确。

种床准备及摆盘:提前建好育秧棚,通常室外温度 5 ℃以上时开始播种育秧,棚内种床平整,厚度松土 5～8 cm,摆盘放到土壤上、留好行走通道。也可进行快速催根立苗,即将播后的苗盘放入蒸气出苗室,进行蒸气加热,并保持室温在 32 ℃,经过一定时间待出苗整齐一致时,将室温降至 20～25 ℃,把秧盘移到秧田或育秧棚内进行正常管理。

秧苗管理:主要是炼苗,即在保护秧苗的情况下,对遮盖的薄膜或育秧大棚采取放风、降温、适当控水等措施对幼苗强行锻炼的过程,能使其栽植后迅速适应露地的不良环境条件,缩短缓苗时间,并增强对低温、大风等的抵抗能力。秧苗的管理要根据当地的农艺要求进行,1 叶 1 心期温度最好控制在 25～30 ℃,若超过 30 ℃则要通风降温;2 叶 1 心期温度最好控制在 20～25 ℃,三叶期最好控制在 20 ℃左右。秧盘内营养面积小,易脱肥,1 叶 1 心期即开始追肥。移栽前 2～3 d 追施送嫁肥。根据病虫发生情况,做好蚜虫、灰飞虱、苗瘟病等常发性病虫防治。应经常除杂株和杂草,保证苗纯度。

（2）双季稻、再生稻机械化育秧技术

长江中下游地区早/晚双季稻田间育秧与麦茬稻育秧不同的是,早稻在播种前

20～30 d 每 100 kg 床土加水稻壮秧营养剂 500～600 g,加优质三元复合肥 200～250 g(早稻)或 100 g(晚稻),或 2/3 水稻土加 1/3 水稻专用育苗基质。土、肥(基质)要充分拌匀。床土用肥量不宜过多,肥料多,不仅对出苗有影响,还会导致以后控苗困难。盖土用纯水稻土,不加任何肥料。每盘秧盘约需床土 4.5 kg。

① 播种:早稻在 3 月 25 日前后播种,晚稻在 6 月底 7 月初播种。播种是按盘称种,播种量常规稻每盘(28 cm×58 cm)干种谷 110～130 g,杂交稻盘播量 80 g 左右,用芽谷播种。早稻播种后用高温催芽至立针后摆放到秧田。为确保均匀,可以 4～6 盘为一组进行播种,播种时要做到分次细播,力求均匀。

② 秧苗管理:a. 播种后薄膜封盖保温。早稻秧盘摆放时应避开大棚滴水处,对气温较低或遇倒春寒的地区,要在封膜的基础上搭建拱棚增温育秧。拱棚高约 0.45 m,拱架间距 0.5 m,覆膜后四周封压严实。晚稻育秧,在播种后盖遮阳网,在 1 叶期时揭去遮阳网。b. 水分管理。播种后至秧苗 1.5 叶期,早稻秧苗视床土水分早晚喷施清洁水,秧沟不灌水。晚稻由于高温,秧沟可灌半沟水,保持秧板湿润,但早晚仍要根据床土水分喷施清洁水。高温季节勤检查,发现有卷叶现象,要及时喷水。整个育秧期水不上秧板。c. 揭膜炼苗。秧苗 1.5～2 叶期,要结合天气,科学炼苗;揭膜(网)炼苗时,秧沟要保持盘底水,防止秧苗出现生理性失水。早稻膜内要注意温度变化,1～2 叶期,膜内温度≥30 ℃时要及时通风降温,2 叶期后拱棚可揭除,稍迟几天大棚膜也可逐步卷上。揭膜时要注意防青枯死苗。起秧前 4～5 d 大棚膜四周全部卷上进行炼苗。d. 肥料管理。早稻在移栽前 4～5 d,晚稻在移栽前 2～3 d 施 1 次"送嫁肥"尿素 5～7.5 kg/667 m²。在起秧时喷 1 次治虫农药。e. 适龄移栽。3.0～4.0 叶龄为机插秧苗适龄移栽期。早稻秧龄一般 20～30 d,苗高 15～18 cm;连作晚稻机插秧的秧苗秧龄 15～28 d,苗高 13～18 cm。早稻在 4 月中旬左右,日最低气温稳定在 12 ℃以上时,抢晴早栽。晚稻在早稻收后立即整田抢栽。秧苗要随插随起秧,起秧时顺便剔除劣苗。

③ 双季稻工厂化育秧与麦茬稻育秧方法和技术基本一样,可参阅麦茬稻工厂化育秧。

(3) 麦茬稻机械化插秧技术

机插秧技术充分利用培育规格化壮秧,量化取秧,合理密植,利用水稻低节位的分蘖,浅栽早发,增加有效分蘖,既保证个体壮实,又保证水稻群体的质量,是水稻高效优质高产栽培模式。

麦茬稻大田机插一般使用中、小苗,苗高 12～18 cm,叶龄 3.5～4 叶。栽插密度应结合插秧机的技术特点和选用的水稻品种来确定,常规(粳稻)品种机插秧的栽插密度要求每亩达 1.8 万穴,每穴苗数 3～5,基本苗控制在 8 万左右;杂交水稻品种机插秧的栽插密度要求每亩穴数 1.5 万穴,每穴苗数 2～3,基本苗控制在 4 万左右。均匀度达到90%以上，短龄壮秧、少本密植、宽行浅栽可兼顾足穗、大穗。插后2 d内根据插秧质量进行人工补苗，使大田空穴率低于3%，没有连续2穴以上的空穴。

根据农艺要求，机插到大田的秧苗要求做到"不漂不倒，越浅越好"。水稻的分蘖处于地表层，早发的低节位分蘖（1,2,3）是增加有效穗数的主要节位。如栽插过深，会使分蘖节部的节间伸长，形成较长的根茎和"二段根""三段根"，将分蘖节送至较浅的土层后才能发生分蘖，每拔长一个地下节间，大致需要5 d，白白地浪费营养与时间，并且营养消耗多，分蘖时间迟，影响早发，难以形成大穗。所以插秧要浅，以浅而不倒为宜。

（4）双季稻种植技术

双季稻机械化种植技术主要指直播技术及插秧或抛秧技术。双季早稻以直播、插秧和抛秧三种种植方式并举，在不同地区根据当地自然条件和种植习惯各有所取。近年来，水稻直播由于具有无须育秧、省力省工、节约成本的优势而发展较快。连作晚稻因为茬口紧，通常采用育苗移栽，即采用插秧或抛秧种植方式。

机插前的农艺技术要求参阅本章5.4.1相关内容。与麦茬稻不同的是双季早稻、连作晚稻因生育期短、有效分蘖少，要实现高产必须插足落田苗数。一般通过合理密植、增加基本苗的方式提高单位面积的有效穗数，达到提高单产的目的。

机械直播稻由于生育期缩短，对水稻品种、茬口、适宜生长的地理环境等要求较严格，直播技术在双季稻种植区域，更多地应用于早稻种植，晚稻则用得较少。

双季早稻主要为水直播，由于稻种直接播于大田，对整地要求比移栽稻田要高，平整后田块表面高低差不超过3 cm。稻田于播前5～10 d进行灌水旋耕，并用水田平地机具平整，平整后的田块视土质情况需沉淀1～3 d后排水待播。

直播早稻根系分布浅，群体大，易倒伏，在品种选择上应选苗期耐寒性好、前期早生快发、分蘖力适中、株形紧凑、茎秆粗壮、耐肥抗倒、抗病力强、株高70～80 cm、生育期偏短、生长速度快的大穗早、中熟品种。直播稻种需要经过晒种、选种、发芽试验、浸种、催芽等处理工序。催芽后破胸露白率达90%以上，芽长不超过3 mm，催芽后置阴凉处晾干至内湿外干易散落状态。

一般直播早稻比移栽早稻推迟7～10 d播种，播种时日平均气温应稳定在12 ℃以上，同时应抢在冷尾暖头播种。每亩用种量，常规早稻4～5 kg，杂交稻2.5～3 kg。对于苗期抗寒性弱的品种每亩增加播种量10%左右。

水稻直播田间管理主要包括以下几部分。

① 水分管理：基本原则是湿润出苗、浅水分蘖、多次轻晒、水层孕抽穗、干湿壮籽。从播种到2叶1心期要保持土壤湿润，以利于根芽协调生长，出苗整齐，然后灌水建立2～3 cm浅水层。3叶期后宜建立浅水层促进分蘖发生，当分蘖盛期苗数

达到计划穗数 80% 时,应及时排水晒田。拔节后及时复水,在孕穗至抽穗时建立浅水层,壮苞攻大穗。灌浆后应采取间隙湿润灌溉,一般晴天灌一次水后,自然落干,断水后 1 ~ 2 d 再灌水,防止田面发白,成熟前 5 ~ 7 d 断水晒田。

② 肥料管理:基本原则是"控氮、配磷、增钾"。直播稻应根据直播水稻品种和稻田肥力适时适期合理施肥,早稻总施肥量一般是每亩纯氮 10 ~ 12 kg。其中,氮肥的 60% ~70% 作基肥,20% ~25% 作分蘖肥,5% ~10% 作穗粒肥;磷肥全部作基肥施用;钾肥作基肥和分蘖肥各占 50% 施用。

③ 病虫草害管理:播种前或播种后用直播稻除草剂喷施,进行早期封闭灭草,喷药时田块应保持湿润或薄水层状态;后期田水落干后视草情选择适当除草剂进行补除杂草。

(5)再生稻机械化种植技术

再生稻是通过一定的栽培管理措施,使头季稻收割后稻桩上的休眠芽继续萌发生长成穗而收获的一季水稻,它具有生育期短、日产量高、省种、省工、生产成本低、效益高等优点。在南方稻麦两熟区域种植一季稻热量有余而种植两季稻热量又不足的地区,以及双季稻区只种一季中稻的情况下,种植再生稻是增加稻田单位面积稻谷产量和经济收入的措施之一。

再生稻的生长季一般在 8—10 月,长江中下游双季稻区域这个时段积温高,光照充足,雨量充沛,适合再生稻的种植。再生稻与头季的关系密不可分,所以再生稻机械化种植技术包括头季/再生稻两茬的种植技术。

1)头季稻的种植技术要点

① 大田耕整:插秧前按农艺要求对大田进行耕整、沉实,达到插秧要求。

② 大田施肥:注意氮、磷、钾肥配比,添加锌、硅等微量元素,满足水稻生长发育营养需求。

③ 机械插秧:一是适时移栽,当秧龄 20 ~ 25 d 时即可移栽,若秧龄过长则秧苗老化,插后分蘖慢,低节位分蘖少,成熟延期,影响头季产量。二是插足数基本苗,杂交中稻适宜每穴苗数 2 ~ 3 棵,插秧深度控制在 2 cm 以内,漏插率 <5%;伤秧率 <4%;均匀度合格率 >85%;作业覆盖面达 98%。确保直行、足苗、浅栽,要求不漂不倒,出现断条及边角漏秧要及时手工补上。

④ 插后管理:在大田生产中要根据机插秧和再生稻的生长发育规律,采取相应的肥水管理技术措施,促进早发稳长,走"小群体、壮个体、高积累"的高产栽培路径。

⑤ 机械化收获:适时收获头季稻,头季稻籽粒 90% ~95% 成熟变黄时,及时收割。头季稻机械化收获主要采用履带式收割机,一次性完成收割、脱粒、清选等环节。机械收割时注意,一是既要保持田土湿润又不致陷机留辙,压倒的稻桩要及时

扶起,秸秆及时粉碎还田,不影响再生稻出苗;二是注意收获后留稻茬高度一般在30~40 cm。

2)再生稻的种植技术要点

① 水分管理:再生稻的营养生长期很短,一般在头季稻收后4~5 d再生苗已基本长出,之后进入生长十分旺盛的时期。在头季稻成熟前和收割后,田间水分管理应采用浅水间歇灌溉或湿润灌溉,以保证休眠芽的成活与萌发。

② 施肥管理。头季稻收获前13~15 d根据田块地力施尿素和复合肥称为促芽肥,对腋芽萌发和壮芽有显著作用,还能使头季稻功能叶保持青绿延长老根寿命。为防止高浓度肥料对腋芽造成损伤,此次施肥一般分次进行,2次间隔2~3 d。头季稻收后立即施尿素作发苗肥,可使再生稻有效穗多,易获得高产。

5.4.2　水稻种植机械

长江中下游地区一年两熟制的单季稻的前茬主要为小麦,所以也称为麦茬稻。麦茬稻装备主要指机械化育秧装备、机械化插秧装备及机械化直播装备。

(1)机械化育秧装备

机械化育秧所配套的装备是根据水稻育秧的工艺规程和满足各工序农艺要求而专门研制的设备与设施,包括碎土机、脱芒机、催芽器、播种设备及秧苗管理设施等。

1)碎土机

碎土机由叶片撞击土壤而达到碎土目的。目前常用的机型有碎土筛土组合式及独立的碎土机和筛土机两种。

2ST-360型碎土机如图5-34所示,该机由料斗、上壳体、筛板、刀盘、电动机和机座等部分组成,采用坚硬耐磨刀片的高速旋转刀盘对土壤进行切破、打碎,配合筛板工作而碎土。该机生产率为2.65 m³/h、配套动力为5.5 kW、设计转速为940 r/min,整机质量为238 kg。

ST-08型碎土筛土机如图5-35所示,该机由电器控制装置、加料斗、电动机、筛土装置、筛网和机座组成。工作时,刀片由于刀盘高速旋转产生离心力向外张开。破碎床土加入料斗后在自由落下时被刀片粉碎,粉碎后的泥土沿刀盘旋转方向落下,当刀片碰到硬物时可以自行张开,避免刀片损坏。粉碎后的泥粒进入筛土机的筛网,筛网经连杆带动,进行往复运动,小颗粒的泥土通过筛网落下,大颗粒泥块则随着筛网的振动抛出而分离。

主要技术参数:碎土滚筒直径为400 mm,宽度为480 mm;筛土机构形式为往复式、方孔扁筛;筛子孔尺寸为4 mm×4 mm;筛子倾角为3°,曲柄转速为320 r/min;功率为2 kW。

图 5-34　2ST－360 型碎土机　　　　　　图 5-35　ST－08 型碎土筛土机

2）脱芒机

日本实产业株式会社生产的 DH－102 型风选脱芒机由机体、料斗部分、除芒装置及吹风部分等组成。主要部件脱芒装置为 385 W 单极电动机、脱芒滚筒和除芒风机,脱芒滚筒内设有碾辊,在碾辊上装有螺旋叶片和 7 个圆盘刀片,且圆盘刀片上均匀分布着 4 个刀刃,除芒风机用于将脱下的稻芒等杂物分离出去,保证稻种脱芒净度。工作时,未除芒的稻种受到碾辊上螺旋叶片和圆盘刀的作用,使稻芒与稻种分离。该机可根据稻种的情况调节脱芒强度手柄及脱芒风量手柄,调整脱芒效果和生产率。

3）破胸催芽器

破胸催芽器是根据种子破胸催芽的生理特征而设计的,为种子发芽创造最佳温度、水分和氧气条件,目前常用的主要有 2SP－200 型破胸催芽器、ZCY 系列全自动蒸汽喷淋式水稻种子催芽机和拱顶圆柱体自动控温稻种破胸催芽器等几种。

2SP－200 型破胸催芽器如图 5-36 所示,由水自动循环系统、盛种装置和自动控制系统三部分组成。该机由离心泵将桶底的水沿导水管提升,经 U 形电热管加热,再由喷头喷出,水流带出种子在催芽过程中产生的二氧化碳等废气,吸入新鲜空气后又回流到桶,使桶内的种子在发芽过程中得到充足而又均匀的氧气、水分和适宜的温度。催芽器的最大盛水量 250 kg,一次催芽量 200 kg,配套功率 2 072 W,温控精度 ±0.5 ℃,温度控制范围 0～50 ℃,温升速度 3～4 ℃/h。催芽作业前,种子需要袋装,一般每袋 5 kg 左右,可装 200 kg,整齐均匀地摆放在桶内多孔盘上,加入清水,开启电动机和温控开关,把温度控制在 32 ℃,经过 24 h 即达到出芽率和芽长的要求。催芽结束后,应立即排水,加入清水,运转 10 min 以进行冷水处理,抑制白芽继续生长。

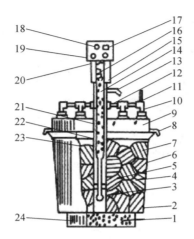

1—支承圈;2—多孔盘;3—叶轮;4—轴承固定螺丝;5—浮动轴承;6—种子袋;7—容量桶;
8—拉杆;9—挡水圈;10—喷头;11—温度计;12—分水管;13—溢水管;14—万向节;
15—感温探头;16—电动机;17—温度调节仪;18—给定温度旋钮;19—水泵电机开关;
20—温控开关;21—水泵轴;22—支承盘;23—电热管;24—尼龙座

图 5-36 2SP－200 型破胸催芽器结构图

ZCY 系列移动式全自动蒸汽喷淋式水稻种子催芽机由加热系统、温控系统、配电监控系统、热风循环系统、给水系统组成,如图 5-37 所示。它根据农作物栽培措施的要求及农作物种子浸种、催芽阶段的生长特性,以水作为导热介质,实现对水稻种子的升温、降温、控温、保温等过程的控制,使种子在该设备内一次性完成标准化的破胸、催芽等生长过程。

图 5-37 ZCY 系列全自动水稻种子催芽机

4）2TB – 4 水稻田间育秧精密播种机

图 5-38 为农业部南京农机化所研制的能适应不同规模的系列化小中大型水稻田间育秧精密播种机。该播种机适应我国南方地区的特点，主要由种箱、驱动轮、排种轮、推杆、传动系统和导轨等构成。工作时由人工拉动推杆，使得驱动轮转动带动种箱在导轨上来回行走，动力经传动系统带动播种轮转动实现播种，有手动和电动两种机型，生产率 1 000 盘/h，种箱如装床土可进行覆土作业。此外，由于

图 5-38　2TB – 4 水稻田间育秧精密播种机

我国南方地区山地和丘陵较多，田间杂草、石块较多，导致插秧机插秧时卡死或损坏秧爪，影响插秧质量和效率，因此使用田间育秧可配套水稻田间育秧盘泥浆铺设机使用，去除泥浆中的大杂质。

5）2SB – 500 型自动苗盘播种机

2SB – 500 型自动苗盘播种机主要由机架、播土装置、播种装置、喷水装置、覆土装置、电控箱等部分组成，如图 5-39 所示。播种工序为铺土→刷土→喷淋水→播种→覆土，可一次连续完成秧盘输送、铺撒床土、播种、覆土、喷水消毒等整个播种作业过程。该播种机采用直齿外槽轮式排种器，工作时由排种轮将种子从种箱排下，通过阻种毛刷落入秧盘，播量可以通过改变毛刷与排种轮之间的距离来调节，9 寸盘播量可在 80 ~ 240 g 范围内调节。

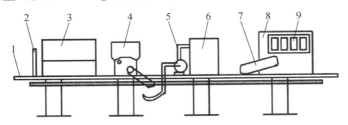

1—机架；2—刮土器；3—覆土箱；4—播种箱；5—水泵；6—喷水箱；
7—刷土器；8—床土箱；9—电控箱
图 5-39　2SB – 500 型自动苗盘播种机示意图

该播种机的主要技术参数：外形尺寸 6 510 mm × 540 mm × 1 170 mm；质量 260 kg；三个电机（铺土、播种、喷水）功率各 120 W；箱体容积床土箱 60 L、种箱 18 L、覆土箱 45 L；效率 500 盘/h；作业时需 7 ~ 8 人。对播种稻种的要求：带梗率≤4%，有芒率≤1.5%，破胸催芽后芽长不得超过 1 mm，含水率≤32%。对床土要求：土的颗

粒大小要求直径 2~6 mm 占 70%~80% 以上,湿度控制在 20% 左右,一般铺床土厚 15~24 mm,覆表土厚 5 mm。

6)2BQT-400 气力式通用精密育苗播种流水线

近几年育苗播种流水线研发有很多新进展,其中由农业部南京农业机械化研究所研制、江苏云马农机制造有限公司生产的 2BQT-400 气力式通用精密育苗播种流水线是代表性机型之一。如图 5-40 所示,该设备主要由自动落盘机构、自动上土机构、铺土机构、压穴部件、可更换播种部件、覆表土部件、洒水部件等组成,可一次实现自动落盘、上底土、精密播种、覆表土、洒水等工序,自动化程度较高,生产率≥450 盘/h,播种均匀性≥93%,空穴率≤5%。实物照片如图 5-41 所示。

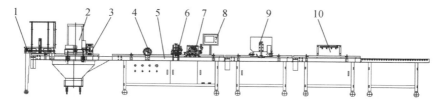

1—落盘机构;2—上土机构;3—铺土机构;4—压穴部件;5—框架部件;
6—蔬菜等作物播种部件;7—水稻播种部件;8—显示屏;9—覆表土部件;10—洒水部件

图 5-40　2BQT-400 气力式通用精密育苗播种流水线示意图

图 5-41　2BQT-400 气力式通用精密育苗播种流水线实物图

该设备播种部件如图 5-42 所示,播种部件采用种子振动流化、型孔负压气吸、定位对穴投种、吸孔气力清堵等技术,提高了设备的播种精度和播种可靠性,经试验鉴定认证,杂交稻种子的吸种合格率达到 95% 以上,可满足双季晚稻的小播量均匀播种,实现了双季晚稻的机械化稀播、匀播、定位落种育秧。同时采用基于 PLC 的控制技术与播种部件模块化的柔性生产线技术组合,播种参数通过编程灵活可调,品种适应性强,可满足水稻、油菜、烟草、蔬菜、花卉等作物精准高效规格化多样性育苗要求。采用自动连续供盘、自动叠盘技术,节省了用工,提高了工效。

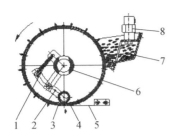
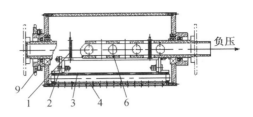

1—弹簧；2—活动支臂；3—弹性压辊；4—吸种滚筒；5—清种板；6—空心轴；
7—种箱；8—气动活塞振动器；9—链轮

图 5-42　气吸滚筒式排种部件图

日本的久保田、井关、洋马等公司都制造育秧播种流水线设备，自动化程度高。采用的播种部件主要有机械式槽轮、窝眼轮和气力式（见图 5-43），能实现常规稻、杂交稻育秧播种。

(a) 槽轮式　　　　　　　　(b) 窝眼轮式　　　　　　　(c) 气力式

图 5-43　播种部件

图 5-44 为井关 2BZP－580A（THK－3017KC）秧盘播种成套设备。

图 5-44　井关 2BZP－580A（THK－3017KC）秧盘播种成套设备

电机经减速机构驱动输送带连续运转，传动机构将动力分配给铺底土机构、播种机构和铺表土机构并驱动它们连续运转。播种作业时，空秧盘通过铺土刷平装置铺底土，镇压辊压土，再通过喷水装置，由播种装置均匀播种后，再由覆土装置进行表面覆土，经过耙平毛刷，使稻种上覆土均匀，完成全部播种过程。即：秧盘进入机架→铺底土→刷平→压实→喷湿→均匀播种→种子覆土→秧盘输出→接盘,将育秧盘转入育秧大棚。

采用机电一体化的设计理念,通过自动控制系统,产品可实现铺底土、喷水、播种、覆土等工序一次完成。生产效率高,作业效果好,是实现水稻全程机械化生产的必备产品。

（2）机械化插秧装备

1）手扶式插秧机

手扶式插秧机是我国目前产销及保有量较大的一种机型,主要由发动机、传动系统、机架及行走系统、液压仿形及插深控制系统、插植系统、操作系统等组成。以东洋 PF455S 为例,其总体结构如图 5-45 所示。

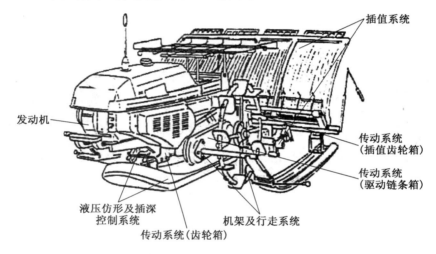

图 5-45　东洋 PF455S 手扶式插秧机结构示意图

双轮驱动手扶式插秧机,其主要操作手柄都在机器后部,通过拉杆、拉线与各控制部分相连。作业时,机手在插秧机后面一边行走一边进行操作。插植系统(苗箱与插植臂等)也在插秧机的后部,便于机手监控作业情况、添加秧苗。

2）水稻高速插秧机

我国、日本和韩国企业出品的高速插秧机主要为四轮乘坐式。规格齐全,机型众多,图 5-46 为洋马公司生产的 VP6 型高速插秧机的结构示意图,四轮乘坐式插秧机是一种先进的高速、高性能插秧机,尤其适用于大田块栽秧作业。具有如下特点:基本苗、栽插深度、株距等各项指标可以量化调节,能充分满足农艺技术要求;具有液压仿形系统,提高水田作业稳定性;机电一体化程度高,操作灵活自如;作业效率高,省工节本增效;安全舒适,保养简单。

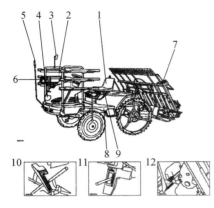
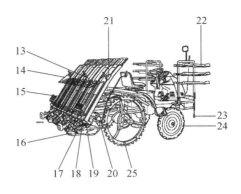

1—驾驶座;2—发动机;3—后视镜;4—前照灯;5—中央标杆;6—预备载苗台;7—画线杆;
8—燃料开关;9—油箱;10—取苗量调节手柄;11—插植深度调节手柄;12—横向切换手柄;
13—载秧台;14—苗床压杆;15—阻苗器;16—浮船;17—秧爪;18—压苗棒;19—秧门导轨;
20—折叠式侧保险杆兼支架;21—转向灯;22—预备载秧台;23—侧标杆;24—前轮;25—后轮

图 5-46　洋马 VP6 乘坐式高速插秧机结构示意图

随着我国水稻插秧机保有量不断快速增加,水稻插秧机的作业效率和质量已成为提高水稻生产机械化水平的关键。在水稻高速插秧机的研制方面,近几年也出现了一些新的进展,农业部南京农业机械化研究所研制的 2ZD－6 型多栽植臂水稻插秧机是其中的代表机型之一,如图5-47 所示。该插秧机主要针对水稻插秧机高速作业时分插机构的转速过高,引起伤秧率升高、立苗不稳、传

图 5-47　2ZD－6 型多栽植臂水稻插秧机实物图

动精度要求高、机具振动大等问题,研制出一种新型非匀速三插臂分插机构,通过增加栽植臂数量降低了分插机构转速,减少了振动,有利于降低伤秧率、提高立苗质量,理论上该插秧机比常规两插臂高速插秧机作业效率提升 1.5 倍。

非匀速三插臂分插机构如图 5-48 所示,分插机构由三个插植臂组成并在圆周上均匀分布。每个插植臂分支由太阳轮、中间非圆齿轮和行星轮组成,其中太阳轮固定不动,插植臂箱体由一对位于株距变速箱内的非圆齿轮驱动实现非匀速转动,回转箱体转动带动与太阳轮啮合的中间非圆齿轮转动。本非匀速三插臂分插机构的非圆齿轮均采用椭圆齿轮,其中插植臂回转箱体内的非圆齿轮为模数和偏心率

相同的椭圆齿轮,传动系统中的椭圆齿轮的偏心率与插植臂回转箱体内的椭圆齿轮的偏心率不同,且椭圆齿轮有个初始安装相位角 c。非匀速三插臂分插机构回转箱体的非匀速转动是由设置在株距变速箱内的椭圆齿轮 1 和椭圆齿轮 2 实现的,该对非圆齿轮同时驱动秧箱的横纵向移箱机构。

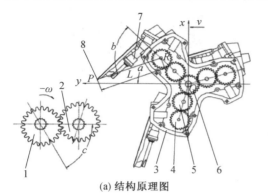
(a) 结构原理图

(b) 实物图

1—椭圆齿轮 1;2—椭圆齿轮 2;3—回转箱体;4—行星轮 3;5—中间轮 2;6—太阳轮 1;
7—插植臂;8—秧针尖

图 5-48　非匀速转动三插臂分插机构

该插秧机的主要技术参数:2 182 mm(长)×2 150 mm(宽)×1 034 mm(高);插植方式非圆齿轮行星轮系式;漏插率≤5%;作业行数 6 行,行距 30 cm;作业速度0.6~1.2 m/s;适应苗高 100~250 mm;栽植深度 0~40 mm 可调;最高栽植频率450 次/min。

3) 水稻钵体苗移栽机

为解决毯状苗机插存在的秧龄弹性小、秧苗素质弱、移栽植伤重等问题,水稻钵体苗机械化移栽逐渐被重视。钵体苗机械化移栽技术是采用水稻钵体苗移栽机将钵体壮秧按一定的行距和株距精确地移植于大田的先进技术,与毯状苗相比,钵体苗秧龄可长 10 d 左右,叶龄大 1~2 叶,同时苗质健壮,而且可以几乎无植伤进行机械化移栽,是一种有利于水稻高产的机械化栽培方式。

水稻钵体苗插秧机与传统插秧机相比,钵体苗插秧机必须使用专用塑料穴盘育秧,育秧时每穴秧苗相互独立,当秧苗生长到适合移栽时,将秧苗从秧盘中取出,即钵苗脱盘,继而进行自动输秧和落秧分行。国内学者分别提出了不同的解决方案,形成数种有序移栽机械,有机械手式水稻抛秧机、播秧机、齿板式水稻钵秧摆栽机、气力有序抛秧机、水稻钵苗空气整根气吸式有序移栽机等。

图 5-49 是常州亚美柯公司生产的 RX-60 顶杆式水稻钵体苗插秧机,该类机具与传统插秧机主要区别在于:

① 苗盘采用专用穴盘育秧,专用播种机播种,钵苗生长有独立空间,钵土密实;

② 送秧机构结构简单,仅需执行秧盘的逐行间歇纵向供给,无须横向送秧机构;

③ 增加了顶苗、转向送苗和输送苗等一系列配套机构,实现了将钵苗从单个穴格中顶取出后移送至分插秧机构执行栽植的功能。

图 5-49　RX-60 水稻钵体苗插秧机

其技术先进性主要体现在以下几点:

① 带营养体栽植、无缓苗期、成活率高、生长期长、穗粒大而多,增产明显(寒冷地区可达 15% 左右),大米质量佳、品味好。

② 通过定量定位播种,播种量小,比常规播种节省种子成本 70% 以上。

③ 漏秧率低、秧苗质量好,机插伤苗伤根少,立苗快且返青早,生育期长且插苗均匀。

④ 受插秧时间限制小,秧龄弹性大,田间管理劳动强度大幅度降低。

该机型采用钵体形状为圆锥台形的钵体软盘,618 mm×315 mm,穴数 32×14,单个穴格具体尺寸如图 5-50 所示,计算得单个钵体容积为 4.1 mL,属于中苗盘标准(NY/T390-2000),适宜育秧苗龄 4.5~5.5 叶。秧盘侧边方格由纵向送秧装置拨动实现间歇逐行定位供苗,其中心距与相邻两穴格中心距相吻合。秧盘中间平面为定位区域,用于顶取苗机构顶苗作业时防止秧盘变形而影响作业质量。

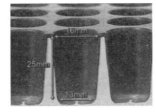

(a) 钵体秧盘　　　　　　　(b) 穴格尺寸　　　　　　　(c) "Y"字底孔

图 5-50　钵体秧盘、穴格尺寸和"Y"字底孔

另外,为阻止苗株串根秧盘,必须有钵底,且该钵底又需利于顶苗机构作业,特设计能自由开关的"Y"字形孔钵底,当顶针插入后钵底被强制打开,缩回后钵体自动闭合。为考虑秧盘的使用寿命,其材料选用必有考究,钵底的材料尤为特殊,要求既有柔性又有韧性。

水稻钵苗插秧机育苗要求秧盘内每穴定量播种 3～4 粒,插秧适期是在 4.5～5.5 叶期(见图 5-51),此时秧苗高约 15～20 cm,育苗天数在 35～40 d 为宜。

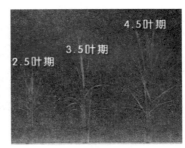

(a) 4.5 叶期秧苗　　　　　　　　　(b) 钵体成苗过程

图 5-51　4.5 叶期优质秧苗

(3) 机械化直播装备

水稻直播栽培是在翻耕整地或耙平后的大田里直接播种,省去了常规栽培育秧、拔秧和栽秧作业,具有省工、省力、省生产成本,提高经济效益和有利于机械操作等优点。直播种植方式包括旱直播、水直播,按种子准备的状态可分为催芽播、种子包衣播及浸种播,按播种方法又可分为撒播、条播(宽条播)和穴播等多种。

水稻机械化直播技术推广中使用较多的机型是上海嘉定农机研究所研制的沪嘉 J–2BD–10 型水直播机、江苏省镇江市农业机械化研究所研制的 ZBG–A6 免耕条播机、镇江市农业机械技术推广站研制的 2BD(H)–120 型水稻旱直播机、上海浦东张桥农机服务公司生产的水稻旱直播机等,但这些机具存在排种器伤种、易堵塞、播种质量不稳定及操作不方便等问题。

近年来国内水稻直播机研制有了许多新的进展,其代表机型之一是由华南农业大学研制、上海世达尔现代农机有限公司生产的 2BDXS–10CP 水稻穴直播机。

排种器是水稻精量穴直播机的核心部件,其性能好坏直接决定播种机的排种性能。2BDXS–10CP 水稻穴直播机采用了可调组合型孔轮式排种器的型式,排种器总体结构如图 5-52 所示,由排种器壳体、排种轮、限种板、毛刷机构、弹性护种带机构和排种管等零部件构成。组合型孔轮式排种器工作过程包括充种、清种、护种和排种 4 个过程。排种轮在传动轴的驱动下转动,排种轮型孔首先经过第一充种区进行充种,当型孔经限种板进入第二充种区后,未充满稻种的型孔进行二次充种;毛刷由安装在传动轴上的链轮链条驱动,排种轮型孔表面的多余稻种由毛刷刷回到第二充种区;充满稻种的型孔经过毛刷轮后进入护种过程,弹性随动护种带护送经过护种区的稻种,直至稻种进入排种管,最后稻种从排种管排出并以自由落体形式落在田面的播种沟中。应用结果表明,可调组合型孔排种器适应国内不同稻区和不同品种的播种量要求,调节范围较大。

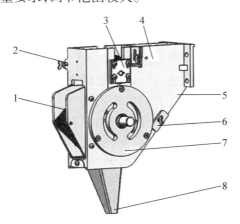

1—弹性护种带机构;2—链条及张紧机构;3—毛刷机构;4—限种板;
5—排种器壳体;6—卸种板;7—排种轮及端盖;8—排种管

图 5-52　组合型孔式排种器结构图

2BDXS－10CP 水稻穴直播机可与不同型号的乘坐式高速插秧机动力底盘配套连接,由播种装置、开沟起垄装置、田面仿形装置、动力传递装置、悬挂升降装置和机架六大部分组成,如图 5-53 所示。播种装置是水稻穴直播机的关键部件,主要作用是实现精量穴播作业,由排种器、种箱和横梁构成。开沟起垄装置的主要作用是实现田面平整和开沟起垄,由滑板、水沟开沟器、播种沟开沟器、后轮挡泥板和挡泥侧板构成。田面仿形装置的作用是为了减少机具在作业过程中造成的壅泥现象,分别包括高程仿形浮板机构和水平平衡机构。动力传递装置作为排种器的驱动动力,主要由动力输出轴和变速箱组成。悬挂升降装置的作用是将机具与机头连接,并实现机具的升降作业。机架的作用是连接机具的各大装置。

该机具可同步完成田面平整、开沟起垄和精量播种等工序。

图 5-53　2BDXS－10CP 水稻穴直播机

5.5　马铃薯种植机械化技术

5.5.1　马铃薯种植农艺要求

水稻/马铃薯一年两熟种植是我国华南地区粮食作物的重要种植制度。华南地区稻薯轮作种植方式多种多样，能够实现农机农艺融合并推广应用的主要包括免耕种植马铃薯和开沟起垄种植马铃薯两种。

（1）马铃薯免耕种植技术

马铃薯免耕种植技术是水稻收获后在茬口田进行免耕土表播种、施肥后再覆盖稻草栽培马铃薯。水稻收获前半月进行开沟排水，水稻收获后根据当地的栽培条件、生态环境和气候情况利用小型手扶式中耕培土机进行开沟作厢，一般厢面宽 1.0～1.2 m，厢沟宽 30 cm、深 20 cm，十字沟沟深 30 cm，围边沟 30～40 cm，要开好厢沟、十字沟和围边沟以排干田水。在开沟时，使用沟内土填平厢面低洼处，使厢面横向略呈拱形。水稻收获后稻茬行距 30 cm，稻茬高度一般为 20 cm 左右。播种马铃薯时按照不同的厢面宽度在稻茬间摆放 2 行或 4 行薯种，行距 30 cm，在厢面上覆盖 8～10 cm 厚度的稻草，并将沟内取出的土均匀地撒在稻草上，再将各条沟清理顺畅，做到沟沟相通。华南地区多采用 22 kW 左右的拖拉机，此级别的拖拉机轮距调节范围有限，按照 JB/T 8300—1999《农业拖拉机轮距》、GB/T 2929—2008《农业轮胎规格、尺寸、气压与负荷》及相关标准要求，一般可调至 1.2 m 左右，采用该功率段的拖拉机背负马铃薯播种机可实现薯种的定点摆放，这种模式能够较好地解决机械化播种的问题。

免耕种植马铃薯还可采用定点摆种后厢面覆膜，膜上覆盖稻草的种植模式，地膜覆盖可以实现保温增温、保水及保持养分，增加光效和防除病虫草等，使冬种马铃薯提前 7～10 d 收获，提早上市。

（2）马铃薯开沟起垄种植技术

马铃薯开沟起垄种植需在水稻收获前半月进行开沟排水，水稻收获时稻秆被打碎直接还田，采用旋耕机进行旋耕整地，整地时除净根茬，耕深范围为 20～30 cm，做到表土细碎、土壤颗粒大小合适，土壤松软，地表平整，上松下实。土地旋耕整地后，开 2 条行距 30 cm 的浅沟，将薯种按指定株距摆放于浅沟内，在 2 行薯种上覆土起大垄，垄高 15～20 cm，垄上覆盖地膜，膜上覆盖薄土层。起垄播种完毕后，利用小型手扶式中耕培土机在垄间进行开沟，并将沟内取出的土均匀地撒在大垄上，保证从垄顶到沟底的深度达 30 cm。挖出边沟，深度 30～40 cm，保证沟沟相通，排水无阻。

5.5.2　马铃薯种植机械

（1）马铃薯种植机械关键技术

目前,国际市场上现有的马铃薯种植施肥联合作业机具较多,技术水平差别较大,大致可分为两个档次,德国 Grimme 公司、美国 Double L 公司、LockWood 公司和挪威 TKS 公司等为一个档次,主要生产大中型马铃薯播种施肥联合作业机具,一次完成开沟、施药、施肥、播种、起垄、覆土等作业,其结构比较复杂,配备了先进的电子控制、电子监控系统,价格昂贵,图 5-54 为德国 Grimme 公司生产的 GL34 全悬挂式马铃薯种植机;图 5-55 为挪威 TKS 公司生产的 underhaug UP3717 型两行马铃薯种植机。

图 5-54　GL34 全悬挂式马铃薯种植机　　图 5-55　UP3717 型两行马铃薯种植机

以意大利、日本、韩国为一个档次,主要生产中小型马铃薯播种施肥联合作业机具,一般结构较为简单。目前国外种植机虽然技术比较成熟先进,但因配套动力过大,无法做到与我国华南地区稻草覆盖马铃薯种植农艺相结合与应用,这也是华南地区马铃薯生产面临的重要问题之一。

（2）2CM4D 型四行马铃薯种植机

我国马铃薯种植机具的研制工作起步较晚,为了满足马铃薯产业发展需要,我国引进了国外一些马铃薯种植机,如意大利 SPEDO 公司的 SPA－2 型马铃薯种植机。国外产品技术虽然先进,但是价格很高,机具适应性和零配件供应不畅也是用户面临的较大问题,因此,国外产品在我国的推广应用较为困难,不能满足国内对马铃薯种植机的市场需求。目前国内市场上较多的是中机美诺科技股份有限公司的马铃薯种植机系列产品,该系列马铃薯播种机均具有开沟、播种、施肥、培土等功能,作业效率高,效果较好。2015 年,中机美诺科技股份有限公司又成功开发了 2CM4D 型四行马铃薯种植机,如图 5-56 所示。该机型在东北、西北、华北等地区进行了田间播种试验,试验效果良好,目前该产品已形成批量生产。在后续的产品改进过程中,又增加了覆膜和喷药两个作业附件,供用户需要时选用,增强了机具的适应性。

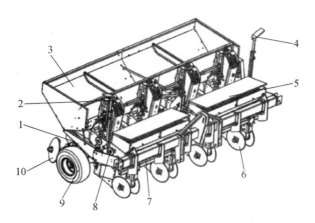

1—主机架;2—播种单元;3—种箱装配;4—划印器;5—施肥机构装配;6—施肥开沟部件装配;
7—施肥前悬挂架装配;8—传动机构装配;9—地轮装配;10—培土圆盘装配

图5-56　2CM4D型四行马铃薯种植机

　　2CM4D型四行马铃薯种植机的工作原理:马铃薯种植机作业时,通过拖拉机三点悬挂,将马铃薯播种机放下,通过圆盘开沟器在薯垄的两侧开沟,地轮驱动排肥链耙将固体颗粒肥料从肥料箱中定量取出,经导管施撒在沟内。同时,播种开沟部件在垄中间开沟,由地轮驱动杯式播种机构将种薯从种薯箱取出,定量投放播种到沟里,最后由圆盘起垄器培土起垄,完成施肥播种作业。喷药机构采用40 L机械式隔膜泵驱动,隔膜泵与拖拉机后输出动力轴通过轴套连接。播种期间,喷药作业与播种同时完成,不需要使用单独的喷药机械,喷药装置作为附件安装在2CM4D型四行马铃薯种植机上。播种时的喷药作业主要是为了防治地下害虫,避免种薯遭受虫害,影响发芽率。机械防治病虫害的措施主要有选用脱毒种薯、整薯播种和合理轮作。

　　(3)稻草覆盖马铃薯种植机

　　稻草覆盖马铃薯种植机是专门针对我国华南地区稻薯轮作种植模式下采用免耕播种马铃薯农艺而设计的一款新机具,与传统的马铃薯播种机对比,该机具省去了施肥开沟、播种开沟及覆土起垄的工序,并解决了传统稻草覆盖种植马铃薯需要人工摆放薯种的问题,将劳动力彻底解放的同时降低了种植成本,正常情况该机具的工作效率可达到0.1~0.2 hm²/h,播种量可达到120 000~150 000株/hm²。

　　如图5-57所示,稻草覆盖马铃薯种植机主要由施肥机构、播种单元、地轮驱动机构、稻茬分拨装置、主机架五部分组成。稻草覆盖马铃薯种植机工作原理:通过稻茬分拨装置可以在畦面上压出一条浅沟,方便将薯种点摆放于畦面上,同时将肥定量地撒在畦上马铃薯行间,最后通过人工覆盖稻草完成马铃薯的稻草覆盖种植。

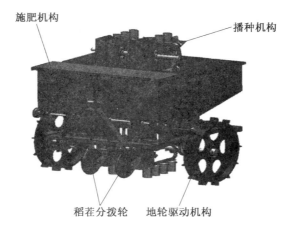

图 5-57 稻草覆盖马铃薯种植机

（4）大垄双行马铃薯种植机

大垄双行马铃薯播种机是专门针对我国华南地区稻薯轮作种植模式下采用开沟起垄播种马铃薯农艺而设计的一款机具，如图 5-58 所示。该机具主要由施肥机构、播种机构、覆土机构、覆膜机构、铺设滴灌带机构、地轮传动机构和机架组成。

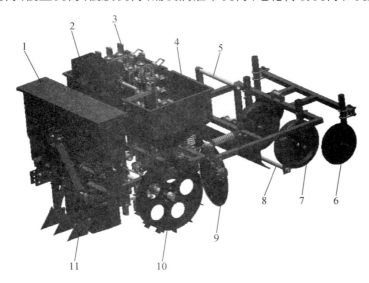

1—肥箱；2—导种管；3—复合式种杯；4—种箱；5—铺滴灌装置；6—覆膜培土盘；
7—覆膜镇压轮；8—覆膜装置；9—筑垄培土盘；10—地轮；11—施肥开沟器

图 5-58 大垄双行马铃薯播种机

播种机由拖拉机后悬挂牵引作业，开沟器开沟，由地轮驱动播种机构将种薯从薯箱中定量取出后投放到沟里；同时，由地轮驱动施肥机构将固体颗粒肥料从肥料箱中经施肥开沟器的导管施撒在薯种的两侧下方，最后由覆土机构培土起垄，完成施肥播种作业。在完成开沟、施肥、播种、培土起垄作业之后，依靠连接在机架后面的覆模机构来完成滴灌管铺设及薄膜覆盖并覆土镇压。

第 **6** 章 两熟制粮食作物田间管理机械化技术

6.1 田间管理农艺要求

6.1.1 田间管理主要内容

田间管理内容较多,通常包括中耕、除草、施肥、植保、灌溉等项。由于中耕的同时就进行了除草,而且通常又与施肥同时进行,所以前三项简称为中耕施肥。田间管理各项按作物有所不同,按作业目的也略有差异。

(1)机械化中耕、施肥技术

中耕、除草、施肥三项工序是田间管理最传统的工序,从 20 世纪 50 年代开始人们就开展了机械中耕与除草、追肥技术的研究。机械中耕除草和施肥技术的研究多集中在智能控制方面,即利用导航技术、作物识别与定位技术、精准机械执行机构实现变量、智能中耕除草施肥作业。我国从 20 世纪 60 年代开始开展机械中耕除草和施肥技术的研究,重点开展了测土配方施肥、变量施肥、智能除草视觉图像获取及其导航和机构的控制技术研究,研制出氮磷钾分施全悬式 12 行施肥机、变量施肥控制系统和变量施肥机。该变量施肥机通过三点悬挂结构与拖拉机连接,采用全悬挂方式将肥料撒向地表,施肥后由犁地机具将其翻入地中。肥料装载分为三个肥箱,将氮、磷、钾肥料分离,通过电机调整排肥轴转速将肥料经排肥盒排出,并由机架上的倾斜挡板打散洒向地表。变量施肥控制系统由驱动电机及控制器、电源系统和堵塞报警装置组成,工作时安装于排肥管上的电容式排种量传感器将测量的瞬时排肥量通过 RS485 总线传输给上位机;安装于地轮上的霍尔传感器测量机具的前进速度,并由单片机系统传输给上位机;上位机将力传感器获得的物料料重变化与电容传感器获得的瞬时排种量相融合,得到修正后的瞬时排肥量。同时上位机根据测得的排肥量、机具前进速度和作业处方图计算得到控制量输出,送与伺服电机控制器,从而实现伺服电机的速度控制,进而改变排肥轴转速,实现施肥变量控制。苗间机械除草突破了基于光谱识别技术的作物苗草信息识别获取技术、基于机器视觉的锄草机器人信息获取技术和锄草机控制技术,研制出了智能苗间除草机器人。

（2）机械化灌溉技术

灌溉是比较传统的工序，发达国家早在 20 世纪 30 年代就开始研究变量施水精确灌溉和低能耗精确灌溉技术。其中变量施水精确灌溉（variable-rate and site-specific irrigation）设备能够根据作物或地块形状需求在不同位置灌溉不同水量，该设备除了在喷灌机上配备的全球定位系统（GPS）和地理信息系统（GIS）外，还主要包括变量施水灌溉喷头、控制器和变流量泵。变量施水精确灌溉喷头是其中最关键的设备，主要包括三种类型：一是通过计时器控制喷洒时间的脉冲式喷头；二是将喷嘴尺寸不同的喷头安装在多排并列管道上，工作时可控制其中一条管道单独工作或几条管道同时工作来实现变量施水；三是流量由电磁阀控制的变量施水喷头。控制器一般为 PLC 可编程控制器。变流量泵有两种形式：一种是压力控制的多级组合泵，另一种是调速泵。低能耗精确灌溉（low energy precision application）技术采用低压节能方式，利用安装在移动式桁架上的输水管道将灌溉用水从水源直接输到作物附近，采用很低的压力将水注入作物根部进行灌溉。其一般采用低压喷头，并减小喷头仰角从而减少传动装置能耗，还可以采用太阳能和风能作为替代能源。

（3）机械化植保技术

植保环节目前变得越来越重要，内涵也越来越丰富，正在逐步取代除草、施肥等作业环节。目前技术重点集中在三方面：一是以提高农药利用率、减少农药使用量、改善农业生态环境为根本目标，高效、低污染、安全的施药技术。自 20 世纪 60、70 年代开始，发达国家开展了雾滴运动特性及在不同气象条件下飘移与沉降规律、防治对象表面生物特性与雾滴附着率之间关系、雾滴在植物株冠层内沉降规律、生物最佳粒径理论等基础理论的研究，并以这些理论指导新型施药技术的创新。通过基于防治对象自动识别的对靶喷雾技术和气流辅助防飘喷雾技术，可提高雾滴穿透能力，减少雾滴飘移，利用电场力提高雾滴沉降。增强雾滴附着力的静电喷雾技术，控制雾滴大小满足不同农药品种、不同防治对象要求的可控雾滴技术等新型施药技术的研究和应用，使农药有效利用率提高到 50% 以上，有效地减少了农药使用量。二是施药作业全面实现机械化，施药装备高效化、自动化、精量化和信息化。美、欧、日等发达国家和地区的工业化水平高，农业人口少，人工成本高，目前已全面实现施药作业机械化和高效化。除了使用对靶喷雾、气流辅助防飘喷雾、可控雾滴等新型施药技术以外，还研究和采用了喷幅标识、药剂自动注入、喷杆减振、作业过程自动控制等新技术，提高了施药装备作业的方便性和可靠性。基于 GPS 定位的精准施药技术得到广泛应用，基于图像视觉系统的实时精准施药控制技术与装备正在研究中，并可进一步提高施药的精确性，减少农药用量，降低农药对农业生态环境的污染。三是通过高速高压空气雾化将化学农药喷洒到靶标内部的对靶精准施药技术。国外目前多采用传感器探测反馈方式,电喷杆电子控制系统自动调节喷杆喷洒高度,实现化学农药均匀喷洒,避免出现重喷和漏喷。由于喷杆构造系统和控制技术的差距,目前我国的大喷杆喷药机仍多采用弹簧仿形的调节方式,在喷洒速度和喷洒地块稍微发生变化时,末端喷杆极易撞击地面,造成末端喷头的损坏。

6.1.2　小麦田间管理农艺要求

冬小麦田间管理的目的在于根据其生长期间气候、苗情、病虫害的变化,及时采取措施,调节群体结构,保证穗重、千粒重得到最大限度的平衡发展。小麦田间管理包括中耕除草、施肥、植保、灌溉等,必要时需要镇压。随着除草剂和水肥一体化技术的应用,整个环节朝着精简化方向发展。

小麦田间管理一般可以分为前期、中期和后期三个阶段,其不同管理阶段、时期及功能要求见表6-1。

表 6-1　田间管理阶段、时期及功能要求

田间管理阶段	时期	功能要求
前期	出苗到返青	1. 查苗补种、疏苗补缺 2. 镇压、防旱保墒 3. 适时灌溉、防旱防冻 4. 分壮苗、旺苗、弱苗进行田间管理
中期	返青到抽穗	1. 中耕、施肥、灌溉 2. 防倒伏 3. 防治病虫草害
后期	抽穗开花到灌浆成熟	1. 防倒伏 2. 防治病虫害 3. 适时灌溉

（1）镇压

镇压一般在冬前和化冻后各进行一次,冬前镇压可压碎土块,弥合裂缝,使土壤与根系密接,利于根系吸收利用土壤水分和养分,避免冷空气侵入分蘖节附近冻伤麦苗。化冻后镇压可使经过冬季冻融疏松了的土壤表土层沉实,减少水分蒸发,起到提墒、保墒、抗旱作用。对长势过旺的麦田,镇压可抑制上部生长,控旺转壮。镇压可与划锄结合,一般是先压后锄,达到上松下实的效果。镇压作业应无重压、漏压,且不得过度伤害麦苗。

（2）中耕、施肥

中耕是在作物生长过程中,利用中耕机械进行除草、松土等作业,以消除杂草、蓄水保墒、改善作物生长环境。中耕一般与追肥结合,在苗期和封行前进行。中耕应地面平整,土壤松碎,位移小,除草率高,不损伤麦苗。各行耕深一致性变异系数≤18.5%,沟底浮土厚度4~6 cm,碎土率≥85%,伤苗埋苗率≤5%。

小麦施肥分为三个时期:重施基肥、少种肥和巧施追肥。施基肥是在播种前结合土壤耕作施用肥料,施种肥是在播种时将肥料施于种子附近或与种子同时施用;施追肥是在返青至拔节期,对墒情、苗情差、土壤肥力差的地块施用肥料。施肥深度一般在6~10 cm,无明显伤根、伤苗现象,施肥后要覆盖镇压密实。水肥一体化作业时,化肥注入量要与灌水量匹配,保持肥料浓度均匀一致。

（3）植保

植保是高产、稳产的重要保证,植保作业由机械喷施化学药剂完成,操作简单、生产效率高,受地域和季节影响小。小麦病虫害防治主要在返青至拔节期和孕穗期,植保作业喷洒药物应覆盖均匀,无漏喷、重喷,喷药量应根据病虫害情况确定。

（4）灌溉

小麦不同生育期对水分的需求不同。小麦越冬时灌溉的作用是增墒蓄水,可防冻保温,利用冻融作用使土壤变酥,减少蒸发,保护麦苗安全越冬,利于早春生长。小麦返青期、小麦拔节后、小麦抽穗扬花至灌浆期、小麦蜡熟后都需要根据具体情况进行灌溉。目前黄淮海地区灌溉仍以畦灌和沟灌为主,这种灌溉方式投资少,但费水费工,尤其不适宜于机械化田间作业。小麦灌溉时灌水量应适当,畦灌灌水均匀,沟灌灌水至沟深的2/3~3/4,喷灌所形成的水滴应细小,均匀落在麦地上。

6.1.3 玉米、大豆田间管理农艺要求

（1）玉米田间管理

玉米田间管理是指针对玉米各个生长发育时期的特点和要求,进行的中耕除草、深松施肥、病虫害防治、灌溉等一系列田间技术性生产劳动,对保证玉米健壮生长具有重要作用,是玉米高产、稳产的重要保证。

1）中耕

中耕作业主要指玉米生长期间除草、松土、破表皮板结、培土起垄或与上述作业同时进行的追肥。黄淮海地区玉米中耕的主要目的是松土、除草与追肥,以消灭杂草,蓄水保墒,促使有机物分解。中耕要求松土良好,土壤位移小,中耕后土壤疏松而不粉碎,不翻乱土层,保持土表平整以减少土壤水分蒸发。追肥一般在玉米大喇叭口期进行,这个时期是玉米需要养分和水分的高峰期,应根据地力高低进行适量

追肥,一般亩追施尿素 30 ~ 40 kg,追肥与苗距离 10 cm 以上,覆土厚度 8 ~ 10 cm,必要时还可根据作物长势施叶面肥料。

2）深松

夏玉米苗期深松是在夏玉米 5 ~ 6 叶期使用深松机在玉米苗间进行深度达 25 ~ 30 cm 的松土,其可提高土壤蓄水保墒能力,形成"地下水库",满足玉米生长期对水分的需要。深松后土层不翻乱,土壤孔隙度大,容重减小,提高了土壤蓄水能力,减少地表径流;深松能够打破犁底层,不仅有利于积蓄雨季丰富的降水,而且有利于根系深层发育;深松作业只对玉米两侧的土壤进行深松,玉米根系下部的土壤保留未动,形成虚实并存的耕层结构,有利于蓄水保墒和促进玉米根系向纵向方向发育。深松同时将肥料追施于 10 cm 土层深处,既可防止肥效挥发损失,又可防止肥料随水分流失,有利于提高肥效。

3）病虫害防治

机械化病虫害防治主要指化学药剂的机械化施用。药剂施用要达到以下要求:

① 均匀。机械化作业要求雾化良好,喷洒均匀,药剂能均匀分布并黏附在玉米植株表面、杂草上和土壤表面,施药作业不重不漏。机械作业速度对作业均匀性有较大影响,所以机械喷施时田间作业速度要均匀,不得随意变速。

② 准确。一是施药时间要准确,如播前播后、出苗后、杂草长到一定高度或虫害达到一定标准等;二是施药量要准确,过小效果欠佳,过大则造成药害等。

③ 安全。注意作业人员人身安全,操作人员必须经过培训。提高安全防范意识,配备必要的劳保用品(如口罩、手套、风镜),穿长袖衬衫;作业时禁止吃喝;药械用完后按规定及时清洗干净,剩余的少量药液必须妥善处理等。

4）灌溉

玉米不同生育期对水分要求不同,因此要按玉米需水规律适时均匀灌溉。黄淮海地区夏玉米播种后如果土壤墒情不好,即使发芽,也往往因顶土出苗力弱而造成严重缺苗。此时灌溉可以缓解旱情,提高发芽率和出苗整齐度。玉米拔节后根、茎、叶加速增长,进入雌雄分化阶段,应保持田间土壤持水量在 65% ~ 75%。开花期是玉米一生中需水的高峰期,要求 1 m 土层内含水量不低于田间持水量的 70%。灌浆期是产量形成的关键时期,确保玉米对水分的需求,能有效增加穗粒数,防止空秆和秃尖,增加玉米千粒重。

（2）大豆田间管理

夏大豆田间管理能保证水、肥、药等农业投入物的高效、安全、科学施用,是提高单产的重要手段,主要包括中耕、施肥、灌溉与病虫害防治。

1）中耕施肥

中耕是指大豆生育期中在株行间进行的表土耕作,可采用手锄、中耕犁、齿耙和各种耕耘器等工具。夏大豆少免耕产区一般中耕 1~3 次,以行间深松为主,深度分别为第一次 18~20 cm,第二、三次 8~12 cm。大豆中耕可采用带有施肥装置的中耕机,结合中耕完成追肥作业。施肥可有效增加土壤养分,尤其是有机肥还能促进土壤团粒结构的形成,改善土壤结构。在大豆初花期,追施尿素 5~10 kg/亩,配合花期追施氮肥,叶面喷施磷、钾肥和硼、钼等微肥,具有更好的增产效果。花荚期追施磷肥,有促进品质与成熟的作用。大豆进入鼓粒成熟期,根系吸肥能力逐渐减弱,但叶片吸肥能力仍很强,因此叶面喷肥效果好,有利于大豆增产。苗期可用旋转锄灭草,第一次在大豆出苗前,即大豆幼苗距出土还有 3 cm 时消灭播后发生的杂草及幼芽,锄齿入土深度 1.5~2 cm;第二次在第一遍中耕后,消灭月上旬发生的杂草,锄齿入土 2~3 cm。

2）灌溉

开花结荚期是夏大豆需水的关键时期,开花初期干旱会引起植株落花。鼓粒期浇好水,促进养分向籽粒中转移,促粒饱增粒重,以水攻粒,若缺水会使秕荚、秕粒增多,百粒重下降。大豆生育期间如果干旱无雨,建议采用低压喷灌、微喷灌等及时灌溉。

3）植保

播种后,可对全田土面均匀喷洒,封杀病虫草害;开花结荚期依据具体条件可采用机动喷雾机、背负式喷雾喷粉机、电动喷雾机和农业航空植保等机具和设备进行植保作业。

6.1.4 水稻田间管理农艺要求

（1）单季稻双季稻田间管理农艺要求

1）中耕除草技术

水田中耕除草是水稻生产过程中重要的作业环节,其可在锄去杂草同时疏松土壤,增加土壤透气性,提高肥料利用率,释放土壤中的有害气体,破坏稻苗部分老根,促进新根生长,提高水稻产量和品质。

中耕除草主要有以下几点要求:除净杂草,又不伤及幼苗;松土性好,土壤位移小;中耕的深浅按水稻生长期具有不同要求,浅中耕的深度为 4~6 cm。

2）施肥技术

水稻的施肥包括施基肥和追肥。移栽水稻插秧前施入本田的叫基肥,基肥施用方法包括全层施肥、铺肥和耕前施肥。移栽水稻插秧后施用肥料叫追肥,追肥包括分蘖肥、穗肥和粒肥。

水稻施肥主要有以下几点要求：

① 施足基肥。有机肥料分解慢,利用率低,肥效期长,养分完全,作基肥施用较好。

② 早施蘖肥。水稻返青后及早施用分蘖肥,可促进低位分蘖发生,增穗作用明显。分蘖肥分两次施用,一次在返青后,用量占氮肥的 25% 左右,目的在于促蘖;另一次在分蘖盛期作为调整肥,用量在 10% 左右,目的在于保证全田生长整齐,并起到促蘖成穗的作用。调整肥施用与否主要由群体长势决定。

③ 巧施穗肥。穗肥不仅数量方面对水稻生长发育及产量影响较大,而且施用时期也很关键。穗肥在叶龄指数 91 左右(倒二叶 60% 伸出)时施用,可以促进剑叶生长。高产群体较繁时,穗肥在叶龄 96(减数分裂时期)时施用,起到保花作用。

④ 酌情施粒肥。水稻生长后期施用粒肥可以提高籽粒成熟度,增加千粒重,但要控制好粒肥施用量和施肥方式。

3）植保技术

目前我国正式记载的水稻病害约有 70 余种,包括稻瘟病、纹枯病、白叶枯病和病毒病等;水稻虫害近 300 种,其中危害严重的有 30 余种,包括水稻螟虫、稻飞虱、稻纵卷叶螟、叶蝉等。近年我国多种种植方式共存,客观上为水稻螟虫提供了大量的适生环境,害虫的取食、活动、栖息和越冬场所增多,导致螟虫数量回升以至暴发,成为对水稻生产威胁最大的害虫之一。稻纵卷叶螟、稻飞虱,简称水稻"两迁"害虫,具有随气流远距离迁飞的习性,危害严重。此外,由于氮肥的过量使用,水稻纹枯病的发生也越来越严重。

水稻病虫害的发生特点、水田特殊的行走条件及水稻生长中后期交叉封行等诸多因素,给水稻病虫害防治造成了许多困难,具体表现如下：

① 稻纵卷叶螟、稻飞虱具有迁飞性、暴发性和突发性,传统的施药技术、施药器械和施药模式已经不能有效解决区域性集中防治的要求,需要根据不同的病虫害特点有针对性地改进施药技术模式。

② 大面积连续使用单一农药、不科学的施药方法导致病虫害的抗药性持续增强,防治效果不断下降,害虫种群猖獗发生,进而导致农药剂量与病虫害抗药性的恶性循环。

③ 水稻生长中后期行间封闭,田间作业难度大,传统的施药器械及施药方法难使农药雾滴到达植株的中下部,达不到预期的防治效果。

（2）再生稻田间管理农艺要求

1）施肥

促芽肥应在头季稻齐穗后 15～23 d(即收获前的 7～15 d)施用,如果头季稻后期缺肥,出现早衰现象,则施肥时间应适当提前,促进再生腋芽萌发生长。

发苗肥一般在头季稻收割后 3 d 内结合灌水施用,施尿素促使再生苗整齐粗壮。

追施穗肥,孕穗期追施尿素,叶面喷施高钾叶面肥,提高结实率。

2)水分管理

头季稻收割前后 3 d 内灌薄皮水,收割时如遇高温干旱或田间土壤已晒白,则收割后当天灌跑马水,以增加田间湿度,降低温度,提高倒 2 倒 3 节位芽的成苗率;待再生蘖长出后,逐步恢复浅水层,做到浅水勤灌。收割后再生稻腋芽萌发期、孕穗期、喷施农药及 9 月中旬降温时,田间灌 3～5 cm 的水层,其他时期均保持干湿交替湿润管理。

3)病虫害防治

苗期重点防治立枯病、苗瘟、烂秧、稻蓟马、灰飞虱等病虫害,有杂草时人工或用除草剂除草。中后期病虫害防治参阅前文双季稻病虫害防治技术。

6.1.5 马铃薯田间管理农艺要求

田间管理对马铃薯的生长至关重要。出苗期如有部分苗被稻草缠绕,可用木条拔开稻草,加快出苗速度。苗全后应及时除草,并视情况用清粪水追一次提苗肥。如遇久晴无雨,要及时灌沟水渗透湿润,但遇阴雨天气要注意清沟排水。马铃薯病虫害主要是早疫病、晚疫病、病毒病、茎腐病、蚜虫等,可使用代森锰锌、甲基硫菌灵、甲霜灵 + 代森锌、吡虫啉、毒死蜱 + 氯氰等农药防治。

(1)水肥管理技术

水肥管理是秋种马铃薯田间管理措施的主要环节,底肥一定要施足,数量上要够用一生,用法上有机肥与复合肥配合施用。为了保证马铃薯后期不出现脱肥早衰现象,需亩用腐熟厩粪或火土粪 1 500～2 000 kg、45% 的复合肥 50 kg 和硫酸钾 5～10 kg。有机肥以盖严种薯为宜,复合肥点施在种薯间,不能直接接触种薯。出苗后视苗情亩用 4 kg 左右尿素兑水或用人粪尿、沼气液提苗,块茎膨大期可喷施 0.5% 的磷酸二氢钾。

管水的原则是保持整个生育期田间湿润。播种后如遇干旱天气、土壤墒情低影响出苗,应将稻草压实保墒并及时浇水,可采用喷洒或沟灌的方法,使畦面保持一定墒情,利于马铃薯出苗生长。如遇雨天,要及时排水,防止积水。由于采用稻草覆盖种植,种薯出苗较早,为防止幼苗受冻,可在寒流来临前搭小拱棚起保温作用,能大大提早上市时间。结薯膨大期遇干旱要及时浇水抗旱,遇阴雨要及时排涝除渍。

(2)植保技术

马铃薯植保机械与其他农作物通用,一般有手动植保机械、畜力植保机械、拖拉机配套植保机械、自走式植保机械、航空植保机械等。由于南方地区雨水充沛，极少需要灌溉，因此稻作马铃薯植保机械以喷药机械为主。

6.2　田间管理机械

旱田田间管理主要涉及小麦、玉米、大豆、马铃薯等作物，除小麦冬前和初春管理需要镇压环节外，其他环节的作业机具基本相同。水田田间管理涉及水稻，其装备有别于旱田。

6.2.1　镇压机械

镇压器主要用于小麦冬前和初春管理，可防止小麦由于气候变化过旺生长。

（1）圆筒形镇压器

圆筒形镇压器，如图 6-1 所示。工作部件是石制（实心）或铁制（空心）圆柱形压磙，能压实 3~5 cm 的表层土壤，表面光滑，主要适用于冬前小麦镇压。

（2）V 形、网纹形等镇压器

V 形镇压器，如图 6-2 所示。工作部件由轮缘有凸环的铁轮套装在轴上组成，每一铁轮均能自由转动。一台镇

图 6-1　圆筒形镇压器

压器通常由前后两列工作部件组成，前列直径较大，后列直径较小，前后列铁轮的凸环横向交错配置。作用于土层的深度和压实土壤的程度取决于其工作部件的形状、大小和重量。压后地面呈 V 形波状，波峰处土壤较松，波谷处则较紧密，松实并存，有利于保墒。

图 6-2　V 形镇压器

6.2.2 中耕追肥机械

（1）中耕机械

1）锄铲式中耕机

中耕机的主要工作部件分为锄铲式和回转式两大类，其中锄铲式应用较广，按作用分为除草铲、松土铲和培土铲三种类型。除草铲又分为单翼式、双翼式和通风式三种。单翼铲用于作物早期除草，工作深度一般不超过 6 cm，由水平锄铲和竖直护板两部分组成，前者用于锄草和松土，后者可防止土块压苗，护板下部有刃口，可防止挂草堵塞。中耕时单翼铲分别置于幼苗的两侧，有左翼铲和右翼铲两种类型。双翼除草铲作用与单翼除草铲相同，通常与单翼除草铲配合使用。松土铲由铲尖和铲柄两部分组成，用于作物的行间松土，它使土壤疏松但不翻转，松土深度可达 13 ~ 16 cm。铲尖是工作部分，种类很多，常用的有凿形、箭形和桦形三种。凿形松土铲的宽度很窄，它利用铲尖对土壤过程中产生的扇形松土区来保证松土宽度。箭形松土铲铲尖呈三角形，工作面为凸曲面，耕后土壤松碎，沟底比较平整，松土质量较好。桦式松土铲适用于垄作地第一次中耕松土作业，铲尖呈三角形，工作面为凸曲面，与箭形松土铲相似，只是翼部向后延伸比较长。培土铲用途是培土和开沟起垄，按工作面的类型可分为曲面形和平面形两种，曲面形铲尖和铲胸部分为圆弧曲面，碎土能力强，左、右培土壁为半螺旋曲面，翻土能力较强，作业时可将行间土壤松碎，翻向两侧。培土铲铲尖较窄，所开的沟底宽度窄，且垄侧除草性能较强。培土铲与铲胸铰连，左、右培土壁的张度由调节壁调节和控制，调节范围为 275 ~ 430 mm，可满足常用行距的培土和开沟需要，在我国北方平原旱作地区广泛使用。中转件通过螺栓固定在深松铲柄上；销钉配合件与中转件紧配合，保证两部分不会发生相对移动；销钉与销钉配合件通过 O 形圈配合，销钉和销钉配合件只能轴向移动，O 形圈能限定两部分轴向移动；锻造出的中耕铲尖与深松铲尖与中转件上的形状配合，使铲尖能在中转件上滑动，从头部滑动，直至最大位置，此时铲尖上孔的位置与销钉重合，销钉外移防止铲尖脱落；深松铲尖和中耕铲尖需要互换时，可使用普通工具（如石块等）使得销钉向内移动，滑落中耕铲尖，以同样的方式换上深松铲尖。图 6-3、6-4 分别为快速换装剖面图、中耕铲尖和深松铲尖。该机构能有效实现深松、中耕铲尖的快速更换，方便快捷。

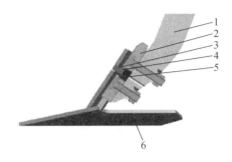

1—铲柄；2—中转件；3—销钉；4—O 型垫片；5—销钉配合件；6—中耕铲尖

图 6-3　快速换装剖面图

图 6-4　中耕铲尖和深松铲尖

当前广泛使用的除草剂对田间杂草防治具有明显的效果,使得机械中耕作业机械有减少趋势,且型号大小不一,一家一户的小规模农户可选用以汽油机为动力的单行中耕追肥机,具有一定土地规模的专业大户、家庭农场可选用大、中型中耕机(见图 6-5)。

图 6-5　中耕机

2)双弹簧中耕机

根据作物行距大小和中耕要求,中耕机尖端呈凿形,可装配多种工作部件,包括施肥部件等,分别满足作物苗期生长的不同要求。将几种工作部件配置成"中耕单组",每一单组由 1~5 个工作部件组成,其上部为矩形断面铲柄,在两行作物的中间地带作业,各个中耕单组通过一个能随地面起伏而上下运动的仿形机构与机架横梁连接,以保持深度一致。主要的机型有 TS3ZT 系列双弹簧中耕机(见图 6-6),采用双弹簧拉紧装置,在工作过程中,犁尖遇到障碍物时能自动弹起,越过后迅速恢复原工作状态,起到保护犁尖的作用。该机具有行距调整方便、深度调整易行的特点,可适用于玉米、棉花、豆类的中耕松土作业。

图 6-6　TS3ZT 系列双弹簧中耕机

3)水稻中耕除草机

2BYS－6 型中耕除草机由农业部南京农业机械化所研制,由除草部件、动力传递系统、液压仿形耕深调节机构、机架、开沟装置等组成,如图 6-7 所示。

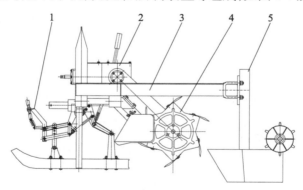

1—液压仿形耕深调节机构;2—动力传递系统;3—机架;4—除草部件;5—开沟装置

图 6-7　2BYS－6 型水田中耕除草机结构图

2BYS－6 型中耕除草机利用插秧机底盘动力驱动工作部件,使旋转除草工作部件逆向旋转,除掉行间杂草。采用整体驱动、一行一段的分段刀辊,并用护苗器保护秧苗,减少伤苗。整体框架式结构与底盘悬挂装置挂接,改进了插秧机四轮底盘的原液压仿形机构,作业时机具对地面具有良好的仿形,可保证中耕和除草深度,不会产生壅土。开沟装置开出排水沟,以利于排水。

4）现代中耕除草机具

欧美国家从 20 世纪 50 年代就开展了机械除草技术的研究,经过多年研究改进,目前已经形成了一整套成熟的农机具。这些机具经过多年的生产运用,能较好地满足作业要求。目前国外中耕机具机械、液压、气动技术联合,机电一体化程度高,机具复合作业水平高,部分机具已经实现自动化,代表性机型有 John Deere 2210 型松土除草机、John Deere 4730 型自走式液体施肥喷药机、Case New Holland 3230 液体施肥喷药机等。

英国的卡福特(Garford)公司 Robocrop 视觉导航系统能高速、精准地识别行间杂草(inter – row weeds)和行内杂草(intra – row weeds),该系统由 Robocrop 控制器、液压侧移装置、三点连接架、成像摄像机、轮速传感器、工作传感器等组成。该系统应用在 Robocrop2 机械除草机和 RobocropInRow 精准对靶机械除草机上(见图 6-8、图 6-9)。

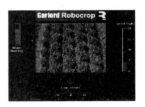

图 6-8　应用 Robocrop 视觉导航系统的 Robocrop2 除草机

图 6-9　应用 Robocrop 视觉导航系统的 Robocrop Inrow 除草机

德国 Kress & Co 公司的单目 Autopilot 视觉导航系统作物行中心线的定位精度达到 ±1 cm,该系统由计算机和摄像头、带有电磁阀的液压缸、带有 LCD 显示屏的控制器 3 部分组成,可精准识别作物行并调整方向盘。应用该系统的 KRESS – Finger weeder 和 KRESS Cage Weeder 机械除草机,使用手型和笼型的机械手,精准对靶去除行距大于 20 cm 作物的行间杂草,如图 6-10 所示。

图 6-10　德国 Kress & Co 公司 Autopilot 视觉导航系统和机械除草机

英国 Class 公司的 Cam Pilot 双目视觉导航系统,导航精度达到 2 ~ 3 cm,也安装在中耕除草机上,进行精准的行间杂草防除,如图 6-11 所示。

图 6-11　英国 Class 公司的 Cam Pilot 双目视觉导航系统和精准对行除草机

（2）追肥机械

我国研制的中耕追肥机具多采用单一机械技术,自动化程度不高,与大功率拖拉配套的大型中耕除草复式作业机更少,主要是表土施肥、漫撒,缺少深施肥机,更缺少有机肥施肥机。代表性机型有 3ZF－6 中耕追肥机,其与 40 ~ 73 kW 轮式拖拉机配套,可通过更换不同工作部件完成中耕（锄草破板结、深松）追肥、培土、起垄、开沟等项田间作业,基本作业行数为 6 行,行距可在 45 ~ 75 cm 范围内调节,中耕作业同时可追施颗粒化肥,肥量及作业施肥深度可在一定范围内调节。其他机型还有东北农业大学研制的 3ZCF－6300/7700 型多功能中耕除草复式作业机（见图 6-12）、黑龙江八一农垦大学研制的 3ZFC－7 型多功能中耕复式作业机（见图 6-13）、中国农业大学研制的智能苗间除草机器人（见图 6-14）、中国农机院研制的变量施肥机（见图 6-15）和智能对靶除草机。

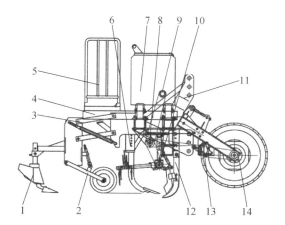

1—培土器;2—限深轮装置;3—平行四杆仿形装置;4—机架及踏板;5—扶手;6—深松铲;
7—种肥箱;8—中间传动;9—肥计量传感器;10—除草器单体;11—悬挂架;12—施肥器单体;
13—张紧装置;14—地轮总成

图 6-12 3ZCF-6300 型多功能中耕除草机

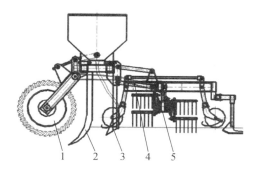

1—机架总成;2—松土器;3—施肥系统;4—传动系统;5—松土除草单体

图 6-13 3ZFC-7 型全方位复式中耕作业机

图 6-14 智能苗间除草机器人

图 6-15 变量施肥机

1）小麦追肥机械

小麦是密植作物,行距通常较小,常用追肥机械分为两种:第一种是中耕追肥机(见图6-16),一次完成开沟、追肥、覆土等多道工序,同时起到中耕作用。中耕追肥机由拖拉机牵引,肥料由肥箱经输肥管排入开沟器开出的沟槽中,开沟器同时完成中耕。第二种是液体肥施用机械,一般采用叶面喷施或配合灌溉追肥。

图6-16　小麦中耕追肥机

2）宽行作物追肥机

宽行作物主要指玉米、大豆、谷子、棉花等。在十二五国家科技计划课题"粮食作物农机农艺关键技术集成研究与示范"的资助下,课题组研发了一种深松(中耕)追肥多功能作业机。该机主要由机架、深松单体、地轮、肥箱等构成(见图6-17),一般为3~5行。深松单体的布置为前2后3交错布置方式,能使相邻两个深松单体的距离尽可能增大,增加机具通过性,降低对土壤的扰动,增强耕作效果。深松单体之间距离即耕作行距能够调节,很好地适应我国不同地区的宽窄行。

图6-17　深松(中耕)追肥多功能作业机

3）多功能中耕施肥机

2BZ–4/6 中耕施肥机为多用途农机具，在通用机架上换装不同的作业部件，能进行播种、中耕、培土、追肥、起垄等作业。该机采用水平圆盘式排种器，可用于穴播玉米、棉花、条播谷子、高粱，以及豆类、甜菜等作物，具有结构合理、调整方便、使用可靠、作业效率高、一机多用、适应性广等特点。其基本行距 400～700 mm，培土高度 110 mm，中耕深度 65～105 mm，如图 6-18 所示。

3ZF–6/3ZF–12/16 中耕施肥机与轮式拖拉机配套，通过更换不同的作业部件，能完成中耕除草、深松、追肥、培土、开沟等作业，其行距、中耕深度、排肥量都能在较大范围内调整，具有结构合理，操作维修方便，适用性广等特点。其培土高度 100 mm，中耕深度 80～120 mm，如图 6-19 所示。

图 6-18　2BZ–4/6 中耕施肥机

图 6-19　3ZF–6/3ZF–12/16 中耕施肥机

3ZF–0.6 型中耕施肥机（见图 6-20）采用四冲程汽油机作动力，通过减速机和链条带动铁质驱动轮旋转，使装有耘锄和施肥装置的机架前行，操作者手扶机架扶手作业，作业速度 1 m/s 以上；既能中耕，又能同时深施各种固体肥料，包括碳酸氢铵、尿素、复合肥、磷肥、钾肥和饼肥等，能广泛适应棉花、玉米、大豆、花生、蔬菜和烟叶等各种旱地作物田间管理作业要求，更换部件后，还能进行犁耕、旋耕、开沟培土和施肥起垄等作业。

多功能田园管理机（见图 6-21）与轮式拖拉机配套，通过更换不同作业部件，能完成中耕除草、深松、追肥、培土、开沟等作业。其行距、中耕深度、排肥量都能在较大范围内调整,具有结构合理,操作维修方便,适用性广等特点。

图 6-20　3ZF－0.6 型中耕施肥机　　　　图 6-21　多功能田园管理机

3ZQ－8 型中耕追肥起垄机(见图 6-22),中耕期可实现中耕除草、施肥、培土和整地起垄作业,秋季可用于施肥起垄。中耕单体采用平行四杆仿形机构,装有垄沟切茬波纹盘。中耕除草部件两侧安装有护苗板,可有效地防止除草部件伤苗和土块覆盖压苗,实现高速作业。

1LZ－970B 悬挂式垄作九铧犁(见图 6-23),可一次完成深松、分层施肥、起垄、镇压联合作业,又可单独进行深松、起垄或中耕作业。起垄装置采用平行四杆仿形机构,不仅保证了作业过程中铧尖入土角不变,而且还使起垄铧能很好地适应地表高低不平状况,使得垄高一致。

图 6-22　3ZQ－8 型中耕追肥起垄机　　　图 6-23　1LZ－970B 悬挂式垄作九铧犁

4)水田施肥机

水田施肥机械种类繁多,按用途可分为耕整地施肥机、种植施肥机和水田追肥机三类;按动力又可分为机力、畜力和人力施肥机。需要说明的是,虽然我国研制生产了多种水田化肥深施机械,但成熟产品不多。主要问题是现有排肥器还不能完全满足排施潮湿粉状化肥的要求。下面介绍几种我国研制和生产的机型。

①旋耕施肥机。

旋耕施肥机是在旋耕整地时将肥料施入土壤的一种新型联合作业机具。

图 6-24 所示为 1GH－6 型水田化肥深施机,它是由旋耕机和化肥深施机组成的复式作业机具,工作时旋耕和化肥深施一次完成。工作时将适量水加入待施的

化肥之中,用螺旋式排肥装置(螺杆泵)将肥水混合物强制排入地下,通过向各落肥管轮换供肥的肥料分配器,实现了由一台螺杆泵向多根落肥管均匀供肥,降低了化肥深施机的结构成本。

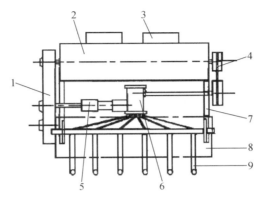

1—动力传递链轮(由旋耕机动力输出到螺杆和肥箱搅拌器);2—肥箱;3—加肥口;
4—带轮;5—螺杆泵;6—肥料分配器;7—支架;8—旋耕机;9—排肥器

图 6-24　1GH－6 型水田化肥深施机结构示意图

② 水田耙施肥机。

1BSZ－14 水田耙耕施肥机主要由机架、驱动耙辊总成、旋耕刀轴总成和排肥箱总成组成,其结构如图 6-25 所示。通用机架主要由悬挂架、中央传动箱左右半轴总成、侧边齿轮箱和左支架等组成。

驱动耙辊总成主要由驱动耙齿板、刀齿和隔板及端盘等组成,悬挂刀轴总成主要由旋耕刀轴、刀座、左右弯刀组成,排肥箱总成主要由排肥箱、排肥器总成、排肥管总成和传动机构总成组成。

主要技术参数:排肥行数 5 行,排肥行距 30 cm,排肥深度 8～12 cm,肥箱容积76 L,排肥轮转速 45 r/min。

工作原理:作为水田驱动耙使用时,耙耕施肥机的拖板和耖板用来遮挡耙辊抛出的土块和泥水,改善劳动条件。为使土块能顺利通过,拖板和耖板呈圆弧形,拖板上端装有弹簧,形成不等边四杆机构,使拖板对耙后地表起平整作用,便于耖板进一步耖平。作为水田旋耕施肥机使用时,耙耕施肥机拖板和耖板的位置调到双点画线位置。通过调节弹簧拉杆销孔位置,使拖板和耖板提高到一定高度,形成圆弧形,类似旋耕机的拖板。当驱动耙变成旋耕机使用时,只需更换旋耕刀轴和调节弹簧拉杆销孔位置即可。作为排肥装置使用时,利用露在外面的刀轴轴头作为动力,通过链传动带动排肥轮工作。排肥轮采用外槽轮式,排肥量通过改变排肥轮轴上夹子的位置来调节。该机具最大的优点是采用通用机架,通过更换旋耕刀轴和耙刀轴的不同工作部件,既可作为驱动耙使用,也可作为旋耕机使用,达到一机多用的功能。其结构紧凑、性能可靠、成本低,解决了水田深施肥难的问题。

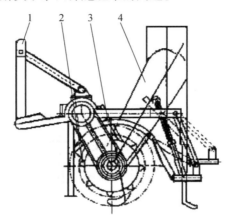

1—通用机架;2—驱动耙辊总成;3—旋耕刀轴总成;4—排肥器总成

图 6-25　1BSZ - 14 水田耙耕施肥机结构示意图

③ 水稻播种施肥机。

直播稻播种同时,利用安装在播种机上的施肥装置,将化肥均匀连续地施到种子侧下方或正下方一定位置的工艺,叫作播种深施肥作业。常见的水稻直播施肥机有 2FJ - 1.8 型水稻深施肥机、2DB - 08/09/10/11 型多功能水稻覆土直播施肥机和 2BDF - 8/10 型机动水稻穴播深施肥机。

2FJ - 1.8 型水稻深施肥机是一种机械插秧同时深施化肥的机具,主要由船板、牵引框、牵引架、地轮、链轮组合、离合机构和排肥组件等几大部分组成。船板上安装有开沟器、排肥槽、覆泥器和机架。离合机构由一对牙嵌式离合器、分离叉、摆臂和手柄等组成。链轮组合由驱动链轮、从动链轮和链条组成。

2FJ - 1.8 型水稻深施肥机的工作过程如图 6-26 所示。

图 6-26　2FJ - 1.8 水稻深施肥机工作流程

2FJ - 1.8 型水稻深施肥机主要技术参数:施肥量 $0 \sim 400$ kg/hm^2,生产效率 $0.27 \sim 0.4$ hm^2/h,施肥宽度 2 cm,施肥深度 5.7 cm,断条率 $<5\%$,可靠性 95% ,排肥轮槽数 4,槽半径 9 mm。

2FJ - 1.8 型水稻深施肥机结构简单、操作方便、作业可靠,不仅适合水稻直播地区,也适合抛秧和机械插秧地区,是较理想的水稻深施肥机具。

④ 2DB 型多功能水稻覆土直播施肥机(见图 6-27)。

采用侧行施肥,节约化肥 2/3,硅肥覆盖,出苗效果好,抗病虫害能力强,是环保新概念的农业机械。

该机的主要特点是利用硅肥覆盖新技术,可提高出苗率及耐寒、耐病虫害和抗倒伏性;将机插秧的育秧技术直接应用于水稻大田,便于防除杂草;同时完成播种、侧行施肥、硅肥覆盖等作业。

图 6-27 2DB 型多功能水稻覆土直播施肥机

⑤ 水稻插秧施肥机。

水稻插秧施肥机通常是在水稻插秧机上安装肥箱、排肥器、导肥管及传动装置等,在插秧的同时进行底肥深施。

2ZTF－6 型水稻深施肥机与 2ZT－9356 型机动水稻插秧机配套使用,可实现插秧、施肥一体化作业。插秧时,将化肥施入距秧苗一定距离和深度的泥土中,达到省肥、省工、增产和减少污染的目的。该机主要由机架、肥箱、排肥器总成、输肥管、驱动连杆、开沟器总成、覆泥器及升降机构组成,其结构如图 6-28 所示。施肥器由来自栽植臂的动力驱动,均匀连续地排肥,开沟器开出深浅一致的泥沟,施肥器将肥料施在沟中,覆泥器覆盖肥料并平整地表。

2ZTF－6 型水稻深施肥机主要技术参数:外形尺寸(长 × 宽 × 高)650 mm × 1 700 mm × 600 mm,质量 21 kg,工效 0.20～0.27 hm²/h,开沟器为滑刀式,开沟宽度 2 cm,排肥器为塑料外槽轮式,排肥方式为摇摆式,肥量调整范围 0～400 kg/hm²,施肥方式为条施,适应直径 2～4 mm 的颗粒肥。

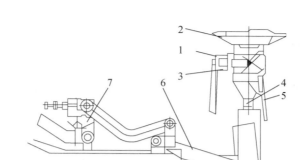

1—机架;2—肥箱;3—排肥器总成;4—排肥管;5—驱动连杆;

6—开沟器总成;7—施肥深度调节及升降机构

图6-28　2ZTF－6型水稻深施肥机结构示意图

6.2.3　植保机械

植保机械是将化学药剂喷洒于植物表面防治病虫害的机械。按照施药方法不同可分为喷雾机、弥雾机、喷烟机和喷粉机。按照动力不同可分为手动式和机动式。手动式喷雾机已逐渐淘汰,背负式动力喷雾机射程远,可进行低量、超低量喷粉喷雾作业,作业灵活。现阶段我国植保机械主导产品仍较落后,近几年喷杆式喷雾机快速发展,涌现出了一大批喷杆式喷雾机和植保无人机生产企业。此外,我国科研工作者在低量施药和雾滴防飘方面也做了大量工作,研制了系列低量喷头和风幕式喷杆喷雾机。水田植保主要采用机动弥雾喷粉机、无人机或装有水田轮的高地隙植保机械进行,与旱田植保机械基本相同。

（1）悬挂喷杆喷雾机

黄淮海地区粮食作物病虫草害防治机械主要有手动喷雾器、拖拉机悬挂与自走式喷杆喷雾机及航空喷雾机等。喷杆喷雾机包括拖拉机配套使用的悬挂式喷杆喷雾机和自走式喷杆喷雾机。拖拉机悬挂式喷杆喷雾机应用在大豆中前期病虫害防治,主要由隔膜泵、悬挂架、主喷杆框架、喷杆折叠机构、右侧喷杆、药液箱、左侧喷杆等部件组成。悬挂架用于安装主喷杆框架、药液箱、隔膜泵等部件,其上设有三个悬挂点与拖拉机挂接。主喷杆框架上焊有中间喷杆,用于安装部分防滴喷头。在主喷杆框架两端安装有喷杆折叠机构及左侧喷杆和右侧喷杆。主喷杆框架通过4根螺栓固定在悬挂架上。悬挂架上设有调节孔,可以根据需要调节主喷杆框架的离地高度。左侧喷杆及右侧喷杆分别用于安装左侧及右侧防滴喷头。通过喷杆折叠机构,可以将左侧喷杆及右侧喷杆由运输状态转位至工作状态或由工作状态转位至运输状态。药液箱用于储存药液,采用优质工程塑料制造。其工作原理为喷雾机利用拖拉机输出的动力,通过万向节传动,驱动隔膜泵,隔膜泵排出的一部分高压液流经过喷雾控制阀、喷雾胶管、横喷杆至喷头喷出,沿喷幅范围形成均匀的雾幕,将药液洒到目的物上,以获得预防和除掉病虫草害的目的;同时,隔膜泵排出的另一部分高压液流,回流进药箱,经射流嘴喷出,搅拌药液,使其混合均匀一致。比较有代表性的是 3WX 系列悬挂式喷杆喷雾机,如图 6-29 所示。

图 6-29　3WX 系列悬挂式喷杆喷雾机

目前,大面积马铃薯种植区的喷药均采用机械化作业,马铃薯病虫害防治施用的化学药剂为液体类,按照药剂分类,属于喷雾机,工作原理是通过雾化装置和喷射部件将药液分布在喷施对象上。大田马铃薯喷雾机主要有悬挂式和牵引式两种,与拖拉机配套使用,由拖拉机动力输出轴驱动,采用活塞式隔膜泵,喷洒均匀,稳定可靠,喷幅可达 12 m 以上,生产效率高,适用于大面积单一作物,且水源比较方便的地区。图 6-30 所示为中机美诺科技股份有限公司生产的悬挂式喷杆系列喷雾机,该机具具有如下特点:

图 6-30　悬挂式喷杆系列喷药机

① 与 132～220 kW 拖拉机配套使用,药箱容量大,适合长地块、大面积的喷洒作业;

② 采用全液压升降折叠机构,自动化程度高,可实现双臂同步展收,单臂异步

展收和升降,喷杆高度和喷雾高度可根据作业要求调整,可在平坦地块、丘陵和坡地快速稳定作业;

③ 操作简单,省时省力,作业安全快捷,驾驶员通过操作液压手柄控制作业;

④ 配有 1 000 ~ 2 000 L 药液箱,用户可根据拖拉机功率大小、田间地块情况选择合适机型。

针对我国华南地区田块面积小、田面平整度差及配套动力普遍较小的实际情况,稻薯轮作种植马铃薯在喷药环节可采用手动背负式喷雾机或小型手动喷药机,此类型机具与小麦等农作物小规模种植时使用的喷药机通用。

(2)自走式喷杆喷雾机

简易型自走式喷杆喷雾机(见图6-31)应用于大豆中后期病虫害防治,可弥补拖拉机悬挂式喷杆喷雾机在中后期病虫害防治中离地间隙低、通过性差的难题。其自带柴油机动力,三轮结构,前轮导向,后轮机械驱动,喷杆可前置也可后置,适用我国小地块的种植模式。

图 6-31   简易型自走式喷杆喷雾机

3WX – 280G 型喷杆喷雾机可实现高秆作物如玉米、高粱、甘蔗等全过程施药,喷杆高度 0.5 ~ 2.7 m。采用汽油机或柴油机作为动力。喷杆高度可根据作物不同生长时期调整,达到最佳喷洒高度。后轮距可根据旱田作物不同种植行距调整,以减少工作时对作物的损坏及损伤。3WX – 280G 型喷杆喷雾机可采用人工混合药液,单人操作,喷雾速度 4 km/h,每小时可防治 40 亩。

农哈哈3WX－280自走式旱田作物喷杆喷雾机(见图6-32)适用于大田作物如小麦、大豆、蔬菜、玉米等5叶期以前,通过更换喷头可完成除草、杀虫喷药、喷洒叶面肥等多项作业。与7.35 kW三轮配套使用,轮距可调,调整范围为1.2～1.7 m,适合不同作物的行距要求,药物自动搅拌,作业速度4～5 km/h,作业效率30～40亩/小时。

图6-32　3WX－280自走式旱田作物喷杆喷雾机

(3)高地隙喷杆喷雾机

雷沃3WP－500自走式喷杆喷雾机(见图6-33)采用3段式可折叠喷杆,最大喷幅11.5 m。喷杆展开时离地间隙0.95 m,可满足玉米苗期植保需求。配套动力10 kW,四轮同时转向,转弯半径小,作业速度5.4 km/h。药箱和水箱集成化设计,嵌套安装,可分离,可组合,节约空间。药箱容量500 L,可满足大面积田块的连续作业。

图6-33　3WP－500自走式喷杆喷雾机

3WZG－650型系列高地隙自走式喷杆喷雾机(见图6-34),是"粮食作物农机农艺关键技术集成研究与示范"课题的研究成果之一。该机与23.5 kW发动机匹配,后轮驱动前轮转向,轮距1.525～1.765 m且可调,地隙900 mm,喷幅14 m,喷杆采用可带风幕和不带风幕两种形式。为解决喷雾均匀性和穿透性问题,研制了带风幕的自走式喷杆喷雾机,总体上由自走式高地隙底盘、喷雾系统和风幕系统三大部分组成。自走式高地隙底盘主要由发动机、机架、传动系统、制动系统、行走转向系统、液压系统和电气系统等组成。喷雾系统主要由药液箱、液泵、喷雾装置、管路系统、喷杆及折叠、升降机构和自动平衡机构等组成。风幕系统由液压驱动系统、风机、出风系统和控制系统组成。发动机、驱动箱、液压油箱均放置在后端,药箱放置在中部靠前的位置,喷杆后置,向前折叠,喷杆整体采用左右分段折叠方式,外侧喷杆具有仿形功能,保证喷雾机在作业过程中喷杆能够自动调整作业姿态,从而提高施药质量。

图 6-34 3WZG－650 型高地隙自走式喷杆喷雾机

东方红 3WPZ2500 型高地隙自走式植保机(见图 6-35),喷杆工作高度和喷药泵驱动采用独立液压系统控制,控制精度较高,稳定性较好。喷洒高度 0.7～1.8 m,喷药架幅宽 21 m,药箱容量 2 500 L,作业速度 12 km/h,适用于大、中型农场和农机专业户的植保需求。

图 6-35 3WPZ2500 型高地隙自走式喷杆喷雾机

(4)植保无人机

国内用于农业的飞机主要是各种小型化旋翼和固定翼无人机,尚属起步阶段。近年来,南京农机化所、中国农机院、珠海银通、无锡汉和、沈阳自动化研究所等科研单位和企业对农用无人机展开了研究,无人驾驶超轻型直升机施药装备发展迅速,但其最大载荷量为 20 kg,难以适应大规模防治作业的需要,均未形成规模产业化,农田覆盖率仅为 2% 。

农用无人直升机(见图 6-36)和多旋翼农用无人机(见图 6-37),旋翼可折叠,机体重量轻,方便转场、运输;集成卫星定位与惯性测量系统,定位精确,飞行姿态平稳可靠;起降灵活且具有自动增稳控制,操作简便;具有手动驾驶和全自动驾驶两种模式,可进行航点设定、自主航线飞行和断点续航功能。农

图 6-36　农用无人直升机

用无人直升机可采用汽油发动机或锂电池提供动力,以汽油发动机为动力续航时间长,以锂电池为动力则续航时间短。多旋翼无人机采用锂电池作为动力源,维护简单,空气动力均匀,抗风性强,飞行姿态平稳可靠。这两种无人机适用于水田、旱田和高秆作物生长全程进行防治病虫草害的施药作业,可进行超视距地理信息遥感和农作物长势与病虫害实时监测,作业效率高,劳动强度低。

图 6-37　多旋翼农用无人机

固定翼植保飞机载药量大(见图 6-38),在大面积防治病虫害方面具有及时、经济、不受地形限制等优点,但目前仍在探索发展阶段,未被广泛应用。

图 6-38　固定翼植保飞机

传统喷药技术采用人工作业,不仅危害工作人员健康,而且效率非常低。近几

年,随着我国农业装备研发和制造水平的提高,植保机械得到快速发展。以机械动力代替人力的自走式喷杆喷雾机、高地隙喷杆喷雾机等大田高效植保机械应运而生,较大程度地提高了药物防治的作业效率。与此同时,在我国规模化种植的农场,结合 GPS 导航系统和遥感技术发展的无人机植保技术也开始崭露头角。

自走式喷杆喷雾机作业效率高,药液沉积分布均匀度好,适用于小麦、大豆、水稻及玉米生长前期除草及病虫害防治。无人机施药技术装备与地面施药机具相比,不受地块限制,对作物无损伤,适用范围更加广泛。

（5）现代植保机械

从 20 世纪 90 年代开始,美国、欧洲的发达国家已经开始展开面向农林生产的农药精准喷施技术研究和测试。随着机电液一体化、信息和自动控制技术的发展,已有商品化精准植保机械。美国的 JOHN DEER、CASE,丹麦的 HARDI 及德国的霍德（HOLDER）公司生产的一些大中型喷药机上已配备 GPS 自动导航驾驶、变量喷药等系统,美国 50% 以上的大农场已经开始使用这些设备。国外应用广泛的典型精准喷施系统与装置有 4 种类型:

① 精准对靶传感系统与装置。国外已经开发了基于光电的杂草传感器和基于机器视觉的作物行传感器,配备这些传感器的 John Deere、CASE、CLASS 等公司的喷雾机和除草机实现了精准对靶喷雾或机械除草。典型的靶标传感器分别有:美国耐特（NTech）公司生产的 WeedSeeker 喷雾系统（见图 6-39）和加拿大诺瑞克（CNORA）公司生产的 UCS 喷杆高度控制系统（见图 6-40）。

美国耐特（NTRCH）公司的 Weed seeker 喷雾系统适用于实时对靶喷药,用于行间、沟旁、道路两侧喷洒除草剂,可节省农药 60% ~ 80%。该系统由叶色素光学传感器、控制电路和阀体组成,传感器发射 770 nm 近红外光和 656 nm 红光检测土壤背景中的杂草,该系统核心部分是 phD600,阀体内含有喷头和电磁阀,当传感器检测叶色素判定有草存在时,即控制喷头对准目标喷洒除草剂。

图 6-39　WeedSeeker 喷雾系统

加拿大诺瑞克（NORAC）公司的 UC5 喷杆高度控制系统（见图 6-40）,能识别土壤、直立作物和田间残渣,无须光照就能监测喷杆的高度,由超声波传感器、摆动传感器、交互电缆、比例阀套件、虚拟终端、显示器等组成。应用在 John Deere、CASE 等公司生产的喷雾机,可更有效地施用农药、减轻驾驶员压力和疲劳、避免喷杆损坏和停机时间,进行精准和平稳喷雾。

图 6-40　加拿大 NORAC 公司的 UC5 喷杆高度控制系统

② 变量控制系统。John Deere、农业领航者(Ag Leader)等公司开发了基于处方图的变量喷雾系统,主要包括 DGPS 接收器、VRT 控制器和软件、反馈控制回路等,如图 6-41 所示。

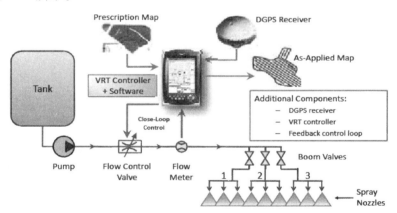

图 6-41　变量喷雾控制系统原理

天宝(Trimble)公司的 Field – IQ 作物输入控制系统,是一个组件式的区域控制和变量控制系统,喷洒量既可人工输入也可以由处方图给定,能精准监控喷雾作业,避免重喷,如图 6-42 所示。

图 6-42　Trimble 公司的 Field – IQ™作物输入控制系统和变量喷雾机

Ag Leader 公司的 DirectCommand 变量控制系统（见图6-43），利用流量计信号和雷达油门或者 GPS 接收器的速度信号，能根据人工设定或者变量处方图给定的施药量连续控制、调节和记录液体或颗粒固体的施用量，配备在喷雾机上进行基于处方图的变量喷雾，还能避免重喷、漏喷。

 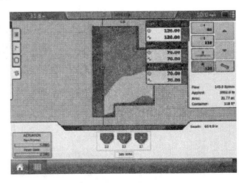

图 6-43　Ag Leader 公司的 DirectCommand 变量控制系统

法姆思科（Farmscan）公司的 Farmlap 喷雾控制系统（见图6-44），具有自动喷杆开关和双喷雾线，和 Farmlap 导航系统、自动驾驶系统组合在一起可进行变量喷雾控制。

拓普康（Topcon）精准农业公司的 X20 喷雾控制系统（见图6-45），是一台单机控制器，既能产生实时的作业图，兼容大多数变量控制器，又能同时控制3个药箱，双线喷杆控制30组喷头。

③防飘移喷雾装置。欧美国家在雾滴

图 6-44　Farmlap 喷雾控制系统

防飘移方面采用了少飘或防飘喷头、风幕、静电喷雾及雾滴回收技术等。美国有关研究数据表明,使用静电喷雾技术可减少药液损失达 65% 以上,但该项技术应用到产品上尚未完全成熟,成本过高,目前只在少量植保机械上采用。风幕式气流防飘移技术于 20 世纪 90 年代初在欧洲兴起,目前发展趋势是使用新技术和新材料使风幕系统在不降低性能的情况下更加轻型化。由于风幕式气流防飘移技术增加机具成本较多,且喷杆悬挂和折叠机构更加复杂,所以欧美植保机械厂家又开发了空气射流喷头等新型防飘移喷头。另外还有在喷头外

图 6-45　X20 喷雾控制系统

面增加防风罩,阻止作业时雾滴飘移。隧道式循环喷雾机的研制开始于 20 世纪 70 年代,主要集于欧美等发达国家,隧道式循环喷雾机研究重点主要集中在雾滴沉积特性、药液损失、药液回收率和生物防治效果等方面。HARDI 公司的 TWIN FORCE 或 TWIN STREAM 风幕装置已广泛应用于牵引式和自走式喷雾机上,COM-MANDER 牵引风幕式喷雾机采用轴流式风扇提供风力,液力调控风帘和喷嘴角度,在向前 30° 和向后 40° 的范围内无级变换,最大限度地减少飘移,使雾滴中靶,当前进速度提高时,风幕风速可随之提高以保证雾滴均匀分布在目标物上,喷雾量可减少 50% 以上,如图 6-46 所示。

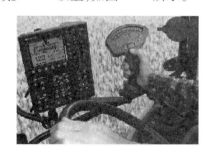

图 6-46　HARDI 公司的 TWIN FORCE 风幕装置及 A600320 喷雾机

④ 航空喷雾技术与装置。国外的航空喷雾普遍采用 GPS 定位系统,可按照处方图进行精准喷雾。航空喷雾主要有固定翼和旋翼型两种飞机机型,欧美国家种植规模较大,主要用固定翼型飞机,日本等国家种植规模较小,主要以旋翼型飞机为主。美国 Air Tractor 公司 AT 系列航空喷雾机,药箱容量 1 514~3 028 L,采用变量 GPS 技术,配备 GPS 导航系统、流量控制系统,进行基于处方图的变量喷药,如图 6-47 所示。

图 6-47　Air Tractor 公司的航空喷雾处方图及航空喷雾机

配备了 Trimble GPS 定位系统、喷杆喷雾装置或定点喷雾装置的新西兰的 PHL 公司航空喷雾机,能根据处方图精准喷药或者定点喷药,如图 6-48 所示。

图 6-48　PHL 公司航空喷雾机

装备有变量控制系统、三段式喷杆、Trimble TrimFlight 3 GPS 的美国北极星直升机(North Star Helicopters)公司 OH - 58 系列航空喷雾机(见图 6-49),能负载 378.54 L 以上的药液,进行基于处方图的变量喷雾作业。

图 6-49　North Star Helicopters 公司 OH - 58 航空喷雾机

⑤ 国内典型几种精准施药机械。国内在精准施药方面也做了大量的研究,但还处于试验样机阶段,与国外相比差距较大,代表机型有:

3WZ - 650 型智能精准施药机(见图 6-50),利用 GPS 精准定位杂草空间位置,结合机器视觉技术,给出杂草精确位置,即输出给执行机构处方图。根据处方图给出的各变量结果,结合自身行进速度、流量和压力反馈信息,利用变频器,调节电机频率和电压有效幅值控制电机的转速及喷嘴流量,达到变量施药的效果。

图 6-50　3WZ-650 型智能精准施药机

中国农业机械化科学研究院研制的 3W-24-ZB3 型智能变量喷药机(见图 6-51)集成了基于作业速度实时检测的反馈式流量自动精准控制系统、喷杆折叠、升降及倾斜自动平衡技术及基于畸变校正的多行垄间杂草识别技术,采用图像畸变校正算法恢复图像,运用多行投影方法识别 8~9 行作物,然后准确定位行间杂草,能够根据作业速度变化自动调整喷雾量,使喷雾量满足单位面积施液量设定值的要求,实现喷雾量精确自动控制,有利于减少农药使用量。

国家农业信息化工程技术研究中心的 3W-VRT1 变量喷雾机(见图 6-52),集成了差分 GPS 系统,可在行驶过程中根据预先设定的喷药量、拖拉机前进速度等参数自动调整药液量,实现农药变量喷洒。

图 6-51　3W-24-ZB3 型智能变量喷药机　　　图 6-52　3W-VRT1 变量喷雾机

6.2.4　灌溉机械

灌溉按照畦灌、喷灌和滴灌方法不同采取不同机械。

(1) 地下管网沟灌和畦灌

沟灌(见图 6-53)是在农作物行间挖沟培垄,把水引到沟里,水从边上渗入土垄;畦灌(见图 6-54)是在田间筑起田埂,将田块分割成许多狭长地块——畦田,水从输水沟或直接从毛渠放入畦中,畦中水流以薄层水流向前移动,边流边渗,润湿土层。这两种灌溉方式投资少,但费水费工,尤其不便于机械化田间作业。

图 6-53　沟灌

图 6-54　畦灌

农用水泵是输送液体或使液体增压的机械,常用的有潜水泵、离心泵、混流泵等。潜水泵(见图 6-55)用于井灌区的小麦灌溉,使用时整个机组潜入井下水中工作,把地下水提取到地表,完成灌溉。离心泵(见图 6-56)是利用叶轮高速转动所产生的离心力将水甩出实现提水,具有扬程高的优点。混流泵(见图 6-57)原动机带动叶轮旋转后,对液体的作用既有离心力又有轴向推力,是离心泵和轴流泵的综合,液体斜向流出叶轮,一般在河灌区应用较多,具有作业效率高、流量大的优点。

图 6-55　潜水泵　　　　图 6-56　离心泵　　　　图 6-57　混流泵

(2)喷灌与喷灌设备

喷灌和滴灌是相对先进的灌溉技术,一次性投资较大,但其节水效果达50% ~ 70%,长期使用经济效益好。喷灌和滴灌对土壤耕层不产生机械破坏作用,有利于保持土壤团粒结构,可以调节小气候,在炎热季节起到降温作用,有效调节土壤的水、气、热、养分和微生物状况。

喷灌系统主要由水源动力机、水泵、管道系统和喷头等部分组成,水源动力机、水泵调压和安全设备构成喷灌泵站,与泵站连接的各级管道和闸阀、安全阀、排气阀等构成输水系统,喷洒设备包括末级管道上的喷头或行走装置等。喷灌系统按照喷灌作业过程中可移动的程度分固定式、半固定式、移动式三种（见图6-58）。固定式喷灌系统除喷头外,各组成部分长年或在灌溉季节均固定不动,干管和支管多埋设在地下,喷头装在由支管接出的竖管上,操作方便,效率高,占地少。半固定式喷灌系统喷灌机水泵和干管固定,而支管和喷头则可移动,移动的方式有人力搬移、滚移式、由拖拉机或绞车牵引的端拖式、由小发动机驱动作间歇移动的动力滚移式、绞盘式及自走的圆形及平移式等。其投资比固定式喷灌系统少,喷灌效率较移动式喷灌系统高。移动式喷灌系统除水源外,动力机、水泵、干管、支管和喷头等都可移动,因而在一个灌溉季节里可在不同地块轮流使用,提高了设备利用率,并可节省单位面积投资,但工作效率和自动化程度低。

图 6-58　喷灌设备

喷灌设备可分为固定式、半固定式和移动式等。固定式喷灌设备（见图6-59）是指除喷头外,喷灌系统其余所有组件固定不动。移动式喷灌设备（见图6-60）除水源工程外,动力装置、干管、支管和喷头都可以拆卸移动。半固定式喷灌设备（见图6-61）的动力、水泵和主干管固定不动,喷头和支管可以移动,更加灵活方便。目前常用的为半固定式喷灌设备。

图 6-59　固定式喷灌设备

图 6-60　移动式喷灌设备

图 6-61　半固定式喷灌设备

大型中心支轴式喷灌机又称指针式喷灌机,是将喷灌机的转动支轴固定在灌溉面积的中心,固定在钢筋混凝土支座上,支轴座中心下端与井泵出水管或压力管相连,上端通过旋转机构(集电环)与旋转弯管连接,通过桁架上的喷洒系统向作物喷水的一种节水增产灌溉机械。有电动平移式和圆形喷灌机(见图 6-62、图 6-63),自动化程度和作业效率高、单机控制面积大,具有高效、节能、节水、增产、省工等特点。配套动力可用电网或柴油发电机组,其电器控制系统安全可靠。过雨量保护、自动导向系统、地头自动停机系统和故障自动报警系统处于国内领先地位。喷洒部件可配摇臂式喷头与喷枪,喷洒均匀度系数可达 86% 以上,并能喷洒化肥和农药。该系统可在起伏地面工作,爬坡能力 5% ~ 25%,所有关键部件均经过热浸镀锌处理,可保证 15 年不锈蚀。主要组成部件:一是中心支轴轴座。喷灌机的转动支轴安装在灌溉面积的中心,可固定在钢筋混凝土基座上。支轴座中心管下端与井泵出水管或压力管相连,上端通过旋转机构(集电环)与旋转弯管连接。集电环装置完全由玻璃纤维密封,双滑动触点,保证向驱动塔输送稳定的动力。二是喷洒系统,由喷洒支管和安装在上面的喷头组成。喷洒支管一般采用薄壁镀锌钢管,直径由所选用的喷头来定。支管上装有若干喷头,喷头的工作压力可采用高压或低压,喷头的流量由安装位置来决定。三是桁架,是组成喷灌机的基本单元。桁架长度有 32,57,63 m 可选,喷洒支管是桁架的组成部分,中心轴式喷灌机则采用空间拱架支承喷洒支管结构。此喷灌系统独有的"V"形角钢桁架组将负载均匀分布,为跨体提供高强度支撑,并且延长管道使用寿命。特种材料锻造而成的拉筋端头和独特的拉筋连接板紧密结合,为跨体提供了强有力的支撑。四是"X"形塔架斜撑角钢。该设计将跨体与驱动塔紧固地连接,这种结构能够有效地分解和吸收因地形崎岖而造成的跨体扭曲压力。五是塔车,由塔架、行走轮和驱动系统等组成,既是桁架的支座,也是喷灌机的驱动部件。四腿塔架结构与采用独有双面焊接支撑的加强驱动管紧密连接。支架可大幅度展开,将负载分布到更大的面积,增加设备的稳定性。六是电动驱动装置,采用有过流过载保护的三相异步电动机,通过蜗轮蜗杆减速器或链轮带动行走轮移动。驱动电机由电机和齿轮变速箱组成,其合理的设计和优化的配置保证电机整体工作性能更可靠,使用寿命更长,运行成本更低。定子外壳经特殊涂层处理,防化学腐蚀,增加机体使用寿命。定子和转子可单独拆卸更换,维修时无须更换整个机体,维修方便,成本更低。三级变速的齿轮减速箱达到 95% 的输出效率,与斜齿轮电机比较,其摩擦系数小,发热量少,磨损程度低,输出扭矩大,爬坡能力高达 25%。七是车轮减速器,采用加强型壳体以增加整体强度,降低磨损。与输入输出轴一起转动的油封提供了高效的密封作用,防止尘土和潮气进入机体,延长产品使用寿命。采用大功率输出轴承使负载能力提高 55%,使用 1045# 钢锻造的厚齿涡杆,与涡轮咬合更加紧密,动力更强劲。主动轮采用高强度铸铁、大齿距设计,在极限负载的情况下可以产生高强度连续扭力,延长零件使用寿命。在极端的工作条件下,设在轴承两端的钢质高强度端帽会预先承受载荷。中心定位盘为轮胎提供精确的定位。使用较短的输出轴可以消除悬挂负载,延长轴承使用寿命。齿轮箱设有完备的密封装置,为输入和输出轴提供良好密封,使用寿命更长。

图 6-62　DYP 系列电动圆形喷灌机

图 6-63　DPP 系列电动平移式喷灌机

卷盘式喷灌机是将牵引 PE 管缠绕在绞盘上,利用喷灌压力水驱动水涡轮旋转,经变速装置驱动绞盘旋转,并牵引喷头车自动移动和喷洒的灌溉机械(见图6-64)。卷盘式喷灌机采用水涡轮式动力驱动系统,采用大断面、小压力设计,在很小的流量下,可以达到较高的回流速度。从水涡轮轴引出一个两速段的皮带驱动装置将水涡轮转速传入到减速器中,降速后链条传动产生较大的扭矩力驱动绞盘转动,从而实现 PE 管的自动回收。同时经水涡轮流出的高压水流经 PE 管直送到喷头处,喷头均匀地将高压水流喷洒到作物上空,散成细小的水滴均匀降落,并随着 PE 管的移动不间歇地进行喷洒作业。目前我国批量生产的卷盘式喷灌机有JP40,JP50,JP65,JP75,JP90 系列产品。但卷盘式喷灌机因结构限制,供水管道和水涡轮上的水头损失较大,单喷头配置时入机压力较高,能耗偏大。

图 6-64   卷盘式喷灌机

轻、小型喷灌机如手抬式和手推式机组(图 6-65、图 6-66)是当前黄淮海地区大豆喷灌机具的主力军。

图 6-65   配有自吸泵的手抬式喷灌机   图 6-66   手推式轻型喷灌机

(3)滴灌与水肥一体化灌溉设备

1)滴灌

滴灌(见图 6-67)是利用塑料管道将水通过直径约 10 mm 毛管上的孔口或滴头送到作物根部进行局部灌溉的方式。它是目前干旱缺水地区最有效的一种节水灌溉方式,水的利用率可达 95%。滴灌系统可分为固定式和半固定式两类。固定式滴灌系统是指全部管网安装好后不再移动;在灌水期间,毛管和灌水器在灌溉完成后由一个位置移向另一个位置进行灌溉的系统称为移动式滴灌系统。

图 6-67   滴灌技术

滴灌系统(见图 6-68)主要由水源、首部枢纽(包括水泵、施肥罐、过滤器、控制与测量仪表等)、输水管道和滴头等组成,属全管道输水和局部微量灌溉。滴灌能适时供应作物根区所需水分,使水的利用效率大大提高。

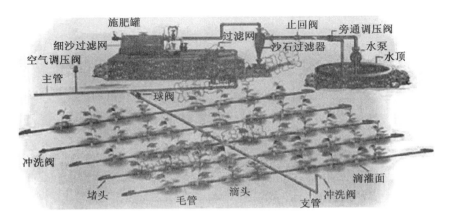

图 6-68　滴灌系统

2）水肥一体化

水肥一体化技术是将灌溉与施肥融为一体的农业新技术。水肥一体化是借助压力系统（或地形自然落差），将可溶性固体或液体肥料按土壤养分含量和作物种类的需肥规律、特点配兑成的肥液与灌溉水一起，通过可控管道系统供水、供肥，使水肥相融后，通过管道、喷枪或喷头形成喷灌，均匀、定时、定量喷洒在作物发育生长区域，使主要发育生长区域土壤始终保持疏松和适宜的含水量。同时根据不同作物需肥特点、土壤环境、养分含量状况和需肥规律情况进行不同生育期的需求设计，把水分、养分定时定量按比例直接提供给作物。

该项技术适宜于有井、水库、蓄水池等固定水源，且水质好、符合微灌要求，并已建设或有条件建设微灌设施的区域推广应用。其主要适用于设施农业及经济效益较好的其他作物，具有省肥节水、省工省力、降低湿度、减轻病害、增产高效的优点。

滴灌主要由以下几个优点：① 水肥均衡。采用滴灌，可以根据作物需水需肥规律随时供给，保证作物"吃得舒服，喝得痛快"。② 省工省时。水肥一体化只需打开阀门，合上电闸，几乎不用工。③ 节水省肥。水肥一体化大幅度地提高了肥料的利用率，可减少 50% 的肥料用量，水量也只有沟灌的 30% ~40%。④ 减轻病害。水肥一体化有效地控制了土传病害的发生，降低棚内的湿度，减轻病害的发生。⑤ 控温调湿。能控制浇水量，降低湿度，提高地温，避免了作物沤根、黄叶等问题。⑥增加产量，改善品质，提高经济效益。每年节省的肥料和农药至少为 700 元，增产幅度可达 30% 以上。

图 6-69、图 6-70 和图 6-71 是水肥一体化精准施用系统、精准施用控制系统和水肥一体化系统原理。

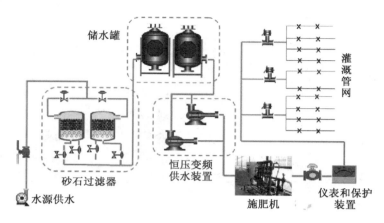

储水罐

灌溉管网

砂石过滤器

恒压变频
供水装置

水源供水

施肥机

仪表和保护
装置

图 6-69　水肥一体化精准施用系统

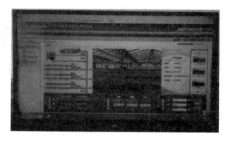

图 6-70　水肥一体化精准施用控制系统

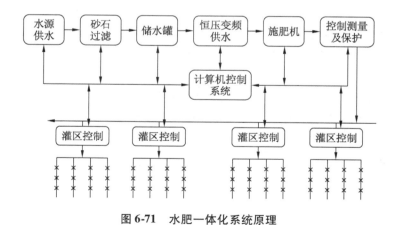

图 6-71　水肥一体化系统原理

　　水肥一体化是一项综合技术,涉及农田灌溉、作物栽培和土壤耕作等多方面,其主要技术要领需注意以下 4 个方面:

　　① 建立一套滴灌系统。在设计方面,要根据地形、田块、单元、土壤质地、作物

种植方式、水源特点等基本情况,设计管道系统的埋设深度、长度、灌区面积等。

② 水肥一体化的灌水方式。可采用管道灌溉、喷灌、微喷灌、泵加压滴灌、重力滴灌、渗灌、小管出流等。

③ 施肥系统。在田间要设计为定量施肥,包括蓄水池和混肥池的位置、容量、出口、施肥管道、分配器阀门、水泵、肥泵等。

④ 选择适宜的肥料种类。可选液态或固态肥料,如氨水、尿素、硫铵、硝铵、磷酸一铵、氯化钾、硫酸钾、硝酸钾、硝酸钙、硫酸镁等肥料;固态以粉状或小块状为首选,要求水溶性强,含杂质少,一般不应该用颗粒状复合肥(包括中外产品);如果用沼液或腐殖酸液肥,必须经过过滤,以免堵塞管道。

图 6-72 是水肥一体化设备图。

图 6-72　水肥一体化设备

(4) 现代灌溉装备

灌溉机械主要设备是喷灌设备,主要的代表性企业有:雨鸟公司(RAIN BIRD)、HUNTER 公司、TORO 公司、L. R 尼尔森公司(L. R NELSON)、尼尔森灌溉公司(NELSON IRRIGATION)、耐特费姆美国公司(NETAFIM USA)、万美公司(WEATHERMATIC)、科雨(K – RAIN)公司、巴克纳(BUCKNER)、维蒙特公司(VALMONT)、林赛公司(LINDSAY)等。欧洲有欧洲滴灌公司(EURODRIP)、法国灌溉公司(IRRIFRANCE)、保尔公司(BAUER)等。以色列有普拉斯托(PLAS-TRO)、纳安(NAAN)、丹安(DAN)等。喷头是喷灌机组(系统)的典型关键部件,种类繁多,主要有弹出式喷头,包括弹出固定式喷头、弹出摇臂旋转式喷头、弹出齿轮旋转式喷头和弹出远射程喷枪;旋转式喷头;中心支轴大型喷灌机压力调节喷嘴;射流式喷头等。国产喷头多是 PY1 和 PY2 系列金属摇臂式喷头、PYC 型垂直摇臂喷头、PYS 系列塑料摇臂式喷头及从国外引进生产线生产的 ZY 系列金属摇臂式喷头。国内应用的弹出式喷头和中心支轴大型喷灌机压力调节喷嘴主要以购买国外成熟产品为主,自行研发的较少。

大型喷灌机主要有圆形喷灌机与平移式喷灌机,圆形喷灌机和平移式喷灌机自动化程度高、灌溉质量好、单机控制面积大,非常适应人少地多地区的农业生产。国外品牌质量较好、性能较优、价格较高,国内设备价格相对低。近年来,大型喷灌机变量精确喷灌技术发展较快,能够根据专家决策系统或用户经验输入的基本变量参数,改变或随机变化灌溉系统的结构参数和性能参数,达到实时、精确灌溉的目的。

中型卷盘式喷灌机在欧洲具有 50 年的发展历史,具备各种用途的系列化机型,具有机动性强、维护保养方便、使用寿命长等特点。国外大中型喷灌装备平均寿命长达 15 年左右,智能化程度较高,基本实现了按不同作物需水量进行精细灌溉的目的。国内机型还是国外 20 世纪八九十年代的产品,整机寿命还远不及国外机型,整机能耗高于国外机型 10 个百分点左右,基本没有智能化灌溉功能。

轻小型喷灌机组主要包括手提式、手抬式、手推车式、小型拖拉机悬挂式、小型绞盘式。喷灌机是我国一种比较有代表性的机组,比较适应我国农村发展的需要,受到农户欢迎。轻小型喷灌机组有如下特点:① 轻巧灵活,便于移动,喷灌面积可大可小,适用于水源小而分散的丘陵山区及小型地块。② 一次性投资少,操作简单,保管维护方便。③ 节省劳动力,保持水土,提高产量。④ 适用性强,适用于抗旱。轻小型喷灌机组经过多年的发展,已经发展为多种应用模式,适应不同的使用场合、投资水平及劳动力状态。机组设备的水力性能较好,特别是农用喷灌自吸泵,已经达到或超过国外同类产品水平,但产品结构笨重,使用可靠性、使用寿命、外观等与国外产品存在较大差距。

低能耗多功能喷灌机组和多功能轻小型灌溉机组(见图 6-73),采用便携式结构设计,搭载小型移动推车,动力机采用常用的汽油泵,连接件采用快速连接机构。在太阳能离心泵的多工况水力优化设计方面研发出了高效太阳能抽水灌溉系统(见图 6-74)。

图 6-73　多功能轻小型灌溉机组

图 6-74 高效太阳能抽水灌溉系统

大型变量喷灌控制系统方面,开展了土壤水分探测、基于多传感器融合的控制喷灌技术、土壤水分与作物最佳生长的关系模型及专家指导系统、大型喷灌设备行走速度自适应控制技术、基于 GPS 导航与自动跟踪大型喷灌设备行走速度和施水量的反馈式自动控制技术研究,开发了土壤水分探测与分析装置、具有实时土壤水分探测与分析并构成自动指导控制喷灌的装备,如图 6-75 所示。

图 6-75 自动喷灌控制技术应用

基于行走速度和施水量的反馈式自动喷灌控制技术应用,根据接收到的位置信息实时读取作业处方图信息,参考机器前进速度和单位面积实际施水量等参数,通过闭环动态反馈控制系统自动调节施水量。

第 **7** 章　两熟制粮食作物收获机械化技术

7.1　小麦收获机械化技术

7.1.1　小麦收获农艺要求

（1）小麦收获农艺

黄淮海地区小麦的成熟期一般在5月底6月初,小麦蜡熟后各地可根据实际情况选用不同型号的联合收获机完成小麦的收割、脱粒、清选、籽粒收集等作业。小麦黄熟中期便需及时收获,到黄熟末期收完,同一地区一般为3~7 d。

长江中下游地区的冬小麦因为轮作制需要适时抢收,这对小麦产量和品质影响很大。过早收获影响产量且籽粒品质差,过晚收获易折秆掉穗、落粒,损失较大。一般在蜡熟期收获,此时植株茎秆全部为黄色,叶片枯黄但有弹性,籽粒较为坚硬,大多数田块在80%以上成熟时即可收获,以减少晚收损失。另外,联合收割机应采用留高茬的方法收获,以便田地覆盖保墒及秸秆还田以增肥地力,确保下季丰收。

为满足适时收获减少损失的要求,收获机械要有较高的生产率和工作可靠性。在收获过程中除了减少麦粒损失外,还要尽量减少麦粒破碎及减轻机械损伤,以免降低发芽率及影响贮存,所收获的麦粒应具有较高的清洁率。联合收获机需带秸秆粉碎抛撒装置,秸秆粉碎后抛撒应均匀,切碎长度≤8 cm。割茬高度应一致,一般不超过15 cm,留茬最高不宜超过25 cm,收割损失率≤2%,麦粒含杂率≤2.5%。

（2）收获方式

收获方式分为分段收获和联合收获。

分段收获用机械分别完成小麦收获过程中的收割、打捆、运输、脱粒、清选等各项作业或其中的几项,称为分段收获法。这种收获法所采用的机具比较简单,操作维护方便,价格也便宜,对使用技术的要求不高,容易掌握和推广,但在整个收获过程中要配合相当多的人力,劳动强度高,效率低,小麦的总损失量也较大。

联合收获采用联合收割机对小麦一次完成切割、脱粒、分离和清选等作业,称为联合收获法。这种收获工艺机械化水平高,生产效率高,劳动强度低,总损失量也低,特别有利于抢收、抢种。联合收割机也存在一些缺陷:机械结构复杂、机械成本偏高、每年机械利用时间仅为农忙时节和维护保养较困难等导致收获成本偏高;并且对农田及操作者的管理使用技术水平有较高的要求。

7.1.2 小麦收获机械

联合收割机的出现与发展,是适应人类社会进步的产物。20 世纪 80 年代后期,随着粮食作物种植面积的不断扩大和产量的提高,对联合收割机的动力、工作能力、作业效率等要求也越来越高。对传统收割机来说,就是要增大分离面积,而机体体积的增大是有一定限度的。因此,在尽量减少体积增大的前提下,分离装置的工作能力成为联合收割机行业主要的研究课题。

(1)小麦收割机分类

近几十年来谷物收获机械的改进与变化主要表现在其脱粒与分离系统上。从目前出现的联合收割机看,由于脱粒分离装置的配置型式、各功能部件的相互关系不同,使各类联合收割机的品种繁多,功能也各有千秋。现介绍如下:

1)切流滚筒与逐稿器组合的脱粒分离系统

其脱粒分离系统由一个切流滚筒和一组键式逐稿器组成(见图 7-1)。代表机型有迪尔 1000 系列、W 系列收割机。

主要特点:最传统的机型,对作物的作用时间短,通过性好,脱净率相对较低;往复振动件多,故障率高。主要适用于小麦和大豆的收获。

图 7-1 切流滚筒与逐稿器组合的脱分系统

2)多切流滚筒与逐稿器组合的脱粒分离系统

其脱粒分离系统由一组切流滚筒和一组键式逐稿器组成(见图 7-2)。代表机型有迪尔 T 系列收割机。

主要特点:经多个滚筒脱粒和初步分离后,再经逐稿轮及键式逐稿器分离,减轻了清选系统的负担,使脱粒更彻底,籽粒更清洁;但系统较复杂,运动件多。主要适用于小麦、水稻和大豆的收获。

图 7-2　多切流滚筒与逐稿器组合的脱分系统

3）切流与纵轴流滚筒组合的脱粒分离系统

其脱粒分离系统由一组切流滚筒和两个纵轴流组成（见图 7-3）。代表机型有 CTS3518、迪尔 CTSL Ⅱ 等。

主要特点：该技术是将切流滚筒与纵轴流双滚筒有机地结合在一起，实质上就是将板齿分离系统的结构与大直径切流滚筒和大包角凹板有机结合在一起，与传统收割机相比，其间隙大，喂入量大，作物脱粒分离流程长，脱粒作用柔和，脱净率高，分离更彻底，适应性好，振动部件少，可靠性高等优点，克服了传统收割机收获水稻时损失大、破碎率高的问题。将 CTS 技术应用在收割机上，除具备较强的收获水稻功能外，还兼收小麦、大豆等其他作物。收获效果优于国家标准要求。

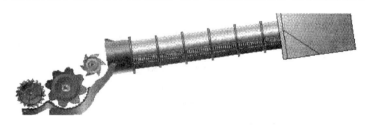

图 7-3　切流滚筒与纵轴流滚筒组合的脱分系统

4）切流与横轴流组合脱粒分离系统

其脱粒分离系统由一组切流滚筒和 1 或 2 个横轴流滚筒组成（见图 7-4）。

主要特点：多见于中小型自走式联合收割机，如迪尔 3060、新疆 –2、福田、巨明等。因脱粒主要是切流滚筒，遇潮湿或难脱作物时，很难解决破碎率与脱不净之间的矛盾。轴流滚筒横向配置，长度上受到一定限制。在收获较难脱的水稻时，脱净率和分离性能欠佳，喂入量稍大时常有堵塞现象，收获小麦略好一些。从技术角度分析，这种配置尚有一定的发展空间，但不太适合玉米直接脱粒收获。

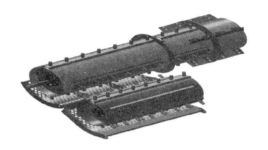

图 7-4 切流与横轴流滚筒组合的脱分系统

5）单个或两个纵轴流滚筒组成的脱粒分离系统

其脱粒分离系统由 1 或 2 个纵轴流滚筒组成（见图 7-5）。

主要特点：由于滚筒纵置，长度不受限制，适用于大生产率的机型，如 CASE2388（单流筒）、纽荷兰 23TR88、TR99（双流筒）。这种配置的机型作业时清选筛面上物料的分布比横置式均匀，分离面积大，分离效果好，适应性强，对潮湿作物和难脱作物效果也较好，提高脱净率和减少破碎在这种配置的机型上得到兼顾。缺点是（以上述机型为例）滚筒的喂入口不流畅，传动结构也比较复杂。这种机型对作物适应性较广，尤其是水稻主产区，这种机型更有用武之地。江苏农垦水稻产区进行过引进试验，效果较好。其主要特点包括：作物脱粒分离流程长，脱净率高，分离彻底，适应性好，振动部件少，可靠性高，也较适合玉米直接脱粒收获。

图 7-5 单个轴流滚筒组合的脱分系统

随着农业机械化程度的进一步提高，联合收割机的作业效率、工作能力也将进一步提高，横向轴流联合收割机由于其结构上的原因，其发展空间受到一定的限制，而纵向配置的轴流联合收割机则显示出其优越性。因此，国际著名的几家大农机企业，如约翰迪尔、克拉斯、纽荷兰、凯斯等跨国公司近几年竞相发展纵向轴流联合收割机。

（2）小麦收获机械

收获机械的种类很多,包括收割、脱粒、清选等作业机具。各种不同收获工艺所采用的机具在用途上和构造上有较大的差别。就田间作业机具来说,根据不同的用途可分成收割机、脱粒机、联合收获机三大类。收割机可分为条放式收割机、堆放式收割机、割晒机、割捆机。脱粒机械可分为半喂入脱粒机和全喂入脱粒机。随着农村经济水平的发展,越来越多农户购买了联合收获机进行收获,联合收获机械的普及程度越来越高,目前广泛应用的稻、麦联合收获机械主要是自走履带式全喂入联合收获机、自走轮式全喂入联合收获机、自走履带式半喂入联合收获机。该区域小麦收获和水稻收获机具可通用,机具情况在水稻收获机部分详述。

黄淮海地区的小麦机械化收获装备主要是小麦联合收获机,在山区和小地块使用割晒机分段收获。小麦联合收获机一次进地完成小麦的收割、脱粒、分离茎秆、清除杂余等工序,具有生产率高、劳动强度低、适宜大面积收获等特点。联合收获机种类,按动力的供给方式分为自走式（见图7-6）和悬挂式（见图7-7）;按行走方式可分为轮式和半履带式。

图7-6　自走式小麦联合收获机

图7-7　悬挂式小麦联合收获机

目前黄淮海地区小麦收获以自走式联合收获机为主。自走式联合收获机主要由割台、中间输送、脱粒、分离清选、秸秆处理、行走、输粮装置,以及动力、传动、操控系统等组成。

长江中下游的冬小麦区地形特点为多丘陵、山地,且以小地块为主,大型机械无法作业,以中、小型收获机具为主。如与手扶和小四轮拖拉机配套的小型铺放式收割机及中小型联合收获机。自走式谷物联合收获机在小麦收获作业中发挥巨大作用,由于实现了收获机械化,使收获期由原来的10 d左右缩短到3 d左右,不仅避免因收获期长遇阴雨及其他自然灾害造成的损失,而且达到及时收获的目的,有利于下季作物的种植。

1）割台

小麦收获机割台（见图7-8）部分的任务是将小麦扶持、切割、集中喂入到中间输送装置,主要部件有拨禾轮、切割器和割台输送装置等。割台用液压油缸控制升降,以变换运输状态和作业状态,或调节割茬高度。割台下面安装仿形机构,以适应地形起伏。

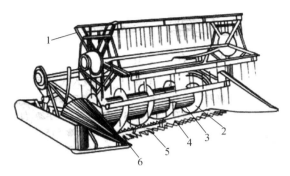

1—拨禾轮;2—搅龙;3—偏心扒指机构;4—割台框;5—切割器;6—分禾器
图7-8 小麦收获机割台

2）中间输送装置

中间输送装置用以将割台输送来的穗秆送入脱粒装置,有链耙式、带耙式和转轮式等类型。链耙式输送装置由于工作可靠,能实现连续均匀喂入,应用最广。该装置从动轮可以上下浮动,以适应喂入作物层厚度的变化,防止堵塞,链条速度为3~5 m/s。带耙式输送装置结构简单,但易打滑,输送速度为2~4 m/s。转轮式输送装置结构复杂、成本高,转轮线速度约10~15 m/s。

3）脱粒装置

脱粒装置用以将中间输送装置送来的作物通过揉搓、碰撞将麦粒从麦穗上脱下,并尽可能与秸秆分离。脱粒装置由滚筒、凹板等构成,有的在滚筒前设喂入轮。脱粒滚筒按结构形式有纹杆式、钉齿式、组合式,按作物沿滚筒的流向有切流和轴流式等。切流式脱粒装置,作物喂入后沿滚筒的切线方向进入并流动,作物滞留时间短;轴流式脱粒装置中,作物在做旋转运动的同时又有轴向运动,作物滞留时间长,脱粒充分,在凹板和轴流滚筒的后半段将秸秆与谷粒分离。作物在凹版上的圆周速度大致为4~5 m/s,轴向速度为0.6~0.7 m/s。

4）分离装置

分离装置是将脱粒后秸秆中夹带的籽粒分离出来。分离装置有键式、平台式和转轮式。键式分离装置（见图7-9）由键式逐稿器和逐稿轮等组成,对脱出物抖松能力强,适用于分离负荷较大的机型。平台式分离装置由一块具有筛孔分离面的平台、摆杆和曲柄机构构成,结构简单,具有相当的分离能力,但较键式的低。转轮式分离装置（见图7-10）,由转轮和栅状凹板组成,分离能力较强,作业效率高,故障率低,对潮湿作物的适应性较好,但茎秆易破碎。

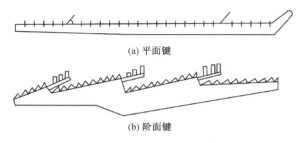

(a) 平面键

(b) 阶面键

图 7-9　键式分离装置

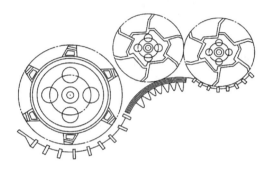

图 7-10　转轮式分离装置

5）清选装置

清选装置是将通过凹板和分离装置分离出来的谷粒等混杂物中的颖壳、碎茎秆、尘土等清除,得到清洁籽粒的装置。传统的清选装置有气流式、气流筛子式。气流式清选装置(见图 7-11)是靠风扇产生的气流和被清选物的比重、形状差异来清除谷粒中的杂质,其结构简单但清洁度较差。气流筛子式清选装置由风机、导流板、阶状抖动板、上筛、下筛、尾筛和传动机构等组成,被清选物由阶状输送器落到上筛和下筛的过程中,气流将颖壳和碎稿吹出机外,清洁度高、可靠性好,应用普遍。

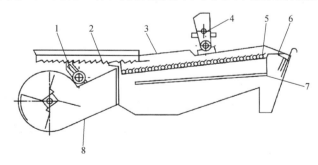

1—支杆;2—阶状抖动板;3—筛架;4—吊杆;5—上筛;6—尾筛;7—下筛;8—风扇

图 7-11　气流筛子式清选装置

6）收割机茎秆处理装置

收割机茎秆处理装置是将脱粒后的秸秆进行切碎抛洒、收集、打捆等处理。按照不同的茎秆处理要求,有集草箱、茎秆打捆装置和茎秆切碎抛撒装置等类型。集草箱悬挂在机器的后部,承接由逐稿器排出的茎秆,装满后自动打开后栅门并使箱底后部下落,将茎秆成堆排放于地面。用打捆机构代替集草箱(见图 7-12),可将茎秆打捆,便于集运。装有切碎抛撒装置时可将茎秆切碎均匀抛撒还田(见图 7-13)。

图 7-12 带秸秆打捆装置的联合收获机

图 7-13 带秸秆均匀抛撒装置的联合收获机

7.2 玉米收获机械化技术

7.2.1 玉米收获农艺要求

玉米机械化收获技术是在玉米成熟时,用机械来完成对玉米摘穗、剥皮、脱粒、秸秆处理等作业环节的作业技术。玉米联合收获适应于等行距、最低结穗高度≥35 cm、倒伏程度≤5%、果穗下垂率≤15%的地块作业。玉米机械化收获要求籽粒损失率≤2%、果穗损失率≤3%、籽粒破碎率≤1%、苞叶剥净率≥85%、果穗含杂率≤3%;留茬高度(带秸秆还田作业的机型)≤10 cm、还田茎秆切碎合格率≥85%。我国黄淮海大部分地区收获时玉米籽粒含水率偏高(30%~40%),玉米机械化收获作业只能完成摘穗、集箱、秸秆还田等作业,不能直接脱粒。

7.2.2 玉米收获机械

玉米不属于谷物,其收获方式主要有果穗收获和籽粒收获,虽然谷物收获机通过更换割台和调整运动部件参数或更换部分部件也能收获玉米籽粒,但只能用于玉米籽粒含水率较低或已经冻干的地区,高含水率玉米的脱粒技术目前尚不够成熟。

黄淮海地区玉米收获机械发展最快,机型比较多,机械化收获面积也最大,占全国玉米机械化收获总面积的60%以上。尤其是山东地区,其机械化收获水平已达到80%以上(全国平均水平64%左右)。玉米收获机的关键部件为摘穗装置、秸秆还田装置、剥皮装置、果穗输送装置等。

(1)摘穗装置

1)板式摘穗装置

板式摘穗机构工作时,两组相对回转的喂入链将禾秆引入摘穗导槽,在拨禾链的强制拨动下进入摘穗机构的拉茎辊之间,六棱拉茎辊的快速转动将秸秆拉向辊的下方。由于果穗粗于秸秆,其大端被卡在摘穗板上面,秸秆继续被拉引,将果穗与秸秆从果柄处拉断,实现果穗与秸秆的分离,完成摘穗(见图7-14)。这种方式,果穗损伤小、掉粒和籽粒破碎现象较轻,但果穗的苞叶较多,且摘穗过程中易出现断茎秆和碎叶挟在果穗中,造成果穗箱中含杂率较高。

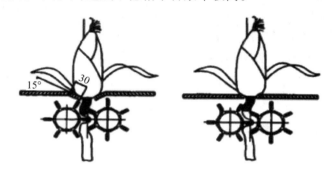

图7-14 板式摘穗机构

2)纵卧辊式摘穗装置

纵卧辊式玉米摘穗机构多用于站秆摘穗的机型上,主要由一对相对旋转的摘穗辊、齿轮箱、摘穗辊间隙调整装置等组成(见图7-15)。

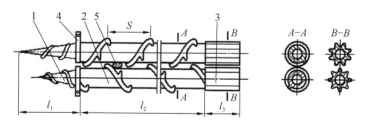

1—摘穗辊导入段;2—摘穗辊摘穗段;3—摘穗辊强拉段;4—摘穗辊间隙调节装置;5—茎秆

图7-15 纵卧辊式摘穗机构

两摘穗辊轴线平行,且与水平面呈35°~40°的倾角。为了使摘落的玉米果穗能够迅速离开摘穗辊以避免果穗的啃伤,两摘穗辊辊间具有约 35 mm 的高度差。两摘穗辊前端高度相同,因此长度不等,一般靠近外侧的摘穗辊较长,内侧的摘穗辊较短,两摘穗辊的长度差为 300 mm 左右。

摘穗辊按结构可以分为前、中、后 3 段。前段为带有螺旋凸棱的导入段,主要完成茎秆的导入;中段为带有螺旋凸棱和摘穗爪的摘穗段,主要完成拉引茎秆、导禾、扶禾和摘穗;后段为强拉段,表面具有较高的凸棱和沟槽,主要的作用是将茎秆的末梢部分和在摘穗中已拉断的茎秆强制从缝隙中拉出和咬断,以免造成割台堵塞。摘穗辊直径一般为 75 ~ 100 mm,转速为 600 ~ 900 r/min。摘穗辊之间的间隙(以一辊的顶圆到另一辊的根圆计算)为茎秆直径的 30% ~ 50%,摘穗辊间隙可以通过摘穗辊间隙调节装置进行调节,调节范围为 4 ~ 12 mm(以摘穗辊中部测量)。摘穗辊上的螺旋凸棱用于轴向输送玉米植株;摘穗爪主要作用于玉米穗柄,通过旋转将玉米穗柄拉断,完成玉米果穗的摘落过程。

工作时,随着机器的前进,玉米茎秆通过摘穗辊导入段进入两摘穗辊之间,相对旋转的摘穗辊将玉米茎秆向下方拉拽,当果穗被摘穗辊或摘穗爪阻挡时,摘穗辊将玉米茎秆继续下拉。由于玉米茎秆的拉断力较大,玉米茎秆与果柄的连接力及果柄与果穗的连接力较小,当摘穗辊对于玉米茎秆的下拉力大于果柄的拉断力时,果穗即被摘穗辊摘落。摘穗后茎秆被摘穗辊强拉段强制拉出。

3)立辊式摘穗装置

立辊式摘穗装置主要由一对(或两对)倾斜配置的摘穗辊和挡禾板组成(见图 7-16)。摘穗辊是该摘穗装置的主体,每个摘穗辊分上、下两段,上段为主要部分,起摘穗作用;下段为辅助部分,起拉茎作用。摘穗辊上、下两段之间是夹持链的主动链轮。两摘穗辊轴心线与垂直面成前倾 25°左右的夹角。为了增加摘穗辊对茎秆的抓取和对果穗的摘落能力,上段的断面为花瓣形(3 ~ 4 花瓣)。由于下段为辅助部分,主要起引拉茎秆的作用,故该段的断面与上段相同或采用 4 ~ 6 个棱形。摘穗辊的直径一般为 80 ~ 95 mm,上段长 300 mm 左右,下段长 150 ~ 200 mm,摘穗辊转速为 1 000 ~ 1 100 r/min。为了使摘穗辊对茎秆有较强的抓取能力,其间隙较卧辊小,一般间隙为 2 ~ 8 mm,且该摘穗间隙大小可通过改变下轴承或上、下轴承的位置进行调节。

工作时,割断的茎秆由夹持链引导从根部喂入摘穗辊下段的间隙中,由下段抓取拉引并迅速向后、向上进入摘穗辊上段;在上段摘穗辊对茎秆的牵拉过程中,茎秆由于顶部受到挡禾板的阻挡,其姿态会逐渐转为与摘穗辊轴线垂直。当果穗抵达摘穗辊被阻挡时,由于果穗与穗柄的联结强度较茎秆的强度小,故多在此处拉断,果穗摘离后在重力作用下掉落在摘辊前方的输送装置上。

立辊式摘穗装置作业时,由于果穗被摘离茎秆后立即掉落并脱离摘穗辊,所以果穗的咬伤损失小,落粒损失也小。加之摘穗辊后面空间较大,所以有利于配置秸秆切碎、整秆铺放等秸秆处理装置;缺点是在秸秆夹持过程中,遇到断秸秆横置时,易造成收获台的堵塞。

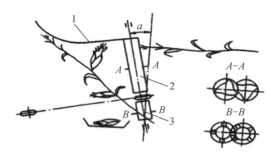

1—挡禾板;2—摘穗辊上段;3—摘穗辊下段

图7-16　立辊式摘穗机构

目前黄淮海地区纵卧辊式摘穗机构应用较多,纵卧式摘穗机构工作时站秆摘穗,玉米植株在拨禾输送装置的作用下进入摘穗辊之间,结构简单,可靠性高,堵塞现象少,对茎秆不同状态的适应性较强。但是摘落的果穗在摘穗辊上面移动距离长、接触时间长,果穗大端受到摘穗辊的挤压和冲击力较大,因此,容易造成籽粒损伤和落粒现象而造成收获损失,加大了整机的玉米收获损失率。

随着籽粒收获发展和收获期推迟,逐步推广使用板式摘穗机构。摘穗板组合式摘穗机构同样是站秆摘穗,茎秆被强制或被动喂入摘穗板内,依靠拉茎辊的下拉完成摘穗作业,果穗与高速回转的拉茎辊不接触。其结构简单,工作可靠,果穗咬伤率小、籽粒破碎率低、分禾效果好。但果穗上带的苞叶较多,被拉断的短茎秆也较多,容易产生收获含杂或堵塞故障。

4)梳脱式摘穗装置

梳脱式摘穗单体机构(见图7-17)工作时为站秆摘穗,通过旋转的梳齿杆将果穗强制摘下。与辊式和板式摘穗机构将茎秆下拉从而实现摘穗的原理不同,梳脱摘穗机构从底部碰撞果穗大端将果穗摘落。相邻梳齿杆之间的间隙小于果穗大端的直径,大于茎秆的直径。摘穗机构工作时,随着机器前进,传动装置带动梳脱摘穗单体机构与前进方向滚动逆向旋转,梳齿杆由下往上对玉米植株进行梳刷,由于相邻梳齿杆间距小于果穗大端的直径,当梳齿杆触碰到果穗大端时,利用冲力将果穗强制摘下,摘落的果穗被梳齿杆向后抛送。

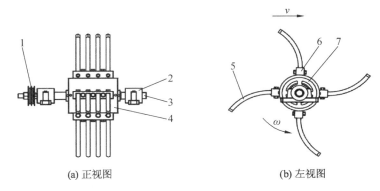

(a) 正视图　　　　　　　　　　　(b) 左视图

1—传动带轮;2—轴承座;3—滚筒轴;4—滚筒;5—梳齿杆;6—梳齿杆安装座;7—辐盘

图 7-17　梳脱式摘穗单体机构

（2）秸秆粉碎还田装置

两熟区玉米收获后还需要接茬播种小麦等作物,为了减少茎秆对后续作业的影响,需要进行秸秆还田作业,一般需在收获机上加装茎秆切碎装置,使茎秆长度≤100 mm。常用秸秆粉碎还田装置主要有立轴甩刀砍切式(安装在摘穗道下方,与摘穗装置配合完成对茎秆的悬臂切割还田)、拉茎刀挤切式和粉碎还田机 3 种。

1）立轴甩刀砍切式切碎装置(见图 7-18)

立轴甩刀砍切式切碎装置安装在摘穗道下方,由刀片、刀架、紧定盘和固定盘等组成(见图 7-18)。由于没有定刀,切割方式属于无支撑切割,所需的切割速度要比有支撑切割的速度高,一般转速为 1 350 ~ 2 200 r/min。为了满足不同地区的切碎长度要求,刀盘上设计了多余的刀片固定孔。立轴甩刀式切割器主要起到两个作用,一是在玉米秸秆的喂入过程中起到切断的作用;二是在摘穗的过程中把被拉茎辊拽下的秸秆切碎,将玉米秸秆抛撒还田。

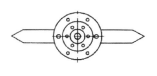

(a) Fantini摘穗粉碎还田单体　　　　　　(b) 立轴式甩刀结构图

图 7-18　立轴甩刀砍切式切碎装置

2）拉茎刀辊挤切式切碎装置

拉茎刀辊挤切式切碎装置由传统直凸棱形拉茎辊改进而来（见图7-19），用直刀片代替凸棱进行茎秆下拉作业，在下拉的同时，刀片挤切进入茎秆内部，完成茎秆粉碎还田作业。由于该机构茎秆下拉和粉碎还田依靠一套机构同时完成，粉碎还田效果对茎秆含水率要求较高，当茎秆含水率较高时，易导致割台收获含杂升高，其较适宜茎秆含水率低时使用。

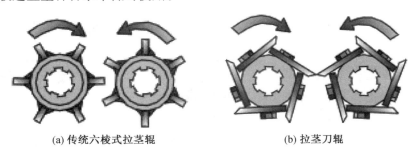

(a) 传统六棱式拉茎辊　　　　　　(b) 拉茎刀辊

图7-19　拉茎刀辊挤切式切碎装置

3）粉碎还田机

黄淮海两熟区以收获机配置单独的粉碎还田机部件切碎秸秆粉碎还田方式为主，还田机安装在收获机割台下部、整机中部或后部（见图7-20）。多采用锤爪式和"Y"形甩刀式还田机构，击碎或者撕碎茎秆。这种秸秆粉碎作业方式导致现有秸秆还田机构动力消耗较大，单行动力一般在7.5 kW左右，还田机动力一般占据收获机整机动力的30%～50%，制约着玉米收获作业速度的提高，影响收获效率。

图7-20　收获机中置秸秆还田机切碎装置

（3）剥皮装置

剥皮装置用于剥除玉米果穗苞叶，主要由剥皮辊、压送器、传动系统等组成。剥皮装置利用一对相对转动的剥皮辊间的摩擦力抓取和剥除玉米果穗苞叶，为了使苞叶剥净，在果穗沿剥皮辊下滑的同时，上方的压送器使果穗与剥皮辊稳定接触而不出现跳动。

　　剥皮辊是剥皮装置的主要部件,其轴线与水平方向呈 10°～12°倾角,前高后低以利于果穗沿剥皮辊轴向下滑。剥皮辊的布置方式主要有高低辊式和平铺辊式两种。高低辊式配置方式下每对剥皮辊轴心的高度不等,呈"V"形或槽形配置(见图7-21)。"V"形配置的结构简单,但果穗容易向一侧流动(因上层剥皮辊的回转方向相同),一般多用于辊数较少的小型机上;槽形配置的果穗横向分布比较均匀,性能较好,剥净率较高。在剥皮辊的下端设有深槽形的强制段,可将滑到剥皮辊末端的散落苞叶和杂草等从该间隙中拉出以防堵塞。多应用在玉米联合收获机和固定式玉米剥皮机上,但在作业时经常出现"啃伤"果穗和籽粒的现象,容易导致籽粒损失率和籽粒破碎率较高。平铺辊式配置,由于所有的剥皮辊轴心处于同一平面,结构相对简单,在很多大型自走式玉米联合收获机上采用。

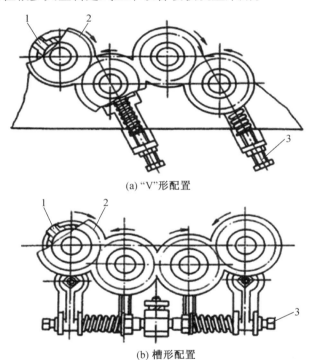

(a)"V"形配置

(b)槽形配置

1—剥皮辊;2—轴承罩盖;3—剥皮辊间隙调节螺钉

图 7-21　剥皮辊高低辊式配置形式

　　常用剥皮辊材料有铸铁和橡胶两种,其配制方式有铸铁辊—铸铁辊(见图7-22 a)、铸铁辊—橡胶辊(见图7-22 b)、铸铁辊—铸铁—橡胶组合辊(见图7-22 c)等方式。其中铸铁辊—橡胶辊的组合方式剥净率高,对籽粒的"啃伤"最少,效果最好。

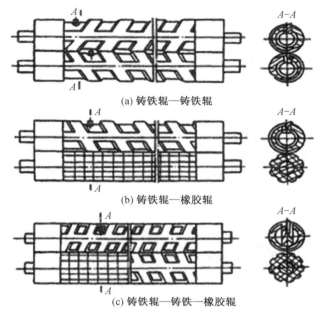

(a) 铸铁辊—铸铁辊

(b) 铸铁辊—橡胶辊

(c) 铸铁辊—铸铁—橡胶辊

图 7-22　剥皮辊的组合类型

（4）果穗输送装置

自走式玉米联合收获机的果穗输送装置包括两部分,第一部分为横向输送装置,用于将摘下的果穗送向机器的一侧;该横向输送装置既可用刮板式输送器,也可用螺旋搅龙输送。但是当摘穗装置为板式摘穗装置时,由于果穗中含有较多的短穗、秸秆和苞叶,为了防止输送通道的堵塞,多采用螺旋输送器来输送。第二部分是果穗纵向输送装置,用于将横向输送装置送来的果穗向后输送到剥皮装置。由于该方向果穗输送的距离远,所以基本都采用刮板式输送装置。

（5）玉米联合收获机

黄淮海地区由于品种、种植制度等原因,采用的主要是机械化收获果穗的收获方式。收获机根据动力不同分为自走式和背负式两种,目前3、4行自走式玉米联合收获机是黄淮海夏玉米种植区应用最广泛的机型。自走式玉米联合收获机的结构比较类似,主要是行数不同带来的结构细部有所差异。割台采用摘穗辊式或者拉茎辊与摘穗板组合式摘穗机构。收获机厂家按照对应销售区域的种植形式生产不同行距的收获机械,以避免机器摘穗道间距与种植行距差别较大产生的果穗掉落损失。

1）自走式玉米果穗联合收获机

自走式玉米果穗联合收获机主要包括摘穗装置、秸秆粉碎还田装置、果穗横向输送搅龙、果穗纵向输送装置、剥皮机构、集果箱等部分（见图7-23）。机器工作时，首先分禾器接触植株，及时将其扶直收拢，植株被拨禾链快速推到摘穗装置上，果穗与植株经输送搅龙运送到升运器，再经升运器输送到剥皮机，剥皮后的果穗输送至果穗箱；植株经过割台时，秸秆切断装置将植株切断放倒，由中置还田机将秸秆完全切碎还田，一次完成摘穗、剥皮、果穗收集、秸秆粉碎还田作业。

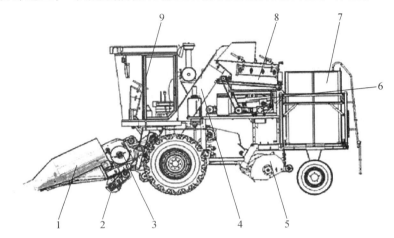

1—玉米摘穗割台；2—滚刀式茎秆切断装置；3—搅龙；4—果穗升运器；
5—秸秆粉碎还田机；6—苞叶排出机构；7—果穗收集箱；8—剥皮机；9—驾驶室

图 7-23　4YZP－3 玉米联合收获机整机结构示意图

2）自走式籽粒直收联合收获机

近几年来随着玉米育种技术的进步、农村劳动力的转移，以及土地流转、不同规模经营主体发展等经营结构方式的调整，农业从业人员对省时省力机械化籽粒直收的需求越来越迫切。相对于果穗收获，籽粒直收多采用联合收获机加装玉米摘穗收获割台，一次进地完成摘穗、脱粒、分离、清选、输送和籽粒收集作业。

脱粒和分离装置是联合收获机的核心工作部件，根据物料来料方向和脱粒分离滚筒的安装，联合收获机又分为纵轴流型联合收获机和切流型联合收获机，玉米收获机一般采用纵轴流型联合收获机较为适宜（见图7-24）。轴流型脱粒装置与分离装置集合成一体，结构比较紧凑，一般合称为脱粒分离装置。

目前黄淮海两熟区播种的主流玉米品种成熟期脱水慢，收获时籽粒含水率较高（平均在30%以上，部分高达35%以上），同时受限于经营规模、烘干设施的发展，虽然广大经营者对籽粒直收的需求迫切，但籽粒直收的进程发展较为缓慢。部分配套条件较好的经营者，目前多采用切流联合收获机加装玉米摘穗割台的方式进行籽粒直收作业，受限于切流脱粒机构本身的结构原因（见图7-25），收获后的玉米籽粒破碎率较高,一般在10%左右,远远超过国家标准规定的≤5%的要求。

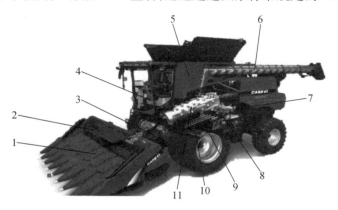

1—玉米摘穗割台;2—搅龙;3—过桥喂入系统;4—驾驶室;5—粮箱;6—卸粮搅龙;
7—粉碎装置;8—清选系统;9—风机;10—脱出物螺旋输送系统;11—纵轴流脱粒分离滚筒

图7-24 CASE 7140 联合收获机整机结构示意图(纵轴流联合收获机)

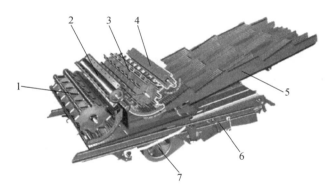

1—主脱粒滚筒;2— 搅拌滚筒;3— 分离滚筒;4—逐稿轮;5—逐稿器;6—清选筛;7—筛选风机

图7-25 New Holland 切流脱粒分离机构

4YZP－4X 玉米收获机是在"粮食作物农机农艺关键技术集成研究与示范"课题的支持下研发的另一种新型玉米联合收获机,该机采用静液压无级变速行走系统,操控简便、舒适可靠;采用短摘穗辊,并在上部增加护板,降低果穗与摘穗部件的接触,达到低损摘穗目的;秸秆处理方式采用"前置切碎＋中置还田"结构,有效减少秸秆被轮胎碾压后无法还田的现状,提高秸秆还田效果;整机集成割台自动仿形、自动引导对行作业、主要工作部件工况监测等智能化功能,可有效适应地表起伏不平的情况,减轻驾驶员劳动强度,及时发现故障。山东农机院研制应用的对行引导、仿形、控制器和显示器如图7-26所示。

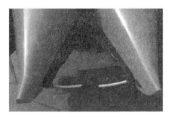
(a) 作业引导

(b) 地面仿形器

(c) 控制器

(d) 触摸屏

图 7-26　山东农机院研制应用的对行引导、仿形、控制器和显示器

整机作业效率高,作业效果好,已经完成了整机性能检测,该机配套动力:103 kW,整机重量 6.9 t,作业行数 4 行,设计行距 60 cm,各项技术指标符合国家标准。图 7-27 为 4YZP – 4X 玉米收获机,图 7-28 为 4YZP – 4X 玉米收获机田间作业。

图 7-27　4YZP – 4X 玉米收获机

图 7-28　4YZP – 4X 玉米收获机田间作业

7.3　大豆收获机械化技术

7.3.1　大豆收获农艺要求

大豆机械化收获的时间要求严格,收获过早,籽粒尚未充分成熟,百粒重、蛋白质和脂肪的含量过低;收获太晚,大豆失水过多,会造成大量炸荚掉粒,必须准确把握大豆适时收获期。

适宜收获期因收获方法而不同,直接收获的最适宜时期是在完熟初期,此期大豆叶片全部脱落,茎荚和籽粒均呈现出原有品种的色泽,籽粒含水量已下降到20%~50%,用手摇动植株会发出清脆响声。用机械直收,最好用挠性割台,以减少收获损失,保证大豆品质。要求割茬低,不留底荚,不丢枝,田间损失不超过3%,脱粒损失不超过1%,破碎率不超过5%。

如用分段收割的方法,要将收割期适当提前,黄熟期是最佳收割期。此期大豆叶片脱落70%~80%,豆粒开始发黄,少部分豆荚变成原色,个别仍呈现青色,是割晒的最适时期。过早割晒,茎秆、叶片含水量大,不能早拾禾,否则青粒多、易霉烂。反之,割晒过晚,则失去了分段收割的意义。分段收获,就是先用割晒机把大豆割倒铺放,待晾晒干后,再用联合收获机安装拾禾器拾禾并脱粒的收获方法。分段收获与直接收获比较,具有收割早、损失小、炸荚、豆粒破碎和泥花脸少的优点。

发达国家的玉米、大豆收获机械技术先进,大量采用电子、液压等高新技术,实现了机电液一体化。并且,将计算机、航天等微电子技术、地理信息系统及产量、损失等检测技术应用到联合收割机上,达到高度机械化、自动化和智能化,使收获机械作业性能好、适应性强、使用安全可靠、作业效率高、操作舒适方便。国外收获机一般都安装以下装置:

一是全球卫星定位系统(GPS)。可在全球范围内使用,根据用户要求提供多种信息服务,使机器更加高效可靠地进行收获作业。二是产量、含水率等的监测装置。在大大中型谷物联合收割机上安装产量和水分测试传感器,测量收获作业中的作物亩产量、含水率,根据测出的作物产量高低、含水率多少,驾驶员对机器的前进速度和喂入量的大小做出选择,使机器的作业效率得到充分发挥,同时降低故障率,保证机器能安全可靠地作业。三是籽粒损失监测装置。可随时监测出联合收割机在作业中的损失情况,驾驶员根据监测到的情况,采取不同措施。如发现籽粒损失增加,可采取降低前进速度、减少喂入量或减小割幅等措施,改善收获性能,减少损失。四是收获小时数和收获亩数的测量系统。在联合收割机上装有测量机器工作小时和每天收获面积的装置,根据收获的时间和面积,驾驶员可了解到该机的工作效率是否得到充分发挥,为今后提供参考。如果收获效率低,可提高收获效率,充分发挥机器的作业效率。该装置为经营性的用户提供方便,不用实地测量收获亩数,避免与用户发生纠纷。五是地理信息系统(GIS)。利用田间数据采集装置和计算机处理系统,将土地类型、地形地貌、排灌状况等测出来,为联合收割机的收获作业提供土壤方面的情况,以便考虑收获作业中的通过性能。如果土地湿软,就要更换轮胎,提高收割机的通过性,避免在作业时更换行走装置,影响工作时间,减少收获面积。六是智能化控制技术。智能化技术的应用主要在以下方面:① 割茬高度、自动对行的自动控制。由于收割台可自动仿形,即使地面不平,也能保持留茬高度的一致性;自动对行使联合收割机在收获作业中始终全幅作业,充分发挥收获功效,并减少油量消耗,增加经济效益。② 拨禾轮转速、搅龙轴转速等的监控。在收获作业中,根据收获作物的生长状况,包括倒伏状况、作物自然高度、籽柄连接力、含水率等自动调节拨禾轮转速,达到扶禾、导入性能好,不碰落籽粒;可根据输送作物的多少,随时调节搅龙转速,达到输送流畅、割台不堆积作物。③ 脱粒装置的监控。脱粒部件是联合收割机的心脏,联合收割机工作情况和效率高低等均与该工作部件有关,滚筒转速监控能减少联合收割机作业故障率,保证联合收割机正常高效地进行收获作业。大中型联合收割机逐稿器分离茎秆量比较大,也是容易产生堵塞等故障的部位之一,实行逐稿器监控,能保证逐稿器抖动分离性能,将茎秆中籽粒分离出来,而茎秆能及时排出机外。④ 清选系统的监控。清选性能是影响联合收割机性能的重要因素之一,总损失率中,清选损失占 40% 左右,而籽粒含杂率取决于清选性能的好坏,特别是清选潮湿作物时,清选系统的工作情况直接影响到整机作业的可靠性和清选效果。清选系统监控可使系统达到满负荷工作,且损失少,籽粒含杂率低。⑤ 二次回送装置的监控。二次回送物料中,短茎秆占绝大部分,往往造成堵塞,是联合收割机的故障多发区,实现二次回送搅龙监控,为整机正常可靠作业提供了保证。⑥ 切碎装置的监控。因联合收割机脱粒后的茎秆比较长,如果直接抛到田间,影响下季作物播种,所以脱粒后的茎秆必须切碎,才能达到还田要求。为保证切碎质量,不产生堵塞等故障,在大中型联合收割机上都装有切碎监控。⑦ 粮箱充满监控。大中型联合收割机粮箱都比较大,设有装满粮箱的监控和报警,防止漏粮损失,保证及时卸粮,不影响机器的正常作业。⑧ 前进速度监控。联合收割机前进速度的快慢直接影响收获效率、作业性能和收获质量,所以前进速度监控能保证联合收割机在正常作业条件下充分发挥作业效率。

7.3.2　大豆收获机械

（1）国外大豆收获机

国外著名的大型自走式联合收割机制造企业主要有美国 John Deere、CASE NEW HOLLAND、AGCO,德国 CLAAS、DEUTZ - FAHR,意大利 CICORIA、SAME - DEUTZ - FAHR 及奥地利 WINTERSTEIGER 等。

约翰迪尔公司的代表机型为 70 系列 STS(见图 7-29),该机最大功率为 358 kW,配置智能动力优化管理系统;柔性仿形割台可根据田间作业情况自动控制收获速度和割茬高度,最大收获宽度可达 11 m;配备先进的监测系统,可实现谷物湿度和产量的在线监测;配备先进的控制系统,可实现精度为 0.33 m 的自动导航,脱粒滚筒和清选风扇转速、清选筛片开度会依据作物及田间作业情况实现自动调整;可实现整机在最大收获效率和最小收获损失两种模式下切换,进行智能收获。

凯斯公司的代表机型为 CaseIH8010(见图 7-30),该机最大功率为 303 kW;配备先进的控制系统与监测系统,实时收集谷物和作业情况的信息,并据此自动调节工作部件,配置先进的全自动导向系统;柔性仿形割台最大收获宽度为 10.7 m,可根据田间作业情况进行自动调节,加强了对低矮作物的切割效果;配备自动调平清选系统,不仅能在清选筛面产生均匀气流,保证谷物清选的均匀性,而且降低噪音、减少能耗效果显著。同时 CASE 公司研发的 TerraFlexTM 浮动系统应用于 CASE 3020 型挠性割台,实现了将切割器对地面的压力均匀地分布于整个割台宽度上,保证了切割及浮动的一致性,被广泛用于大豆等各种作物收获作业。

图 7-29　约翰迪尔联合收割　　　　　图 7-30　凯斯联合收割机

纽荷兰联合收割机代表机型为 CR9000(见图 7-31),该机最大功率为 298 kW;仿形割台可以自动控制割茬高度,并配备新型浮式作业系统,其最大收获宽度为 13.7 m;配备了脱粒滚筒保护装置和防过载装置;采用具有良好脱粒分离效果的双纵轴流脱粒滚筒,保证脱粒效率与质量;为适应不平整地面的作业,保证清选效果,配备了先进的自调平清选系统;配备能够提高秸秆抛撒效果的脉动秸秆处理系统;具有先进的控制系统,可根据田间作业情况及谷物属性对各个工作部件进行调节,并能够实现自动导航。

图 7-31　纽荷兰联合收割机

德国克拉斯公司代表机型为 LEXION 系列(见图 7-32),配备方向和高度均可在 ±4.5° 范围内自动调节的柔性割台,为保证在作业过程中驾驶员能清楚地观察作业状况,柔性割台上配备了灰尘吸附装置;采用配备了加速预脱滚筒和液压防堵装置的脱粒系统,可根据喂入量的改变而自动调节凹板包角,保证稳定均匀地将谷物喂入脱粒装置;为适应不平整地面的作业,采用配备了立体清选筛和涡流风扇角度经过改进的射流清选系统,保证清选的效果和质量;配备先进的监测与控制系统,可实现自动驾驶,实时检测、显示并记录各部件的性能状况、谷物的湿度和产量信息,并据此调节各部件的工作参数。

美国爱科集团代表机型为麦赛福格森 9000 系列(见图 7-33),该机最大功率为 317 kW;配备调整角度为 8°的柔性割台,装有转速可自动调整的拨禾轮,其收获宽度可达 10.6 m,喂入系统配置两个浮动喂入轮,加强喂入的平顺性,采用动力变速喂入驱动,以适应作物或行驶速度的变化;配备了螺旋喂入系统、恒速控制系统及过载报警装置的轴流脱粒滚筒,螺旋喂入系统能够均匀稳定地喂入谷物,并保护脱粒滚筒免于其他杂物的影响,恒速控制系统使脱粒滚筒的转速不因发动机转速和谷物状态的改变而改变,保证了脱粒的质量;搭载的精细农业系统可实现对作业过程信息的智能管理。

图 7-32　克拉斯联合收割机　　　　图 7-33　爱科联合收割机

我国谷物联合收割机的研究与生产以中小型为主,大喂入量联合收割机在国内则还处于研究和生产的起步阶段。由于中小型联合收割机的收获质量良好,机器整体结构简单紧凑、小巧灵活,道路的通过性和对作物的适应性好,操作可靠,转移方便,适应当前我国广大农村的经济条件和土地经营方式,因此,几年来一直保持产销两旺的发展态势,就市场保有量和销售潜力而言,其一直是我国收割机市场的主体和跨区作业的主要机型。国内生产的中小型谷物联合收割机的脱粒装置主要有两种结构型式:切流、切流 + 轴流。如中国收获机械总公司生产的新疆 - 4、新疆 - 6 联合收割机,福田雷沃国际重工股份有限公司生产的谷神 - 3,佳木斯联合收割机厂生产的 3060、3070 和 3080 等产品均为切流脱粒结构型式;洛阳中收机械装备有限公司生产的新疆 - 2、新疆 - 3,福田重工生产的谷神 - 2、谷神 - 2.5 等均采用切流 + 轴流脱粒结构型式。

随着我国农业结构的调整和农产品市场的国际化,农村土地将逐步向集约化经营发展,农业生产模式将逐步规模化、大型化,市场对大中型联合收割机的需求将会不断加大。国内各联合收割机企业均加大了对大中喂入量机型的研发投入,并取得了显著的成果,实现了 6~8 kg/s 喂入量机型的产品化,如洛阳中收机械装备有限公司独立研发并已经投产的中国收获 4LZ－6 自走式纵轴流谷物联合收割机、江苏沃得农业机械有限公司已经投产的 DC60 谷物联合收割机、山东时风集团已经投产的 6158 型自走式纵轴流谷物联合收割机、江苏常发集团已经投产的 CF806 联合收割机、福田重工已经投产的 GN70 纵轴流谷物联合收割机、奇瑞重工已经投产的 4LZ－8F 多功能联合收获机 8000C、吉林东风机械装备有限公司投产的东风 E518 机型、中国农机院根据市场需要研制的喂入量为 10 kg/s 的 4LZ－10 自走式多功能联合收割机(见图 7-34)等。但是,这些产品基本上是在原有中型收割机结构基础上,采取加大动力、增加割幅、优化脱粒系统、改进清选装置等一系列升级措施而制成的,由于受到原有结构的限制,喂入量的进一步提升受到限制,在智能化、舒适性方面还不能满足市场对大中型收割机的迫切需求。我国目前对中小型联合收割机的关键部件参数都实现了监测、显示和报警,如风机、脱粒滚筒、复脱器、发动机等部件,构建起了基本的监控系统,但是由于参数监测相对独立,工作部件间无控制关联,难以实现收获过程的自动调节与控制。目前,我国联合收割机关键部件参数在线检测装置的研究还处在初级阶段,如脱粒滚筒扭矩和转速、发动机输出功率、粮仓装载量等。工作过程中利用控制器实现故障自诊断、作业工况监测和作业质量跟踪监控等保障手段还未应用,难以在此基础上形成有效的监控和服务体系。

图 7-34　4LZ－10 自走轮式多功能谷物联合收割机

(2) 大豆收获机械的关键技术

近年来,轴流滚筒式联合收获机也有了较大的发展,即谷物从滚筒轴的一端喂入,沿滚筒的轴向做螺旋状运动,一边脱粒,一边分离。作物通过滚筒的时间较长,最后从滚筒轴的另一端排出。这种形式可以省去联合收获机中庞大的逐稿器,缩小了联合收获机的体积并减轻机重,且对大豆、玉米、小麦、水稻等多种作物均有较好的适应性。此外,切、轴流结合型及多滚筒联合收获机在国内外也已成为产品。其总体结构差别不大,由割台、倾斜输送器、脱粒机、发动机、底盘、传动系统、液压系统、电器系统、驾驶室、粮箱和草箱等部分组成。

挠性割台为大豆收获的专用割台,普通割台的切割器是刚性地连接在割台上的,而挠性割台的切割器是柔性地连接在割台上。工作时切割器拖板始终与地面接触,既能上下仿形,也能左右相对仿形,并且可以局部仿形。仿形部分的重量由地面和弹簧板的弹力支撑,当降低割台时,弹簧板变形量减小,此时拖板对地面的压力变大,反之当升高割台时,弹簧板变形量增大,此时拖板对地面的压力变小。因此,根据地面的松软程度,适当提升或降低割台,从而使拖板对地面有一个合适的压力,既能使拖板将松土和割茬推倒,又能避免拖板对地面的压力过大使土壤被推到切割器上面。使用时应密切留意仿形高度,随时升降割台,使之处于比较适宜的仿形高度,在保证松土不被推上切割器的条件下,应尽量降低割台,使弹簧板变得比较平直,这样能使喂进通畅,减少落地损失。

欧美等发达国家谷物自走式联合收割机技术先进,大量采用高新技术,机械化、自动化程度高,并实现了智能化自动控制,为高效可靠地作业提供了条件。普遍采用一种主机配有多种割台,扩大了机器适用范围,提高了机器利用率,降低了使用成本;采用自动化和信息化高新技术,提高了作业可靠性,减轻了操作者的劳动强度。20 世纪 80 年代以来,欧美各大联合收割机制造公司,竞相研发纵向轴流式谷物联合收割机,经过 20 多年的发展与完善,已成为主流产品。联合收割机底盘大多采用了液压驱动技术,实现了行走速度的无级变速。

德国 CLAAS 公司生产的 MEGA360 型谷物自走式联合收割机,主要由收割台、输送装置、脱粒分离、清选、切碎装置、底盘、行走机构、驾驶室及智能化监控系统等组成。该机以收获麦类作物为主,并配有收获水稻、玉米、大豆、油菜籽、草籽等附件,实现多种作物的收获作业。整机结构如图 7-35 所示。

图 7-35　整机外形

收割台:主要由割台机架、横向输送搅龙、偏心拨禾轮、切割器及传动装置等组成,配有6种不同割幅(4.5,5.1,6.0,6.6,7.5,9.0 m)的割台。为保证收获作业时的切割性能及保持割茬的整齐一致性,装有横向水平调节装置,实现横向仿形,达到左右割茬整齐一致。该机割台配备割茬高度自动控制装置,主要由传感器、双作用液压缸和电子元件等组成,保证切割高度一致性,提高切割质量,并避免因田面不平造成收割台某些零部件的损坏。该机收割台具有快速反转功能,割台一旦发生堵塞,可快速反转及时清除堵塞物,保持机器的正常高效作业。为便于运输和转移收割,收割台可折叠,驾驶员仅需按一下按钮,割台便可在几秒钟内完成折叠,割台在折叠过程中,其分禾器仍保持正常状态,随之一起折叠。由于该机配置AUTO-CONTOUR"智能"割台,无论在坡地、倒伏作物和夜间作业及在石块较多田间均可正常作业,如图7-36所示。

脱粒装置:主要由喂入加速器、脱粒滚筒、分离凹板、排草轮、逐稿分离器等组成。脱粒滚筒结构如图7-37所示。

图7-36 割台结构

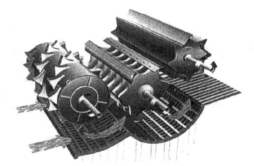

图7-37 脱粒滚筒

在脱粒滚筒前加一个加速辊,目的是将割台输送来的作物首先经加速辊脱粒并分离部分谷粒,同时形成均匀的物流层。因加速辊已将部分籽粒脱下,并经加速辊下面的凹板落下,使进入脱粒滚筒的籽粒量减少。另外,由于进入滚筒的物流层比较均匀,便于脱粒,提高了脱净率和分离率。因增加一个加速辊,使滚筒的凹板包角增大,该机分离凹板包角达到151°,使脱粒行程和分离面积增加,便于提高脱净率和分离率。为适应多种作物的脱粒,加速辊下面的凹板采用分段式结构,各段凹板可分段更换。脱粒滚筒下面的主凹板在设计时就考虑到可适应多种作物的脱粒分离,为适应收获不同种类和不同产量的作物,该机主凹板与脱粒滚筒的间隙可根据需要由机手随时自动调节,以保证脱粒性能。

经脱粒后的茎秆中仍夹有10%左右的籽粒,经脱粒滚筒脱粒后,90%的籽粒经凹板进入清选系统,剩余的随茎秆进入逐稿器,由逐稿器完成分离,将分离的籽粒输送到清选筛上。逐稿器的分离性能不仅取决于逐稿器长度和抖动频率,均匀的物料层也十分重要,所以在每个键式逐稿器上方设计有两个前后布置的由凸轮控制的搅动指杆。搅动指杆在上方分离茎秆确保物料在逐稿器上流动顺畅,同时形成均匀的茎秆流动落层,有利于残留在茎秆中的谷粒分离。经逐稿器排出的茎秆,由茎秆粉碎器切碎,散落到田间,达到还田增肥效果。

清选系统:主要由抖动板、上清选筛、下清选筛、风扇、调平装置及传动系统等组成。清选装置如图 7-38 所示。

图 7-38　清选筛结构

为适应坡地或高低不平的田间作业,该机清选装置设计有调平机构,使清选筛在作业中始终保持水平状态,保持筛分物料层均匀,筛面负荷均衡,有利于保持良好的筛分性能,并使筛面受力均匀,提高零部件的使用寿命。清选筛前端为抖动输送板,进入清选装置的物料,首先在抖动板作用下达到初步分离,使物料较均匀地进入到清选筛面,便于清选,提高籽粒清洁度并减少清选损失。筛面为长唇鱼鳞筛,回流筛可单独调整,具有较高的筛选效率,其筛面开度可调,根据籽粒清洁程度可随时调节筛面的开度。风扇的风量、风速可根据收获的作物和产量调节,以满足清选性能的要求。

行走底盘为静液压无级变速,收割机前进与倒退、高速与低速均可以在多功能操作杆上选择。选择任一挡工作时,从怠速到变速之间变换不需切换离合器换挡,操作方便、省力,有利于提高收获效率。采用全液压底盘使结构简单、重量轻,使用可靠。行走机构为轮式,可以选配不同规格和不同宽度的轮胎,以保持较小的接地压力,使机器具有良好的通过性能。在极其恶劣田面条件下作业时,可使用该机的4 轮驱动系统;而在道路运输时,可选择两轮驱动。

驾驶室装有完善的智能化监控系统,操作杆件显示开关等全集中在驾驶员右手侧,使用方便,如前进方向控制、行走速度、割台和拨禾轮、清选筛调平控制等。

该机智能化系统比较完善,具有工作部件的自动控制、监视和显示等功能。可选装卫星导航定位系统、籽粒损失监视和测产系统等较先进的智能化装置,为机器可靠、高效率和高质量作业打下了基础。

该机有良好的通用性,可以收获稻、麦类作物、玉米、油菜籽、向日葵、大豆及牧草等多种作物,随机配备收获上述作物的附件。由于收获作物品种多、年收获时间长,利用率高,相应地降低了机器的使用成本,提高了使用经济性。

（3）我国大豆收获机

国内使用的谷物全喂入联合收获机主要以机械为主,辅以电子和液压装置,操作系统主要是手动,智能化装置很少,所以机械化和自动化程度比较低。国内收获机底盘主要有两种,均以机械变速箱为主,一种为机械式齿轮变速箱,另一种为齿轮变速箱加皮带无级变速,结构复杂,使用可靠性差,经常出现离合不清、挂挡困难及拨叉过早磨损等问题,所以在底盘方面与国外先进产品相比差距较大。国内绝大多数机器没有收割台自动仿形、脱粒和清选装置等部位的监视、显示和报警功能,仅少数机型设计有脱粒间隙调节装置,但也是手动的。在智能化监控方面基本没有,只在个别机器上装有脱粒和清选部件的转速监视和报警。典型机型有:

① 4LZ-1.2 型自走式大豆联合收获机(见图 7-39),适用于大豆联合收获作业,换装专用部件后可兼收小麦、旱地水稻等作物,是收获以大豆为主的收获机械,它设有两个滚筒,切流滚筒在前,轴流滚筒在后,脱离效果好、破碎率低、机体损失小。采用优质变速箱,可调后桥,采用新型挠性弹齿,采用割刀浮动仿型装置,输送槽采用链扒式输送方式,采用涡流式风机及先进的震动清选技术和双提升装置,选装分离回收装置能分离回收豆秸、豆皮,用于农户饲养农畜的饲料。

② 大丰王 4L-1 型自走式大豆联合收割机(见图 7-40),采用先进的大豆收获专用收获割台、大功率发动机,提高了工作效率。改变筛网结构,加大下筛筛孔,加长下筛框,提高振动筛频率,有效提高了筛选能力。配有超强承载专用变速箱,大马力发动机,仿形升降割台,强力拨禾齿,高脱净脱粒滚筒,高清洁分离滚筒,高清洁可调鱼鳞筛,可调式风机,便捷式自动卸粮,加强型后桥。

图 7-39　4LZ-1.2 型自走式大豆联合收割机　　图 7-40　4L-1 型自走式大豆联合收割机

③ 4LB 系列联合收割机(见图 7-41),采用单垄仿形割台 + 液压控制大幅度升降割台、横置滚筒钉齿轴流式脱粒、气流清选 + 双层振动筛清选方式,液压控制拨禾轮升降,割台通过高度 >300 mm,割茬高度 <50 mm,总损失率 <3%,破碎率 <2%,清选率 >98%。

图 7-41　4LB 系列联合收割机

分段收获就是先用割晒机把大豆割倒铺放,待晾晒干后,再用联合收获机安装拾禾器拾禾并脱粒的收获方法。分段收获与直接收获相比,具有收割早、损失小、炸荚、豆粒破碎和泥花脸少的优点。为了提高拾禾工效,减少损失,要在拾禾的当天早晨尚有露水的时候进行人工并铺,一般将三趟并成一趟。并铺时,要求连续不断空,厚薄一致。割晒的大豆铺,应与机车前进方向呈 30°,每 6 ~ 8 垄一趟铺子。豆铺必须放在垄台上,豆枝与豆枝要相互搭接,以防拾禾时掉枝,遇雨时及时翻晒,干燥后要及时拾禾脱粒。主要机型有拖拉机悬挂式和手扶式两种割晒机,其中手扶式自带柴油机动力,既可收割稻麦,也可收割大豆(见图 7-42)。

④ 4GL - 175 型大豆割晒机(见图 7-43)与 8.8 ~ 14.7 kW 各种传动形式小四轮拖拉机配套适用,立式辅放割台型式,侧向条放,割刀行程 50 mm,割茬高度 20 ~ 50 mm,总损失率 <1% 。

图 7-42　手扶式大豆割晒机

图 7-43　4GL - 175 型大豆割晒机

7.4 水稻收获机械化技术

7.4.1 水稻收获农艺要求

（1）水稻收获技术

水稻收获与小麦收获类似，包括收割、脱粒、清选等作业，分为分段收获和联合收获，按喂入方式又分为半喂入式和全喂入式，其主要区别在于水稻收获主要以中小型履带式机型为主，割台以半喂入割台较为典型，脱粒系统主要为梳脱和冲击脱粒为主，清选负荷较小麦要小。近年水稻收获机械化在我国得到了很大的推广和普及。

水稻收获劳动用工约占水稻生产全过程劳动用工的40%以上，且劳动强度大，条件恶劣。根据农艺要求，水稻因为轮作制需要适时抢收。适时收获与否，直接影响着作物的产量和质量，还影响下茬作物的及时栽种，因此收获作业具有季节性强的特点。收获过早，籽粒不饱满，会影响产量；收获过迟，容易造成自然落粒损失。如逢雨季，不及时收割、脱粒，就会造成植株倒伏、穗上发芽、籽粒霉烂等损失。

（2）再生稻收获技术

再生稻是头季稻成熟之后，只收割稻穗（稻株上2/3部位），留下大约1/3植株和根系，使其再次抽穗二次成熟的一类水稻，头季稻机械收获是重要的一环，收割技术的好坏直接影响稻桩数量与质量，进而影响再生稻产量。与常规稻相比，再生稻头季收割存在如下特殊农艺要求：为保证二次抽穗及提高再生稻的产量，头季稻收割时留茬高度需≥350 mm，收割机底盘对稻桩碾压面积尽可能小、程度尽可能轻；头季稻收割时多为湿水田环境下作业，要求收割机田间机动性强、通过性好；头季收割时茎秆粗壮、茎秆和籽粒含水率高、秸秆量大，秸秆切割条件及脱粒条件与普通水稻差别显著，脱粒难度增加，收割机需具备较强湿脱能力；头季稻收获脱粒后茎秆不能直接抛撒田间，以防止后期降雨等造成稻秆腐烂进而影响再生穗头萌发。

现有水稻联合收获机主要用于早、中及晚稻的收获，由于特定结构的限制，其与机收头季再生稻的要求还存在一定差距。主要体现在以下3个方面。

① 拨禾喂入技术。再生稻植株相比其他品种水稻植株高出很多，在生长过程中容易出现倒伏现象，增加了拨禾喂入难度；同时，再生稻要求在植株1/3位置处切割，这对现有收割机的拨禾轮、割台高度提出了新的要求。

② 茎秆防缠绕技术。滚筒是收割机能够有效作业的重要部件。现有滚筒装置针对轻嫩茎秆处理能力比较薄弱，可靠性不高。当收割机速度稍快、喂入量增大时，很容易出现堵塞情况。

③ 防压桩避桩技术。目前使用的收割机易形成行进碾压,田间转弯处碾压更严重。为保证再生稻的良好生长,保护好再生季的腋芽,要善于将收割机轻量化,减轻对稻桩的损伤。在减少对再生季稻桩碾压率的同时,增强收割机对田间的适应性,同时发展收割机避桩技术以解决上述问题。

由于目前收割机存在以上问题,不满足再生稻收获要求,大部分再生稻种植区还是采用人工割取的方式收获头季稻,人工收获劳动强度大、效率低,随再生稻种植面积的不断扩大,再生稻种植区农民对再生稻头季收获机械的需求日益迫切。

7.4.2　水稻收获机械

长江中下游的冬小麦区地形特点为多丘陵、山地,且以小地块为主,大型机械无法作业,以中、小型收获机具为主。如与手扶和小四轮拖拉机配套的小型铺放式收割机及中小型联合收割机。自走式谷物联合收割机在小麦收获作业中发挥着巨大作用,由于实现了收获机械化,使收获期由原来的 10 d 左右缩短到 3 d 左右,不仅避免了因收获期长遇阴雨及其自然灾害造成的损失,又达到及时收获的目的,有利于下季作物的种植。

水稻属于谷物类,但水稻的种植条件是水田,适宜小型链轨式收割机行走,籽粒与秸秆的连接强度大,适宜梳脱,脱粒滚筒的形式也以弓齿梳脱滚筒为主。收获机械的种类很多,包括收割、脱粒、清选等作业机具。各种不同收获工艺所采用的机具,在用途上和构造上有较大的差别。水稻收割机可分为条放式收割机、堆放式收割机、割晒机、割捆机。脱粒机械可分为半喂入脱粒机和全喂入脱粒机。随着农村经济水平的发展,越来越多农户购买了联合收割机进行收获,联合收获机械的普及程度越来越高,目前稻、麦联合收获机械广泛应用的主要是自走履带式全喂入联合收割机、自走轮式全喂入联合收割机、自走履带式半喂入联合收割机。

（1）全喂入履带式水稻收割机

这是 20 世纪 90 年代中期才开始逐渐推广的机型,其行走装置采用了橡胶履带,整机重量通常不大于 2.5 t,因此可在泥脚深度不大于 100 mm 的潮湿田块进行收获作业。此外,由于这类机型的脱粒滚筒大多采用了杆齿式结构,与纹杆式结构相比,能够同时适应水稻和麦类的收获作业。但受全喂入收获工艺的限制,收获水稻时的生产率较低,这类机型适合于一定条件下的水稻中低产田地区及麦产区。

1）总体结构

自走履带式全喂入联合收割机由割台、中间输送装置、脱粒清选装置、液压升降及操纵、行走底盘和发动机等组成（见图 7-44）。

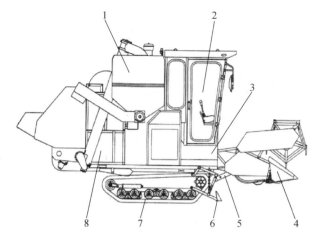

1—粮箱;2—操纵系统;3—输送槽;4—割台;5—液压系统;
6—破埂器;7—行走装置;8—脱粒清选装置

图 7-44　履带自走式全喂入联合收割机示意图

2）工作原理

当联合收割机在田间作业时,分禾器将待割作物与暂不割作物分开,拨禾轮把进入左右分禾器间的作物拨向切割器,割刀割断作物茎秆;被割下的作物在自重、收割机前进速度和拨禾轮的共同作用下倒向割台,通过割台搅龙的螺旋叶片将作物送到一侧输送槽入口处,由割台搅龙的伸缩扒指拨入输送槽口,输送槽的平皮带把作物送入脱粒滚筒;进入脱粒滚筒的作物在钉齿、滚筒盖导向板的共同作用下做圆周和轴向运动,从滚筒左端移向右端。作物在运动过程中多次受到钉齿的打击、梳刷,在凹板筛上进行揉搓而脱粒。脱下的籽粒穿过凹板筛落到振动筛上,经风扇和振动筛的清选后落入水平籽粒搅龙,再经水平籽粒搅龙和垂直籽粒搅龙运至粮箱,然后装袋;清选筛清出的较粗茎秆和籽粒等混合物经二次搅龙送至二次滚筒再进行脱粒;粗茎秆沿脱粒滚筒移到脱粒机端部,被滚筒的离心力抛出;碎草、颖壳等轻杂被风扇气流吹出机外,完成切割、输送、脱粒、分离、清选和装袋联合作业。

3）主要部件

① 割台:如图 7-45 所示,由收割台、拨禾轮、切割器、割刀驱动机构、推运器（割台搅龙）、倾斜喂入室等部分组成。割台的作用是将作物切割下来后输送至倾斜输送器。割台与底盘机架之间采用铰接,并靠液压升降油缸支撑,由液压系统控制升降和仿形机构,以便升降割台控制割茬高度,并使割台适应地形起伏。

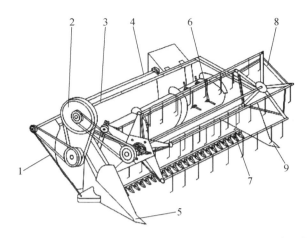

1—割刀驱动机构;2—拨禾轮传动系统;3—割台机架;4—割台主传动轴;
5—右分禾器;6—割台搅龙;7—割刀;8—拨禾轮;9—左分禾器

图 7-45　履带自走式全喂入联合收割机割台示意图

② 中间输送器:主要由主动链轮、从动链轮、齿板链耙和输送槽等组成,位于整机左侧(或中部),连接割台和脱粒机。上部固定在脱粒机喂入口两侧的机架上,下部搭在割台喂入口过渡板上。在被动轮上装有张紧装置,被动轮轴可以浮动,以适应谷物厚度的变化。齿板链耙装在套筒滚子链条上,形状为 L 形或 V 形。主动链轮轴上一般装有安全离合器,以免突然堵塞时造成机器零部件损坏。倾斜输送器的作用是将割台搅龙伸缩扒指送来的作物由输送带通过输送槽均匀地输送到脱粒机进行脱粒分离。

③ 脱粒清选装置(见图 7-46):位于整机后部,是联合收割机重要的工作部件之一。不同机型有不同的结构,但组成脱粒清选装置的部件和工作原理基本相同,它由机架、传动装置、脱粒装置、分离装置、清选装置、推运器、升运器和粮箱(有的机型不带粮箱)等部分组成,其作用是完成脱粒、分离、清选和籽粒输送等任务。当谷物由倾斜喂入室送入脱粒机喂入口时,立即被脱粒滚筒抓取带入脱粒腔内。在滚筒和凹板的共同作用下,谷粒从颖壳、秸秆及未脱穗头等混杂物中经由凹板、逐稿器分离出来,经过抖动板及清选筛再进一步进行分离和清选,获得干净籽粒,并将籽粒由推运器输送到升运器,再输送到粮仓。

脱粒装置:稻麦全喂入联合收割机一般采用钉齿滚筒或轴流滚筒式脱粒装置。

分离清选装置:由风扇和振动筛组成,脱下的谷粒混合物由抖动板或阶梯抖动板送至振动筛,谷粒和碎草、残穗等穿过气流落到筛面上,在筛子的振动下将其抖松,籽粒穿过筛孔落到谷粒螺旋推运器上,碎草和残穗则沿筛面被抖送至机外,小杂和轻杂则被气流带走。清选装置将分离出来的谷粒混合物中的颖壳、碎草、残穗等清除掉,清选后的谷粒含杂率可低于 2% ,清选损失率低于 0.5% 。

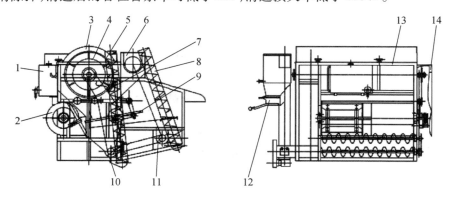

1—油箱;2—风扇;3—滚筒盖;4—主滚筒;5—垂直搅龙;6—复脱滚筒;7—凹板;8—副垂直搅龙;
9—振动筛;10—水平搅龙;11—副水平搅龙;12—接粮箱;13—机架;14—防护罩

图7-46　接粮箱式的脱粒机结构示意图

④ 底盘:由底盘机架、行走变速箱、行走轮系、操纵系统等组成。

行走变速箱:一般采用齿轮箱 + HST 组成,大多为专用底盘,也有不少中小型联合收割机由(东风或工农)8.8 kW 手扶拖拉机的变速箱进行适当的改制而成。

行走轮系:采用轮孔(或轮齿)式橡胶履带,具有通过性好、不破坏路面等优点。

操纵系统:由电启动开关、发动机油门、变速杆、割台液压升降手柄、转向操纵手柄、工作离合操纵手柄、行走离合器踏板等组成。

⑤ 液压系统:液压系统包括液压操纵、液压转向和液压驱动等,实现收割台及拨禾轮的升降、行走无级变速、卸粮筒回转摆动、液压转向等动作,在联合收割机上被广泛采用,具有结构紧凑、操纵省力、反应灵敏、作用力大、动作平稳、便于远距离操作和实现自动控制等优点。

⑥ 自动控制和监视系统:自动控制系统主要控制喂入量、割茬高度、机器自动调平和操向等;监视系统有发动机监视装置、工作部件监视装置和工作质量监视等。

(2) 自走履带式半喂入水稻收割机

自走履带式半喂入联合收割机体积小、重量轻、结构紧凑;操作方便、籽粒干净、破碎率及损失率低、秸秆既可切碎还田也可完整地回收、作业效率也较高,具有较强的适应性。这种机型不仅适用于平原的大地块作业,还特别适用于丘陵地区的小田块作业。

这类机型行走部件采用橡胶履带,大多为中、小型,其工作部件的动力由自带的发动机供给,主要特点是能够在泥脚深度 100 mm 左右的中、小田块中作业。在工作过程中,由输送链将割下的作物夹持住,仅穗头送入脱粒滚筒,脱粒后的茎秆则基本保持完整,并能整齐铺放,机具带有茎秆切碎装置,可将茎秆切碎还田,这类机具具有较强的收割倒伏作物的能力,因此较为适用于水稻收割。

1）总体结构

自走履带式半喂入联合收割机由割台装置、输送装置、脱粒装置、分离清选装置、集粮部件、底盘、发动机、液压装置、自监控装置及传动系统等部分组成,如图7-47所示。

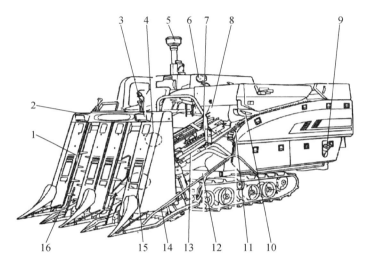

1—拨禾链;2—右大灯;3—左大灯;4—输送链;5—滤清器;6—作业灯（脱粒口）;
7—辅助输送链;8—主滚筒;9—燃油加油口;10—压草板;11—中间输送链;12—侧分草秆;
13—纵输送链;14—割刀;15—下输送链;16—分禾器

图7-47　自走履带式半喂入联合收割机外形示意图

2）工作原理

半喂入机型作业时,扶禾器首先插入作物中,将作物扶起后由切割装置进行切割。割下的作物由输送装置夹持输送至夹持喂入链夹持,作物的穗头被喂入脱粒主滚筒沿轴向运动进行脱粒（仅穗部被喂入）,作物在沿滚筒轴向移动过程中,穗头不断受到滚筒弓齿的梳刷和冲击,籽粒被脱下。脱下的籽粒由凹板筛分离出来,断茎秆和断穗头等则由脱粒主滚筒排至副滚筒再次脱粒,杂草排出机外,始终由夹持喂入链夹持的茎秆则交由排草机构切碎或由铺放机构铺放、堆放至田间。

由于脱粒时只有穗头进入脱粒室,因此滚筒的功率消耗少、节能,但对作物穗幅差较为敏感,使用时可根据作物长势情况进行喂入深浅调节（自动化程度高的机具具有喂入深浅自动调节功能）,以减少脱粒损失。脱粒以后的茎秆可以切碎还田,也可以保留完整为后续处理创造条件。这种机型还有较强的收割倒伏作物的能力。

3）主要部件

① 割台:由扶禾装置、切割装置、割台输送装置、割台传动装置等组成。割台分立式和卧式两种,立式割台采用扶禾器,卧式割台采用拨禾轮扶持作物。目前立式割台应用较广泛,如图 7-48 所示。立式割台一般采用链条拨指式扶禾器,它的工作部件主要有扶禾链、拨禾指、夹持输送链、扶禾星轮和分禾尖。工作时扶禾器拨指从作物根部插入作物丛中,由下至上将作物理齐并将倒伏的作物扶起,然后在拨禾星轮的配合作用下,作物的茎秆在扶持状态下被切割,再由割台输送装置输送。割台输送装置主要由上、下两条输送链组成,作用是将切割装置切割的作物送至中间输送装置。

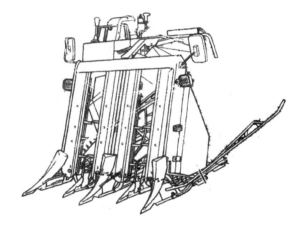

图 7-48   立式割台

② 输送装置:包括横向输送链、倾斜输送链、高矮作物（或喂入深浅）调节机构、垂直提升链及脱粒夹持链等,其作用是将割台割下的作物按一定喂入深度要求,整齐地夹持输送给脱粒装置。在输送过程中,作物通常都由直立状转为水平或倒挂状。该装置将割台送来的作物以合适的深度整齐地输送至脱粒室。

③ 脱粒清选装置:该装置是收割机的重要组成部分,其处理能力的大小决定了收割机的工作效率,其工作状态的好坏又直接影响收割机的脱粒、清选等性能指标。

脱粒清选装置的工作过程（见图 7-49）:作物由夹持喂入链夹持,穗头部分被带入滚筒腔内,在滚筒脱粒弓齿的连续梳刷和冲击下脱粒干净,脱净后的茎秆排出机外。脱下来的籽粒及短小禾屑、杂质等由凹板筛筛孔下落,在下落过程中,受到风扇的清选作用,次粒从次粒口吹出,轻杂物、禾屑、尘土等则由集尘斗排出机外,只有净籽粒落到籽粒输送搅龙,再由输送装置送至粮箱。不能通过凹板筛和副滚筒的长禾屑,由副滚筒排尘口排出机外,部分夹杂籽粒受振动筛分离后,落到脱粒室内进行二次清选分离。

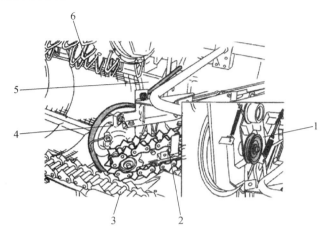

1—排草链驱动轮(另一侧);2—排草链;3—喂入夹持链;
4—排草链驱动轮;5—凹板;6—脱粒滚筒

图 7-49　脱粒清选装置

脱粒装置:主要包括主副滚筒、凹板筛、压草板、喂入链及脱粒室盖等。工作时夹持链和夹持台配合夹紧作物,使其沿滚筒轴向喂入脱粒滚筒,主滚筒内的脱粒齿进行脱粒,位于滚筒下方的凹板筛将脱出的籽粒和碎茎秆分离出来,以利于清选装置清选。

清选装置:主要包括主风扇、吸引风扇(贯流风扇)、振动筛、各种搅龙、粮箱等,其功能是将脱粒后的谷物籽粒从杂余中分离出来,最大限度地降低杂余,得到清洁的谷物并送入粮箱。

茎秆处理装置:主要包括排草链、切草机等,其功能是按农户要求对脱粒完的茎秆进行切碎还田或成条整齐铺放。

④ 操纵控制系统:由操作系统、电气系统、液压系统 3 部分组成。

自走履带式半喂入联合收割机(见图 7-50)普遍采用了高可靠性的机电液一体化技术,能有效防止故障发生并延长使用寿命。在操纵控制上采用液压无级变速单手柄装置及各种自动控制装置,实现模拟人工的自动化控制,在易发生故障或人工难以监测到的重要的工作部位装有先进的自动控制装置,且这些自控装置在仪表盘上能自动报警,部分实现了自动监测和控制,减轻了人的劳动强度。单操作手柄可同时控制收割机割台的升降或改变行走方向,微调开关更能体现转向的灵活性。

⑤ 传动系统：主要由传动离合器（包括单向离合器）、张紧装置、无级变速器、安全离合器及各种皮带、链条等传动元件组成，将发动机产生的动力安全有效地传递至各工作部件。

⑥ 底盘部件：由发动机、行走变速箱、行走轮系等组成。

发动机：由曲柄连杆机构、配气机构、柴油供给系统、润滑系统、冷却系统、起动系统等组成，是整机所有系统的动力来源。

行走系统：主要由底盘机架、行走变速箱、行走轮系、行走离合器等组成。行走机构的功能是将发动机部分动力通过传递变为收割机行驶驱动力，驾驶员通过操纵系统控制收割机的行驶动作及调整割台的高度。

行走变速箱：一般采用 HST 无级变速系统及专用变速箱组合结构，操作简单舒适。

行走轮系：采用附着力好、脱泥性能优越、行走更平稳的轮齿式橡胶履带。

图 7-50　自走履带式半喂入联合收割机

日本、韩国的半喂入联合收割机制造技术领先，代表品牌主要有久保田、洋马、井关、东洋、大同等。图 7-50 为久保田 PRO888GM 型半喂入联合收割机，整机重 3 350 kg，发动机功率 66.1 kW，变速方式为液压无级变速（HST），行走速度 0～2.04 m/s，收割宽度 1 720 mm，割茬高度 35～150 mm，适应作物高度 650～1 300 mm，作业效率 0.27～0.53 hm²/h。

（3）再生稻割穗机

华中农业大学等研制了一种不具有脱粒、清选及秸秆处理功能，仅完成穗头收获的高地隙再生稻头季穗收割机。

1）总体结构

如图 7-51 所示，再生稻割穗机主要由插秧机底盘、第二动力、割台、输送装置、集穗箱、液压系统、传动系统等组成。

2）工作原理

工作时,插秧机底盘为收割机提供行走动力;割台、输送槽由第二动力通过液压系统驱动并可调节其工作参数;收割机前进时,在分禾器作用下,拨禾轮将待割区内穗头推送至割刀处进行切割,割台螺旋推运器将割下的穗头送至伸缩拨指机构,由其将穗头以一定速度抛送至输送槽,随后输送槽耙齿将穗头均匀输送至集穗箱,待穗头积满集穗箱后,割穗机将其运至田头交由脱粒设备,进行脱粒清选处理。

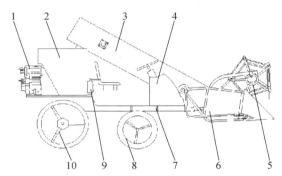

1—风冷柴油机(第二动力);2—集穗箱;3—输送槽;4—行走操作台;5—拨禾轮;
6—割台;7—底盘;8—前轮;9—液压操作台;10—后轮

图7-51 再生稻头季割穗机总体方案

3）主要工作部件

① 底盘。经比较后选择井关 PG6 型高地隙轻型插秧机的底盘作为再生稻割穗机底盘,其具有质量轻、振动小、噪音低等优点,四轮驱动,具有离地间隙350 mm、前后轮轴距1 250 mm、左右轮距≤1 400 mm(可调)等结构特点,同时其采用液压无级变速(HST)技术,由一根操纵杆控制进退换向及无级变速,转弯灵活,作业效率高,安全可靠性好,操纵、控制方便。为满足收割机部件的布置要求,拆除了该机插植部件并对后部液压升降机构及支撑架进行改装,结构如图7-52所示。

② 螺旋推运器。螺旋推运器将整个割幅内割下的谷物推运至割台出口并喂入输送槽,其主要由筒体、螺旋叶片和输送槽入口处的偏心伸缩扒指组成。

③ 拨禾轮。针对再生稻头季种植密度大、植株高大、秸秆量大等特点,设计了由 5 根弹齿组成的偏心式拨禾轮,其由轮轴、辐盘、弹齿轴、弹齿、压板、偏心环和支撑滚轮等组成。

④ 输送装置。采用调节方便、防堵性能强的链耙式输送器对含水率高的再生稻头季茎秆进行均匀输送。

⑤ 液压系统。本机采用两套动力系统,其中行走、液压转向由底盘自带主动

力提供；切割器、拨禾轮、螺旋推运器、输送器等部件由第二动力机通过液压系统进行传递和控制。

图 7-52　改装后插秧机底盘

再生稻头季割穗机田间性能试验结果表明：该机作业速度 0.37～0.69 m/s，割茬高度 250～650 mm，碾压率≤25.15%，纯小时工作效率 0.24 hm²/h，满足再生稻头季穗头收获要求；该机采用液压驱动割台上下移动，收穗后残茬高度在 250～650 mm 无级调节，故而也可用于普通水稻收获，从而扩大该机的作业范围，提高该机使用的经济效益。

7.5　马铃薯收获机械化技术

7.5.1　马铃薯收获农艺要求

（1）适时收获

一般情况下，当马铃薯植株达到生理成熟期就可进行收获，但如果植株充分成熟后收获，可以得到更高的块茎产量。不同马铃薯品种的生育期与成熟期不同，这与马铃薯品种的特性有关。

根据市场价格情况，有时可以提前收获，如果作为一般蔬菜用马铃薯，则可以适当晚收。某些地方，在蔬菜紧张季节，特别是大批马铃薯尚未上市之前，新鲜马铃薯价格非常高，此时，虽然马铃薯块茎产量尚未达到最高，但每公斤的价格可能比大批量马铃薯上市的价格高出很多，每公顷总产值远高于充分收获时的产值，此时就是马铃薯的最佳收获期。

稻薯轮作种植的马铃薯从出苗到收获需 70～80 d，秋天播种生长时间较长些。通常待中下部叶片开始发黄时，就可以开始收获。用稻草覆盖种植的马铃薯绝大部分薯块都裸露在稻草下面的土层上，只要掀开稻草采拣薯块即可。根据需要一次性收完或分批采拣都可,一次性收获可采用机械收获,大、小薯块一次性收获完毕;分批采拣可人工先拣大薯块,留下小薯块,由于未伤及马铃薯根系,盖好稻草,小薯块还可以继续生长。马铃薯收获后的腐烂稻草可留于田中提高土壤养分,减少来年的化肥用量。

（2）马铃薯收获工艺流程

马铃薯的收获分为 3 个阶段:前期准备、收获作业和后处理。前期准备的主要任务是马铃薯茎秧清除或粉碎,为马铃薯收获机的作业创造良好条件。目前,无论是国外机型还是国内机型都遵循"挖掘—分离—输送—捡拾(升运装车)"的工艺流程,据有关专家表示,近几十年内,这种收获工艺流程将保持不变。对收获后的马铃薯块茎进行清选和加工贮藏也是必不可少的一步,尤其是贮藏条件的好坏对马铃薯品质影响较大,不容忽视。

（3）稻草覆盖种植马铃薯收获关键技术

1）覆草覆盖条件下的马铃薯减阻挖掘技术

覆草冬种马铃薯工艺因稻草秸秆与土壤和马铃薯交织在一起,起到了"加筋"作用,因此增强了土壤结合力,且稻草秸秆有韧性,不易切断,更增大挖掘阻力。采用侧置浮动圆盘刀能有效切开土壤、杂草,减小挖掘阻力,防止缠绕。

2）马铃薯高效草薯分离与防堵技术

稻草的交织作用也为其与土壤和马铃薯的分离带来了困难。现有机具多采用杆条链振动输送分离,一方面稻草的韧性和弹性降低了振动效果,另一方面稻草的交织作用使得土壤不易破碎。加装除秧分离机构能有效减少缠草造成的堵塞。

3）马铃薯无损分离与输送技术

覆草冬种马铃薯生长期短、含水量高、皮薄,采用机械化收获时易致马铃薯破皮和损伤。这种损伤不仅是由工作部件与马铃薯之间的碰撞摩擦产生,更主要是与马铃薯之间的碰撞摩擦有很大关系。目前机具采用的金属杆条输送链无法解决这两种损伤问题。采用柔性工作部件和新型原理的分离机构是研究的重点与难点。

7.5.2　马铃薯收获机械

目前,国外发达国家已经全面实现马铃薯收获机械化。根据国家不同及田块类型的变化可分为自走式和牵引式两种类型。德国 Grimme 公司、荷兰的 Allan 公司、比利时 AVR 公司等生产的马铃薯收获设备在我国较其他品牌的市场占有率更大,以马铃薯联合收获机机型为主。这类机器的共同特点是一次完成切秧、挖掘、分离、筛选、分级和提升卸料等作业。虽然国外各类马铃薯收获机械很多,产品种类也很齐全,但是由于这些产品存在对我国不同地区的耕地条件和农艺要求适应性差、价格昂贵、作业成本高、售后服务及配件供应渠道不畅等问题,推广应用比较困难。

国内中等规模的马铃薯种植户多数采用双行马铃薯挖掘机,这种产品从外形上看十分相似,采用独立小铲,碎土好,避免了土壤堆积和杂草缠绕,尾部设计有前后运动的振动筛,对土壤和块茎进行二次分离。由于块茎和土壤在振动筛面停留的时间很短,分离效果也不是很理想,铺放于地表的马铃薯还是容易被土壤埋住而造成漏拾,但总体上看,这种机型实用性和作业可靠性相对较好,市场上较受用户欢迎。国内在大型自走式马铃薯收获机的研制开发方面还处于空白状态,国内的农机企业均未涉足,有待国内有实力的科研院所和企业做进一步开发。

马铃薯收获机械从结构上大致可分为简易挖掘机和联合收获机。简易挖掘机将挖出的块茎铺放于地表,然后人工捡拾装袋。联合收获机配有升运装置,与运输车同步作业,块茎直接装到运输车上,作业效率高,但结构复杂,有液压和电器系统,需专门机手操作。

（1）马铃薯简易挖掘机

马铃薯挖掘机主要组成部件:悬挂部件、挖掘部件、输送分离部件、抖动部件等组成。如图 7-53 所示。

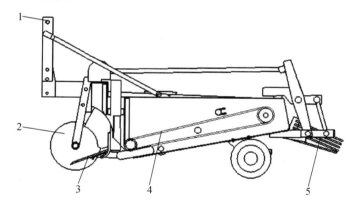

1—悬挂部件;2—圆盘切割器;3—挖掘铲;4—输送分离部件;5—抖动尾筛

图 7-53　马铃薯挖掘机结构简图

工作原理:拖拉机后悬挂马铃薯挖掘机→两侧圆盘切割土壤及杂草→挖掘铲满幅入土挖掘→抖动碎土机构横向往复运动碎土→输送带向后输送马铃薯,抖动部件抖动分离土壤→抖动筛进一步将马铃薯与土壤抖动分离→铺放地表→人工捡拾。对于我国华南地区采用稻草覆盖模式种植的马铃薯,在收获时可以考虑选择该类型的收获机,可有效提高工作效率,降低劳动力成本。

（2）马铃薯联合收获机

马铃薯联合收获机主要组成部件：牵引部件、挖掘部件、输送分离部件、升运部件等，如图 7-54 所示。

工作原理：拖拉机牵引马铃薯联合收获机→两侧圆盘切割土壤及杂草→挖掘铲满幅入土挖掘→输送带向后输送马铃薯，抖动部件抖动分离土壤→两级除蔓机构去除马铃薯茎叶和杂草→升运机构将马铃薯装进同步行驶的拖车。整个工作过程将实现把马铃薯挖掘出来，通过机具的输送分离机构和升运机构将马铃薯直接装车。

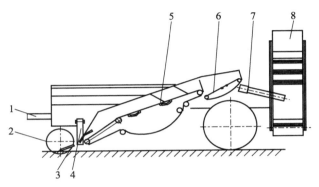

1—牵引部件；2—圆盘切割器；3—挖掘铲；4—抖动轮；5—输送分离部件；
6—除茎机构；7—升运部件

图 7-54　马铃薯联合收获机结构简图

第 **8** 章　两熟制粮食作物干燥机械化技术

8.1　干燥工艺

8.1.1　谷物干燥原理

粒径相近的谷物主要指小麦、水稻、大豆和玉米籽粒。

谷物烘干机械化指借助现代机械来达到烘干粮食的目的。干燥作为粮食产后处理过程中最重要的环节之一，是实现粮食生产全程机械化的重要组成部分。干燥技术是谷物储藏与保质的重要手段之一。据统计，我国粮食收获后，每年因气候潮湿、湿谷来不及晒干或未达到安全水分造成霉变、发芽等损失的粮食高达 5%，若按年产 5 亿 t 粮食计算，相当于损失 2 500 万 t。由此可见谷物干燥技术应用的重要性。

谷物干燥的介质通常采用热空气。谷物干燥就是根据谷物平衡水分的原理，将谷物放在相对湿度低的热空气(干燥介质)中，使谷物释放水分而干燥。但在常温下谷物释放水分的速度很慢，因此要提高谷物和干燥介质的温度，降低干燥介质的相对湿度，增加干燥介质的流速，以加速谷物中水分的蒸发。

谷物机械化干燥是以机械为主要手段，采用相应的工艺和技术措施，人为地控制温度、湿度等因素，在不损害谷物品质的前提下，降低谷物中的含水量，使其达到国家安全贮存标准的干燥技术。

热量的传递形式有 3 种：对流传热、传导传热和辐射传热。据此，按热传递方式分类的谷物干燥方法有对流干燥法、传导干燥法、辐射干燥法、组合干燥法等几种，热风对流干燥法为目前常用的谷物机械化干燥方法。

8.1.2　稻谷干燥工艺

（1）稻谷干燥流程

稻谷机械化干燥技术就是通过干燥介质给予稻谷一定形式的能量，使粮食中的一部分水分汽化溢出。机械化干燥农艺流程是一个复杂的传热、传湿过程。通常这一流程为预热、水分汽化及若干次加热、缓苏循环直到水分符合要求后冷却卸粮。

（2）稻谷干燥技术要求

稻谷干燥作业在保证安全的情况下,应降低稻谷重度裂纹率,爆腰率增加值≤3.0%,干燥不均匀度≤1.0%,破碎率增加值≤0.5%,色泽、气味正常。环境要求:粉尘≤10 mg/m³,工作现场噪声≤85 dB(A),风机处噪音≤90 dB(A)。

8.1.3　玉米干燥工艺

由于我国黄淮海地区玉米收获主要是果穗的收获,而果穗收获时水分达到25%以上,有些地区由于农时限制,其果穗含水率更高,有的籽粒含水率甚至超过35%,远未达到机械脱粒要求水分低于18%的水平,所以必须对果穗进行及时干燥。另外,当玉米完成脱粒后,其籽粒含水率为15%～18%,也没有达到玉米安全储藏标准要求的14%以下,所以为了防止玉米籽粒储藏过程中霉变、虫蚀等灾害发生,必须适时对其进行干燥。

玉米烘干时必须严格控制温度,且需保证一次失水不能太多,否则会因受热时间过长、受热高和失水过快而发生籽粒胴裂现象。

8.2　干燥机械

20世纪70年代以来,我国就已积极开展粮食干燥机械的试验和研究,以期使粮食干燥技术与机械在农业上得到更广泛应用。经过近几十年的发展,粮食干燥技术和机具在我国得到长足的发展,南方地区以每小时干燥能力5～10 t的中小型稻谷干燥机为主。

常用的干燥设备分为两大类型,即仓式干燥设备和塔式干燥设备。仓式干燥设备包括贮存式干燥仓、连续流动式干燥仓、顶仓(逆流)式干燥仓和立式螺旋绞龙干燥仓,属于就仓干燥;塔式干燥设备主要包括批式循环干燥机和连续式干燥机。从热风对流方式上可分横流干燥、顺流干燥、逆流干燥、混流干燥。

随着经营规模的逐年扩大,两熟制地区玉米果穗干燥这一特殊需求逐年提高,可以借鉴西北、东北等高寒地区制种行业的经验与装备。

8.2.1　机械干燥方法

（1）横流干燥

图 8-1 为传统型横流式干燥机的示意图,粮柱内外均为通风孔板,湿谷物从上储粮段靠重力向下流至干燥段,加热的空气在压力作用下由热风室横向穿过粮柱,在冷却段则有冷风横向穿过粮层,粮柱的厚度一般为 0.25～0.45 m,干燥段粮柱高度为 3～30 m,冷却段高度为 1～10 m。根据谷物的类型和对品质的要求确定热风

温度,食用谷物一般为 60~75 ℃,饲料粮为 80~110 ℃。粮食在干燥机内的滞留时间即谷物流速可以利用排粮轮或卸粮绞龙的转速进行控制,谷物流速主要取决于粮食的水分和介质温度。

横流谷物干燥的特点:

① 结构简单,制造方便,成本低;

② 干燥速度较快;

③ 干燥不均匀,进风侧谷物过干、排风侧谷物干燥不足;

④ 单位能耗大,热能没有充分利用。

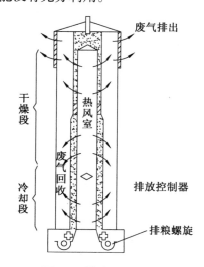

图 8-1　横流谷物干燥机

(2) 顺流干燥

顺流干燥机内设有通风孔板(筛网),如图 8-2 所示,谷物依靠重力向下流动,谷床厚度一般为 0.6~0.9 m,顺流干燥机一般均有一个热风机和一个冷风机,废气直接排入大气。

顺流干燥的特点:

① 热风与谷物同向流动;

② 使用的热风温度较高,如纯顺流干燥机可用 200~285 ℃ 而不使粮温过高,因此干燥速度快,单位耗热量低,生产效率较高;

③ 高温介质首先与最湿、最冷的谷物接触;

④ 热风和粮食平行流动,干燥质量较好;

⑤ 干燥均匀,水分梯度小;

⑥ 粮层较厚,粮食对气流的阻力大,风机功率较大;

⑦ 适合干燥高水分粮食。

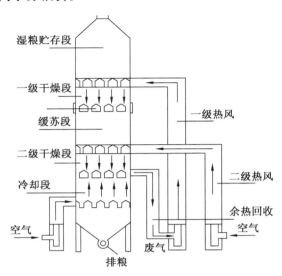

图 8-2　二级顺流式干燥机

（3）逆流干燥

在逆流干燥中,热风和谷物的流动方向相反,最热的空气首先与最干的粮食接触,粮食的温度接近热风温度,故使用的热风温度不能太高。低温潮湿的谷物则与温度较低的湿空气接触,容易产生饱和现象,故在烘干高水分粮食时谷层厚度有一个最佳范围。由于谷物和热风逆向流动,故使所有谷物在流动过程中受到相同的干燥处理。

逆流式谷物干燥机一般由一个圆仓和多孔底板组成,湿谷物由仓顶喂入,高温热介质从仓底穿过多孔底板进入粮层进行干燥作业,高温热介质流动方向与谷物流动方向相反。底板上设有可自转和公转的扫仓搅龙,能将粮食自仓底四周输送到仓底中心而卸出。逆流干燥机也有角盒式,由于热耗高,所以很少独立使用。

逆流干燥特点:

① 粮食水分和温度比较均匀;

② 排气的潜热可以充分利用,离开干燥机时接近饱和状态;

③ 热耗较高;

④ 粮食温度较高,接近热空气温度。

图 8-3 是由一个圆仓和多孔底板组成的逆流式干燥机,湿谷由仓顶喂入,底板上设有扫仓搅龙,搅龙除自转外还绕谷仓中心公转,将粮食自仓底输送到中心卸出。高温热风利用风机从仓底向上穿过孔板进入粮层,进行干燥作业。

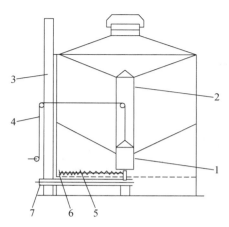

1—活塞;2—风筒;3—提升机;4—绳索;5—扫仓搅龙;6—透风板;7—输送搅龙

图 8-3　圆仓式逆流干燥机

（4）混流干燥

混流式干燥机内部为多层角状盒结构,进排气角状盒层与层之间交错排列,即1 个进气角状盒由 4 个排气角状盒等距包围。作业时,谷物靠自重由贮粮段进入干燥段。在干燥段内谷物按 S 形曲线向下流动,而由进气盒进入的热介质以顺流、逆流及横流的方式对谷物进行加热,谷物多次受到高温和低温气流的作用而被干燥,最后经缓苏、冷却排出机外。

混流干燥的特点:

① 生产率最高;

② 通用性能最好,不但可干燥小麦、玉米和大豆,而且较适合干燥小粒种子,如油菜籽、芝麻及谷子等;

③单位电耗的生产率较高;

④ 粮食干燥后品质好,裂纹率及热损伤相对小一些。

CTHL 系列混流式粮食烘干成套设备是该系列的典型代表,如图 8-4 所示,由农业部规划设计研究院研制开发、北京西达农业工程科技发展中心加工制造,广泛用于小麦、玉米、水稻等粮食作物及油菜籽、大豆等油料的干燥处理。

图 8-4　CTHL 系列混流式粮食烘干设备

8.2.2　循环式干燥机

循环式干燥机(见图 8-5)按批次循环作业,即干燥机每次只能干燥一批谷物,主要由主机、供热系统和电控系统 3 部分组成。主机包括粮仓(储粮段或缓苏段)、干燥段(通风段)、排粮机构、输送搅龙、提升机、卸粮装置、引风机等。供热系统有两种形式,一种是燃烧器直接加热,另一种是由热风炉、热交换和排烟除尘等组成的间接加热。电控系统一般由在线水分监控、满量报警、过载保护、风压检测、燃烧器火焰监测、炉温异常保护、热风传感、谷温传感、故障报警显示及自动停机控制等部分组成。工作中,小麦装满后,提升机将小麦连续向上送入主机部分由上搅龙横向均匀撒下,流经干燥部后由下搅龙送至提升机下部,经过一次循环的小麦在贮留部缓苏一段时间,再次流往干燥部进行干燥,如此反复循环直至达到设定水分。

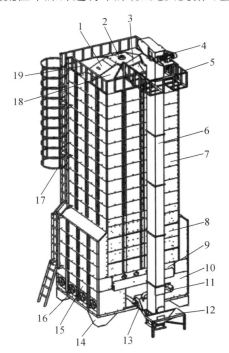

1—粮箱门;2—抛撒器;3—流粮管;4—减速电机;5—检修平台;6—水平搅龙;
7—粮箱;8—通风段;9—排粮段;10—废气室;11—除尘风管;12—喂料口;13—水平搅龙;
14—底座;15—热风室;16—调风门;17—爬梯护栏;18—顶盖;19—护栏

图 8-5　批式循环干燥机

8.2.3　连续式干燥机

连续式干燥机(见图 8-6)由原粮仓、皮带机、提升机、烘干塔、热风炉、成品仓等部分组成,适用于玉米、大豆、花生等谷物的烘干作业。连续式干燥机工作时,热风炉产生纯净热风,潮粮在提升机作用下进入干燥塔。干燥塔内布满了角盒,清选后的谷物在重力作用下在角盒之间的通道流动。热风在鼓风机的作用下,经过粮层流向周围的角盒,与谷物热交换后携带水分排出机外。烘干后的谷物进入成品粮仓。该设备采用多阶段烘干,粮层较薄,气流阻力小,谷物在机内受热干燥与缓苏交替进行,可采用较高风温而不损坏谷物。干燥机底部配置可变速的排料辊,控制着粮食的流动速度,协调物料的温度和湿度。

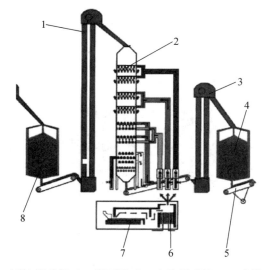

1—原粮提升机;2—烘干塔;3—出粮提升机;4—成品仓;
5—皮带机;6—换热器;7—热风机;8—原粮仓

图8-6 连续式干燥机

8.2.4 玉米果穗干燥机

黄淮海地区玉米果穗收获后,由于天气温度较高,对于小型农户来说可采用自然晾晒的方式进行干燥。但是对于规模化种植户来说,必须采用机械方式对其干燥。

玉米果穗干燥设备主要有两种形式,一种是自然通风的塔式干燥设备,另一种是带有辅助热源的通风干燥设备。其中自然通风干燥设备耗能少,无污染,但是受天气影响较大,干燥时间长,且果穗层不能太厚;而带有辅助热源的通风干燥设备能够提高干燥气流的入口温度,缩短干燥时间,所以干燥效率更高。

(1)自然通风干燥设备

自动跟踪式小型太阳能集热玉米果穗干燥设备主要由集热系统(太阳能集热

器、进出风管等）、控制系统（PLC 控制器、伺服电机等）及加热、干燥系统（风机、电加热器、温室干燥室等）组成（见图 8-7）。其中控制系统及风机用电分别由该设备在进出风管表面的太阳能蓄电池供给。

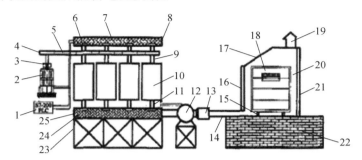

1—PLC 控制器;2—伺服电机;3—联轴器;4—V 带轮;5—V 带;6—轴承;
7—太阳能蓄电池(1);8—进风管口;9—连接导管;10—太阳能集热器;11—连接导管(2);
12—离心式风机;13—加热装置;14—风道;15—导向轮;16—前玻璃墙;17—玻璃屋顶;
18—装载小车;19—排气孔;20—干燥室;21—绝热墙 22—地基;23—支架;
24—出风管;25—太阳能蓄电池(2)

图 8-7　自动跟踪式小型太阳能集热玉米果穗干燥设备

自动跟踪式小型太阳能集热玉米果穗干燥设备工作时,冷空气由装置进风管进入,通过连接导管,经太阳能集热器加热,经出风管,由离心式风机送入玉米果穗干燥室,使得加热空气与装载小车中的玉米果穗间产生温差和相对湿度差,从而加速玉米果穗水分扩散蒸发,达到干燥的目的。该设备的作业过程,通过 PLC 控制器能计算出当地太阳的实时位置变化,并将其转化为脉冲信号发送给伺服系统,在伺服电机驱动作用下,使得太阳能集热器以连接导管轴转动,实现工作时间内全程跟踪太阳运行,保证太阳光与集热器之间的辐射角最大不变。

（2）带有辅助热源的通风干燥设备

由于自然通风受到低温高湿等天气因素的影响较大,所以存在干燥速度慢等问题,而带有辅助热源的通风干燥可以提高干燥强度,加快干燥速度,所以具有更好的适应性。

5HZL–1200 型玉米果穗烘干系统包括热风发生系统、烘干仓主体、果穗上料出料系统、控制系统 4 个部分（见图 8-8）。热风发生系统由锅炉、换热器、风机、管道等组成。烘干仓主体由对称布置的 2 排共 12 个立式烘干室和上下风道组成,每个烘干室由果穗仓、下通风门、上通风门、填料门、出料门、关风帘和排湿门组成。两排烘干室中间为上、下两层风道,上风道的工况为高温（43 ℃）、高压（1 000 Pa）、低湿,下风道的工况为低温（38 ℃）、低压（500 Pa）、高湿。果穗上料出料系统包括喂料地坑、振动给料槽、大倾角波纹挡边、上料皮带机、转运皮带机、二维布料皮带机、出料皮带输送机、集料皮带输送机和皮带机电控系统。

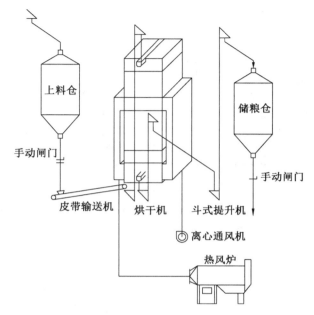

图 8-8　5HZL－1200 型玉米果穗烘干系统

　　工作时,首先将果穗由烘干仓顶部的填料门装入烘干室果穗仓内。烘干时,热风发生系统产生的热风首先进入上风道,通过上通风门进入烘干室前风室,经前通风板、果穗层、后通风板进入后风室,由下通风门排入下风道,该仓走上风。下风道内的热风经另一仓的下通风门进入另一烘干仓的后风室,经后通风板、果穗层、前通风板进入前风室,然后从排湿门排出。作业中,操作人员要经常观察风道和各仓的温度、湿度和风压这 3 个关键参数,定期从取样窗取样检测,并根据检测结果调整锅炉、风机、风门、关风帘等设备。果穗达到目标湿度后,打开出料门,根据出料速度逐一卸掉挡料板。通风机吸入的冷空气与热风炉产生的高温烟气的换热管进行热量交换后,由通风机吹入上扩散风道,再经烘仓的果穗层进入下扩散风道,由此进入另一侧的烘仓中的果穗层并被排出室外。随着时间延续,热风不断穿过果穗层,使果穗中的水分随热风带出,完成果穗烘干工作。

第 **9** 章　我国两熟制粮食作物生产机械化技术展望

　　"十二五"以来,我国加快了农业现代化进程。农业的现代化是指用现代工业装备农业、用现代科学技术改造农业、用现代管理方法管理农业的过程。其主要内涵是生产手段、生产技术和组织管理的现代化,目标是建立高产优质高效的农业生产体系,发展资源节约、环境友好的可持续农业,提高农业质量效益和竞争力。农业机械化是农业现代化的前提和重要标志,而农业机械化的发展以先进适用的农机装备为支撑。农机装备作为现代农业的生产手段,既要承载、推广现代农业生产技术,又要与现代农业组织管理方式相适应。随着农业现代化的整体推进,粮食生产机械化技术也必将在农业工程装备技术与农艺技术融合配套,并与农业经营管理体制变革相适应中实现创新发展。

9.1　粮食作物生产机械化技术发展面临的形势

　　我国在推进农业现代化建设中,始终把稳定和提高粮食生产保障能力作为农业结构优化调整和转变发展方式的首要任务。国家"十三五"发展规划进一步强调"实施藏粮于地、藏粮于技战略,提高粮食产能,确保谷物基本自给、口粮绝对安全"。近几年,国内粮食出现了产量、进口数量、社会库存量"三量齐增"的现象。其症结在于国内外粮食价格倒挂。据统计,2015 年 1—9 月份国内小麦、玉米和大米的平均价格比进口到岸完税价分别高出 36.6% ,50.6% 和 41.6% 。尽管国家采取了提高稻谷、小麦最低收购价和玉米临时收储价等措施,有效促进了粮食生产,但价格倒挂问题依然突出。究其原因,主要是我国粮食生产手段落后,机械化水平低,生产效率低下,生产综合成本特别是劳动力成本过高。加快粮食生产机械化技术发展是农业发展方式转变的战略选择。

9.1.1　国内机械化技术发展的产业需求与挑战

（1）农业发展的重大变革带来的新需求

　　随着工业化、信息化、城镇化和农业现代化的同步推进,我国农业的生产发展方式正在发生重大而深刻的变革,粮食生产机械化技术发展的产业需求快速增长。

1）农业经营组织方式的变化

20 世纪 80 年代,我国农村实行家庭联产承包责任制。在当时的历史阶段,这种生产组织方式对解放农村劳动生产力、推动农村经济发展和我国经济改革起到了重要的作用。然而走过 30 年后,土地的细碎化和农户分散经营的弊端日益显现,严重阻滞了农业发展。特别是,农村户均耕地仅为 0.5 hm² 左右,其田坎、沟渠、道路等不仅占用大量耕地而且限制了机械作业。进入"十二五",为改变这种传统小农经济状态下的农业困境,适应现代农业规模化经营和社会化生产的要求,我国又一次进行了农业经营组织方式的重大变革,即在家庭联产承包制的基础上改革创新,构建适合我国国情的现代农业经营体系。其核心是发展多种形式的适度规模经营,培育新型农业经营主体,健全农业社会化服务体系。迄今发展态势良好。截至 2014 年年底,全国平均种植规模达到 13.3 hm² 的家庭农场超过 87.7 万家,农民专业合作社达到 128.9 万家,家庭承包耕地流转面积 2 687 万 hm²,占家庭承包耕地总面积的 30.4%。农村土地的流转集中,实现了粮食生产连片种植和集约化、规模化经营。生产组织化程度的大幅提高使高效作业、使用可靠的大中型农机装备需求迅速增长。

2）粮食生产全程机械化的推进

2015 年我国农作物耕种收综合机械化率已达 63.8%,实现了主要农作物关键生产环节的机械化作业,但主要农作物生产机械化还存在薄弱和空白环节。为加快适度规模经营发展,推动标准化、专业化和社会化生产,提质增效,同时破解农村劳动力结构性短缺、农业生产面临的"谁来种地""怎么种地"的难题,2015 年农业部开始聚焦玉米、水稻、小麦、油菜、大豆、马铃薯、花生、棉花和甘蔗 9 大作物的耕作、播种、植保、收获、烘干和秸秆处理 6 个主要环节,推进主要农作物全程机械化。粮食生产全程机械化发展对构建机械化农艺体系和突破薄弱环节、填补空白的农机装备提出了要求。

3）粮食生产区域化和产能提升

2013 年以来,我国粮食总产量已连续 4 年保持 6 000 亿 kg 以上。据专家预测,到 2020 年我国粮食需求大约为 7 000 亿 kg,还有 1 000 亿 kg 左右的缺口。"十三五"期间,国家已规划建立粮食生产功能区,提高产能保障能力。我国丘陵山区比例高达 69%,粮食产量占全国的 55% 以上,在农业生产中居于重要地位,但宜机条件差,农业机械化发展严重滞后于平原地区,亟待提升我国中低产田约占全国耕地面积的 2/3,因此需要推进土地整治、中低产田改造和高标准农田建设,规划到 2020 年建成 5 333 万 hm² 高标准农田。另据统计,我国农户粮食生产每年产后损失高达 200 亿 kg,损失率超过 8%,迫切需要提高干燥和加工转化水平。提高粮食产能,挖掘粮食增产新潜力,急需先进适用的机械化技术装备作支撑。

4）资源环境保护和生态农业建设

据资料介绍，我国农田灌溉用水有效利用系数仅为 0.52，比世界先进水平低 0.2 个百分点；粮食产量占世界的 16%，而化肥用量却占世界的 31%，使用强度是世界平均水平的 2.7 倍；每年农药用量约为 180 万 t，利用率却不到 30%，单位面积使用量是世界平均水平的 2.5 倍；每年使用塑料薄膜约为 240 万 t，但能回收的不到 140 万 t，回收率不到 60%。为遏制粮食增产过度依靠要素投入、农业产能严重透支导致农业可持续发展能力不断下降的状况，"十三五"期间我国已开始推广规模化高效节水灌溉，加大农业面源污染防治力度，推动农药、化肥、农膜减量使用和种养业废弃物资源化利用、无害化处理。建设资源节约、环境友好的生态农业，实现生产方式由粗放型向精细化的转变，对农业科技进步和农机装备的智能化发展提出新要求。

（2）存在的问题与挑战

自 2004 年颁布实施《农业机械化促进法》到 2014 年，我国的农业机械化在国家政策的扶持下经历了 10 年快速发展的黄金期。期间，粮食生产机械化技术的创新发展在扩增农机装备总量、提高农机作业水平和农机社会化服务能力方面发挥了重要的支撑作用，拖拉机、联合收获机等主要农机装备结构得到优化，水稻种植和玉米收获薄弱环节机械化率大幅增长，研发推出了一批秸秆处理、粮食干燥等新型农机装备应用于实际生产。但总体来讲，我国粮食生产机械化落后于农业发展需求，与发达国家相比还存在巨大差距。"十三五"以来，我国农业机械化和农机工业进入深度调整、转型升级阶段，粮食生产机械化技术发展面临着领域拓展、技术升级的严峻挑战。

1）农机装备供给结构亟待调整

农机装备的研发制造、供给服务应与农业的经营需求相匹配。经过多年的努力，我国粮食生产农机装备结构有所优化，但不合理的状况仍未得到根本改变，主要表现在 3 个方面：一是农机装备总量大，其中以结构简单、功能单一的中小型机具为主，大型、复式作业机械较少。低端农机具产能过剩，但市场急需的高技术含量的大中型农机装备还没有形成成熟稳定的供给。二是粮食生产薄弱环节、拓展的新领域及丘陵山区缺少先进适用的机具。这方面的破题难度更大，需要投入更多的资源。三是农机动力与机具配套比不合理。动力机械配套作业机具数量少，配套比大致为 1∶1.64，远低于欧美 1∶3～6 的水平，动力机械的功能未得到充分发挥。大中型拖拉机配套农具比仅为 1∶1.57，拖拉机还有很大尚未利用的空间。

2）技术水平低、创新能力不足

我国主要粮食作物单产水平约为世界高产国家的 50%～65%，实际产量约为良种产量潜力的 50%，机械化栽培技术尚有很大的增产提升空间。自主农机装备的总体技术水平仅相当于发达国家同类产品 20 世纪七八十年代的水平,只有个别产品达到 20 世纪末国际技术水平,在智能控制和信息化技术应用方面差距尤为明显。以企业为主体、产学研相结合的技术创新体系尚不完善,具有科技实力的大企业占比极少,行业中 70% 的中小企业基础较弱。全行业平均利润在 6% 以下,R&D投入占销售收入比重不足 1%。科研开发多为跟进仿制,核心技术匮乏,新产品贡献率低。科研成果质量不高,导致农机装备档次低、同质化严重。总体技术水平处于中低端。

3)农机装备质量与可靠性亟待改进

我国农机工业整体制造技术及装备水平与发达国家相比约有 20～40 年的差距,先进制造工艺装备应用程度偏低,特别是农机核心部件总成、关键零部件的专用材料不过关,精益制造技术与加工设备尤为缺乏。中小企业普遍存在生产设备陈旧、制造工艺落后的问题,制造质量难以得到有效控制,农机的售后服务、使用培训、零配件供应、维修维护跟不上。从作业效果看,整机可靠性和关键零部件质量问题比较突出。

4)农机农艺融合不够深入

农机装备不同于一般机械产品,其特殊性在于作业对象是有生命的动植物。粮食生产机械化技术发展需要农业生物育种技术、高效栽培技术和农业工程装备技术、信息技术的深度融合。然而我国农业科研系统分设农机、农艺机构,致使两者科研长期分隔、协调不畅;农机制造、农机使用管理于生产实际而言,缺乏对农机农艺广泛深入的融合推动。目前粮食生产品种多样化、栽培模式复杂化,农机难以适合农艺的多变性,机械系统与农业技术体系不相匹配。这种农机农艺互不相适的情况具有普遍性和复杂性。

9.1.2 国外机械化技术发展的引领与竞争

(1)国外技术发展总体状况与趋势

国外发达国家农业机械化技术装备的发展代表了当今世界最先进水平,引领着农业科技与产业的发展方向。大多数发达国家是在 20 世纪六七十年代完成了从传统农业向现代农业的转变。如今他们的农机装备不仅品种覆盖面广,而且质量精良,技术水平越来越高,从根本上改变了人类农业生产方式。这些国家粮食生产已实现全程机械化,现代高新技术广泛应用,农机装备实现了精准作业。

1)发展大型、多功能复式联合作业技术与装备

从欧美国家的现代农业发展轨迹可以看到,农机装备一直向大型、高速、低耗、复式多功能作业方向发展。这是实施生产区域化、专业化和经营规模化、机械化,追求高效益目标的路线选择。大型拖拉机功率已进入到 500 kW 级系列,最大的达

到 735 kW,与其配套的大型深松灭茬联合整地、免耕施肥精密播种、植保施药等机具实现了宽幅、高速、多功能复式联合作业。拖拉机与农机具的配套比例高达 1∶6,广泛应用于田间多功能作业、农用物资运输、农业工程设施建设等方面,提高了使用效率。联合收割机割台幅宽在 4 m 以上,最大可以达到 12 m,10 kg/s 喂入量成为普遍应用的机型并向更大发展,最高超过 25 kg/s,割台互换实现了多种作物收获,充分体现了多功能、大型化机械收获作业的及时性、高效率。

2)发展自动化、智能化精准作业技术与装备

国外发达国家以农机装备为载体广泛应用信息化技术,实现了自动化与智能化技术同多功能、高性能先进农机装备技术的高度融合。通过发展精细农业,大幅提高了农业综合生产能力和可持续发展能力。联合收割机实现了作业参数的自动采集显示、故障报警和自动调节及地理信息与谷物产量等实时采集及作业智能控制。精量播种机、配方施肥机、自动喷灌机、变量喷雾机等机具可对农田土壤、作物苗情、环境参数、病虫害等信息进行及时快速采集处理,实现种、肥、水、药的按需精准施用。自动导航、机器视觉与数字信息感知、智能决策等系统集成和基于网络的管理系统的应用使机群有序、高效作业,作业效率提高 50% ~60%。农业灌溉水利用系数达到 0.7~0.9,航空植保每亩可节省农药 20% 以上,精准施药的农药利用率达到 60% 以上,氮肥有效利用率达到 50% ~55%。

3)发展节约资源、保护环境的农业技术与装备

国外发达国家对可持续发展的重视体现在三个方面:一是农业资源高效利用的装备技术日益得到重视。在农作物秸秆收集与综合利用技术方面开展实用化研究;各种水利工程和节水设施、装备在水资源节约利用方面效果显著;土地修复、改造、耕层整备等装备在土地资源利用方面发挥着不可替代的作用。二是节本增效、绿色环保装备技术成为发展的主流。应用传感、遥感、电控等技术推进农机装备作业过程节能、节种、节肥、节水、节药,是促进节本增效、保障粮食生产田间源头安全和生产环境免受污染的重要措施。农用柴油机动力排放已经实行欧Ⅲ标准;各种节水灌溉机械、节种的精量播种机械、提高肥效的定位变量深施机械、节药与低残留的精准对靶施药机械等作用显著。三是开展感知技术研究。探索机器与植物生长、环境生态的协调统一规律,为农机装备智能作业提供高精准度支撑。

4)广泛应用先进设计与制造手段

发达国家农机制造企业基于信息技术的智能制造技术,将数字设计与信息化管理贯穿于产品全生命周期。各种工业机器人和计算机集成制造、智能制造、敏捷制造、精益加工、柔性装备、物流链接与大数据管理等先进制造模式和方法已在农业装备制造业广泛应用。复合与功能性专用材料应用、可靠性预定寿命和在线质量检测、专业化生产与配套使质量保障与效率发挥高度统一。以智能机器代替重

型、复杂操作和高消耗、低效能机械,优化生产过程,改善质量、降低成本,也是国际农业机械化技术创新的重点。

（2）国外技术发展带来的竞争压力

目前,我国农机装备总动力超过 11 亿 kW,农机工业规模达到 4 300 亿元,自主农机装备市场供给能力达到 90% 以上。但随着我国农业发展对装备技术需求的剧增和市场的开放,国外众多农机企业也纷纷加盟国内竞争行列。迪尔（Dcere）、凯斯纽荷兰（CNH）、爱科（AGCO）、久保田（Kubota）、克拉斯（Claas）、赛迈道依茨法尔（Same Deutz – Fahr）、库恩（Kuhn）、格兰（Kvemeland）及日本、韩国等国的农机装备企业已全面进入中国。外资品牌几乎垄断了我国高端农机市场。这种态势对民族农机工业形成严重挤压,也促使我国在产业转型升级中必须系统规划,全面部署解决粮食生产机械化技术发展滞后的问题。

1）应坚持自主创新走自我发展的道路

多年来,我国粮食生产机械化技术的创新研究一直集中在个别生产环节上,对生产各环节全程机械化,特别是提高粮食生产综合效率、效益、竞争力的装备技术未能系统规划、全面推进。过多地依赖国外高新技术及产品,导致自主创新技术极度缺乏,农机装备更新周期长,老化严重。创新研发的成套技术与装备优势不明显,尤其缺乏具有竞争力、带动性强的支柱性农机装备。实践证明,依赖进口这种局面不改变,不仅抬升了农机装备投资和生产综合成本,严重威胁我国粮食和产业安全,而且进口农机装备也解决不了我国地貌多样、农艺复杂、需求多元的问题。

2）国外发展经验与先进技术值得借鉴

国外发达国家在农业现代化进程中实现粮食生产全程机械化及高度机械化、自动化、信息化的实践给我们诸多启示。尤为重要的有两点：一是必须实施区域化布局、规模化经营和专业化生产。这是推进全程机械化、信息化和社会化服务,实现粮食生产高产高效的根本。只有集约用地,形成粮食规模化经营、专业化生产条件,才能依靠有实力的经营主体和社会化服务组织,全过程应用先进的机械化、信息化技术手段进行高效生产。土地集约规模经营方式取决于各国的自然禀赋和选择的发展路径。如美国人少地多,德、法等欧洲国家人均耕地适中,日本人多地少,因此他们分别运用大规模机械化、中等规模集约机械化和小规模精细机械化的不同模式。二是农机农艺融合配套。农机装备品类齐全、质量精良和作业精准是推进全程机械化、信息化和社会化服务,实现粮食生产高产高效的物质基础。高端的技术装备依靠科技的支撑。美、日、德等发达国家十分重视并稳定投入资金支持基础性、关键共性技术研究,使产业发展所需的核心技术和前瞻性技术成果得以持续供给。国际顶尖农机装备制造企业研发投入较大,一般占销售总收入的 2% ~ 5% 。足够的研发投入使其技术保持领先水平,创新能力得以不断提升。

9.2 两熟制粮食作物生产机械化技术发展方向与创新重点

两熟制粮食生产增产效果显著,发展优势突出,在未来我国粮食生产中将发挥越来越重要的作用。然而,两熟制模式是独具中国特色的粮食生产形式。我国独特的地理位置、自然环境和悠久的农耕文明历史使其运用面积和水平居世界之首。迄今尚未了解到体现两熟制种植特点的机械化技术在国外有可借鉴的先进范例和成套系统。我国两熟制粮食生产机械化技术的发展必须是在跟踪国际粮食生产装备技术发展趋势的基础上,立足国情,结合两熟制地区的生产实际,走自主创新之路。

9.2.1 机械化技术发展方向

(1)向粮食生产全程机械化发展

粮食生产的全程机械化是现代农业发展到一定阶段的必然要求,也是我国在资源环境约束条件下保障粮食供给的必然趋势。粮食生产装备技术需从产中向产前、产后全程延伸,要满足从种子选育、耕整种植、田间管理、收获储藏、产品加工到秸秆综合利用的全过程机械化需求。两熟制地区首先要突破机械化薄弱和空白环节,包括丘陵山区机械化、中低产田改造的装备技术。其次,在满足作物各生产环节特定作业功能要求的同时,从各环节机具独立作业转向全程机械化农机装备配套,特别是前后两茬作物轮作环节装备技术的衔接配套。农机装备种类将大量增加,主机和农具的配套比也将趋向合理。从国外发达国家的实践来看,未来新型农业经营主体将普遍需要供给满足其特定作物、种植规模和规范化栽培模式的全程机械化整体解决方案及适用的系列配套机具。目前我国正在全力推进粮食生产全程机械化发展。

(2)农机农艺深度融合,栽培模式更加趋向轻简化、标准化

当今农业科技创新正从以生物技术、栽培技术为主转向与机械化技术并重发展,而事实上机械化技术发展也深刻影响作物品种选育和种植制度变革。围绕粮食生产综合增产增效目标,农机农艺向深度融合,一方面要建立适应机械化作业的标准种植体系,另一方面要研发配置适用于该种植体系及各作业环节的农机装备,使作业机械与农艺要求吻合。栽培模式的轻简化、标准化将使农艺流程生产环节减少,作业机械易于配套,较大幅度地降低生产成本。适于机械化作业的高产品种、轻简化的标准栽培模式和配套的机械系统构成协调匹配的机械化技术体系,是实现全程机械化、提高机械作业效率和农业综合生产效益的保证。在国家科技计划的引领下,以此为目标的两熟制粮食生产科技创新已取得有效进展。

（3）农机装备向高效、智能、环保方向发展

世界各国粮食生产装备技术均是随着本国农业的不断发展,围绕着提高作业效率和使用性能、满足生产需求、建设可持续农业,向大型化、高效率、自动化、智能化、节约环保方向发展。其显著特点是随着科技的进步,电子、信息、生物、材料、现代制造等高新技术逐步融合应用,不断增强农机装备的适应性,拓展作业功能,保障季节性作业的可靠性,提升复杂结构制造效率,改善机械作业与土壤、植物、人、生态环境的协调性,使之更加安全可靠、自动高效、精准智能。随着现代农业的推进,这已逐步成为我国粮食生产技术装备发展的主流。

1）向大型化、高效率发展

这是粮食生产实现规模化、专业化,保障生产所需、提高效能的必然要求。通过对国外技术的引进、消化吸收和创新,我国粮食生产农机装备的大型化、高速宽幅、多功能复式联合作业技术有了长足的进步。大型拖拉机量产最大功率达 200 kW 级,300 kW 也已面世。与大型拖拉机配套的深松灭茬联合整地、免耕施肥精密播种、植保施药等机具在作业速度和多功能联合作业能力上有较大提升,作业幅宽分别达到 5.6 m,7.8 m 和 32 m;谷物联合收割机喂入量达到 10 kg/s,割台幅宽达 6 m,可通过割台互换实现多种粮食作物的收获。

2）向自动化、智能化发展

发展智能农机装备,一方面是我国现代农业生产的切实需要,另一方面也是国内产业发展与国际竞争的必然要求。机械与电子、液压技术及传感与控制、信息与通信等现代技术的融合应用,使我国农机装备自动化、智能化发展快速提档升级。拖拉机、精量播种机、联合收获机、水稻插秧机、喷药机等农机装备的自动驾驶、自动对行、地面仿形、主要作业参数自动监测及故障诊断等功能已进入研究示范阶段,电控 HST 液压驱动、CAN 总线技术等也开始应用。

3）向节约环保方向发展

现代农业的根本要求是改变传统粗放型生产方式,促进资源、环境和生产要素的优化配置,走可持续发展道路。由信息技术和智能装备技术支持的根据空间变异进行定量决策、变量投入、定位实施的精细农业操作技术与管理系统,正以其充分利用资源,实现最经济、最合理的投入,获得经济和环境上的最大效益的目标,深刻影响着未来农业的发展。我国两熟制地区粮食生产必将走精细化发展之路,资源综合利用、节本增效、绿色环保装备技术将快速发展。在农作物秸秆收集与综合利用、节水灌溉、耕地修复养育及水肥种药节约安全施用、减排降耗等方面一批技术装备正逐步得到应用。

（4）装备技术集成系统与作业服务体系广泛应用空间信息技术

粮食生产适度规模经营和社会化服务将促进装备技术集成系统的发展和社会

化服务信息平台的建设。这是建设粮食生产全程信息化、机械化技术体系,实现传统精耕细作与现代物质装备技术融合的重要部分。卫星定位系统、地理信息系统、遥感技术的应用,将大幅提高农机装备智能化水平,为精细农业发展提供支撑。各种卫星资料可实时提供粮食作物生长状况和产量的预测数据,应用遥感技术可监测土壤墒情、苗情长势、自然灾害、病虫害、轮作休耕和粮食产量,自动导航与机器视觉、数字信息感知、专家智能决策系统集成,可为装备技术集成系统提供智能控制。基于物联网、大数据、空间信息、智能装备等技术与粮食生产过程的全面深度融合,将构建起“天—地—人—机”一体化的大田监测控制系统和决策管理系统,可提供农机作业远程实时监控、调度、维修、供应等信息服务,实现机群有序、高效作业,大幅提高粮食生产系统的运行质量和效率。

（5）设计与制造手段向高端推进

国家《中国制造 2025》（国发〔2015〕28 号）将农机装备列为十大重点领域之一,大力推动其突破发展。制造企业技术升级与改造的力度不断加大,数字设计、信息化管理与先进制造模式及方法逐步得到应用,新工艺、新材料和新装备的推广普及率明显提高,高精质量控制与检测手段不断嵌入生产过程。随着人机智能交互、工业机器人、智能物流管理、增材制造等技术和装备在生产过程中应用的推进,智能工厂/数字化车间将逐渐变成现实,智能制造正在引领农业装备制造方式的变革。未来农机装备的成套化、定制化供应应满足新型经营主体的个性化需求,产品将凸显模块化特点,生产方式将向基于先进理念和智能化技术的柔性化设计与制造转变。

9.2.2　机械化技术创新重点

（1）相关基础性及关键共性技术研究

长期以来,我国粮食生产机械化的基础理论和应用基础研究严重不足,关键共性技术研究力量薄弱,致使核心技术极度匮乏。基础工艺、材料及核心零部件、关键作业装置研发水平低,难以支撑重大农机装备的自主创新。机械化技术装备与农艺制度相互适应、协调作用的机理缺少深入探索,在很大程度上制约了高产高效全程机械化生产技术体系的构建。粮食生产机械化技术发展要跟上现代农业建设步伐,满足国家粮食安全需求,必须强化基础性和关键共性技术研究,使产业发展所需的核心技术和前瞻性技术成果能得到持续供给,为高端智能农机装备的研发、制造和作业管控提供技术支撑,提高自主创新能力和核心竞争力。

1）开展农机作业机理与精细生产应用基础研究

主要研究土壤—机器—作物系统的互作规律和影响机理,探寻系统自适应与节能增效、降耗减排优化匹配规律,创新耕整、播种、收获机械作业新原理、新机构;

研究土壤、作物生长信息感知与种、肥、水、药对作物生长的影响机理,开发植物生长信息采集传感器和种、肥、水、药精细调控系统;研究农机开放工况下机器作业状态参数动态监测、操控技术,针对动力机械及施肥播种、植保、收获机械及作业质量测试需求,研制专用传感器和操控核心装置。

2）开展农机装备数字化设计与验证关键技术研究

主要研究农机装备数字化设计技术,从拖拉机和联合收割机等典型高端复杂农机装备入手,突破关键部件及整机数字化建模、虚拟设计、动态仿真验证技术及关键零部件标准化、系列化、通用化技术,逐步建立农机装备数字化设计平台;研究农机装备质量检测、田间作业检测方法与技术,以拖拉机、联合收割机等主要农机装备关键零部件及整机为重点,攻克制造过程关键工序质量在线检测、产品主要性能检测与可靠性试验,以及田间工况环境下载荷谱采集、失效特征、作业质量检测等关键技术,开发相关质量检测及试验验证系统与设备;集成研究设计、试验检测技术和系统,采集研发制造过程、试验验证、田间工况及产品数据,构建基础数据公共平台。

3）开展农机智能作业与管理关键技术研究

主要研究农机定位与导航技术,研发复杂工况下基于北斗卫星系统、自组网络技术、机器视觉技术等定位及自动导航系统与装置;研究农机变量作业技术,攻克光机电液多源信息采集、融合控制等技术,面向播种、施肥、灌溉、施药等作业环节开发智能变量施用执行机构与系统装置;研究农机智能管理技术,研发智能调控策略、作业流程检测、故障自动诊断、机群调度与远程运维技术与系统;研究农机作业决策与管理技术,基于作物生长信息感知、检测与控制技术开发作业决策、作业质量管理系统。

4）开展基础工艺、材料及核心零部件、关键作业装置研究

围绕高效、智能、环保农业动力机械及复式耕整、施肥播种、植保施药、联合收获机械,研究基础新工艺、新材料,攻克电控、液压等核心技术及专用轴承、密封件、液压件等基础零部件,研发低排放农用发动机、动力换挡和CVT无级变速传动系统、大型拖拉机悬浮桥和电液控制悬挂系统,以及作业机械的耐磨减阻入土部件、电动精量排种器、高性能植保喷嘴、低损脱粒清选收获部件、秸秆打捆打结器等关键部件和作业装置。

5）开展农机装备技术与农艺技术适配研究

主要研究机械化保护性耕作技术,试验分析秸秆覆盖量与作物生长、病虫害发生、水土保持的关系,机械化少（免）耕组合方式与作物生长、土壤结构、耕作层厚度、有机质含量的关系,为不同地区秸秆还田与机械化少（免）耕组合方式的适配提供支撑;研究优化农机行走部件与农艺制度融合配套技术,融合机械作业幅宽、

轮距、轮胎宽度、离地间隙等性能参数与作物畦宽、行距、株距、耕地利用等农艺要求,试验分析前后两茬作物机械化种植畦宽、行距及其相对位置,以及田间管理机械的进地作业空间等参数对作物产量的影响,形成作物高产与机械化高效作业最佳配套的栽培技术;研究不同地域气候条件对粮食作物收获后籽粒脱水干燥的影响机理,以及适合地域特点的干燥方法、工艺流程和作业参数的匹配调控技术。

（2）黄淮海地区创新重点

1）机械化保护性耕作技术体系与栽培模式

优化冬小麦夏玉米、冬小麦夏大豆周年接茬轮作耕作制度和农艺流程,推进全程机械化,迫切需要解决目前保护性耕作技术推广中秸秆覆盖量过大、少（免）耕组合方式合理性试验验证不足,以及前后两茬作物栽培模式缺少系统规划、不规范的问题。需要深入研究秸秆覆盖量与少（免）耕组合方式的匹配对土壤肥力、抗旱能力、机械作业能耗及秸秆处理的影响。应在典型区域建立试验基地,围绕全程机械化高产高效生产目标,对研究形成的小麦/玉米、小麦/大豆周年轮作保护性耕作技术、栽培模式进行持续跟踪试验与改进提升,以粮食高产、耕地高保储、机械轻简高效、生产成本低、生态环保为目标,优化完善具有区域特色的夏季免耕、秋季少耕机械化保护性耕作技术体系和标准化的机械化栽培模式。

2）品种的选育及育种、种子加工机械化技术

为破解黄淮海地区玉米机械籽粒直收难题,重点培育生长期更短、苞叶松散、后期脱水快的高产夏玉米品种,使其在收获时籽粒含水率不超过28%。育种与种子加工机械化技术是黄淮海地区粮食生产全程机械化的薄弱环节,应重点研发小麦、玉米小区精密精量播种、无损净仓收获和大田繁育去雄、无损收获机械化技术,以及种子智能化精选与精确分级装备,以满足机械化育种和精密播种的需求。

3）节能环保高性能拖拉机

拖拉机作为农用动力机械近几年得到较快发展。随着农业现代化的推进,其智能化、节能环保、高性能、大型小型兼需的发展趋势日益明显。重点研究采用低排放发动机或电驱系统,应用动力换挡、CVT无级变速、HST静液压传动和电液悬挂系统,以及自动导航和CAN总线技术,开发轮式或半履带、多功能、环保大中型拖拉机;研究采用低排放发动机或电驱系统,应用HST静液压传动和快速挂接、导向轮大转角、多点输出技术,开发多功能、环保小型拖拉机,提高农用动力机械自动化、智能化水平和驾驶的舒适性、安全性。

4）大型高效、多功能联合作业耕整地技术与装备

黄淮海地区推行的保护性耕作、耕地修复养育技术模式具有明显的地域性,耕整地技术与装备应与之配套,并满足高效率、低能耗、低成本的作业要求。重点研究入土部件脱附减阻、耐磨技术及高速犁耕、联合耕整、精准平地等技术,研发宽幅

高速双向翻转犁及具有深松、旋耕、耙地、碎土等多功能的联合作业耕整机,并应用智能化控制技术和新材料提高机组作业效能和可靠性。

5)少(免)耕条件下精量播种技术与装备

播种技术与装备的创制重点是提高作业性能和智能化水平,保证少(免)耕保护性耕作条件下高效作业和播种质量。应推进小麦/玉米、小麦/大豆轮作体系机械化栽培模式的应用,解决前后两茬作物播种畦、行合理对应,避免茬上播种的问题。小麦少(免)耕播种,重点研究起垄作畦、单体仿形、旋耕开沟、深松施肥、覆土镇压等多功能一体化技术,根据各地不同需求研发小麦少(免)耕宽苗带精密播种机。玉米、大豆免耕播种,重点研究秸秆防堵、开沟施肥、高速精密排种、播深精控、单体仿形覆土镇压技术,研制玉米、大豆免耕播种机。发展在小麦免耕播种机通用部件的基础上通过更换玉米、大豆播种单元,实现小麦、玉米、大豆多作物播种的通用免耕播种机。应用智能化和高速气力排种技术,提高播种机作业效率与质量。

6)田间植保、节水灌溉技术与装备

田间管理机械化是黄淮海地区粮食生产的薄弱环节。推进小麦/玉米、小麦/大豆轮作体系机械化栽培模式的应用,提高栽培模式与作业行走机械的互适性,解决小麦拔节后拖拉机和自走式机械实施田间管理进地难的问题。根据农业规模化经营和节约环保要求,加快研究农药、除草剂等专用药剂和防飘移、精准对靶喷雾技术、智能控制技术,重点开发具有自动导航、自动混药、等高仿形、变量精准施药等功能的大型智能化悬挂式、自走式高地隙吊杆喷雾机,以及可变地隙、可变轮距的自走式吊杆喷雾机。研发具有断点续喷、等高仿形、自动避障等功能的植保无人机飞控系统,提高无人机载药能力、续航能力和可靠性。发展规模化节水灌溉技术,包括滴灌、喷灌、地下管网畦灌及水肥一体化技术。

7)机械化籽粒收获技术与装备

与玉米品种培育同步协同解决高含水率玉米机械籽粒直收难题,重点研制在籽粒含水率为28%时,籽粒破碎率小于5%的玉米籽粒收获机。研究割台等部件互换与脱粒清选参数调整,以及高含水率玉米的摘穗与脱粒、大豆挠性割台低位仿形与脱粒清选等技术,研发小麦、玉米、大豆通用的纵轴流籽粒收获机,即主机通用,通过换装专用割台、调整脱粒清选参数实现多作物收获。籽粒收获机的研制应根据需求向大喂入量、宽幅高速、智能化方向发展。

此外,作物收获后秸秆的处理状况对下茬作物播种质量影响显著,必须很好地解决,为下茬作物创造良好的播种条件,避免秸秆的田间焚烧。实践证明,上茬作物收获时秸秆的无序抛撒堆积严重影响下茬作物播种,而秸秆处理十分困难,所以作物秸秆处理的策略应以在机械收获环节解决为主、播种环节为辅。联合收获机应强化玉米穗轴和作物秸秆的处理,使其具有玉米脱粒后穗轴回收、秸秆切碎均匀抛撒或秸秆切断打捆粮草兼收等功能。研制秸秆捡拾打捆等集运装备,将作物秸秆离田用于青贮饲料、生产有机肥。使其作为生物质燃料、工业原料也是渠道之一。

8)适合黄淮海地域特点的小麦、玉米脱水干燥方法与成套设备

粮食脱水干燥技术装备属地化特点十分突出。黄淮海地区属于中温干燥储粮区,大部分年份下粮食收获时气候干燥、日光强度大,且区域内秸秆等农作物生物质资源、地热资源非常丰富。应根据作物特性,结合黄淮海地区气候特点,充分利用地域资源条件,研究具有属地特征的干燥工艺和装备,重点突破节能环保、组合式热源系统,并优化改进结构、提升技术,以低成本、高效能、清洁环保为目标,开发适合区域特点、易于推广应用的脱水干燥方法与成套设备,提高机械化干燥装备水平。在实现玉米籽粒机械化收获之前还需利用气候干燥的特点和资源条件,解决玉米果穗收获后的即时脱水干燥问题,以减少粮食霉变和污染损失。

9)丘陵山地轻简型作业机具

黄淮海地区丘陵山地在粮食生产中具有重要地位,但宜机条件差,加之缺少针对其作业特点专门研制的适用机具,机械化程度很低,是全程全面机械化的突破重点。应在"改地适机"的同时,根据山地坡陡、耕道弯急狭窄和坡地作业的特点,重点研究自平衡、大转角、地面仿形的紧凑型作业机构和多功能底盘,以结构轻简、行走便捷稳定、操纵灵活、通过性强、作业性能好为目标,开发适合丘陵山区的轻简化小型联合作业机具。

(3)长江中下游地区创新重点

1)机械化耕整地

长江中下游地区采用多熟制种植方式,季节茬口紧。如何在短时间内实施秸秆全量还田、为下茬作物构建合理的耕层结构,是迫切需要解决的关键问题。轮式拖拉机频繁下田,造成水田犁底层(泥脚)加深,影响水田作业机械,尤其是插秧机的行驶通过和高效作业也是需要解决的难题。我国水稻种植面积近 3 000 万 hm²,秸秆面广量大。随着环保理念的加强,秸秆禁烧成为不可逾越的红线。而离田综合利用仅能解决一小部分秸秆,是一种补充处理方式,大部分秸秆处理的方案应是还田利用。目前,我国稻田普遍采用旋耕或浅翻耕作方式,耕层浅(不到 15 cm),秸秆难以有效覆埋,浮于田间表面,影响小麦、油菜播种和水稻栽插及栽后秧苗活棵返青,造成作物根系难以下扎,后期容易倒伏,影响产量和机械化收获作业。采用深耕深翻,翻埋至 20 cm 以下,可有效解决秸秆全量还田问题,达到灭草灭菌灭虫,持续提升培肥地力,减施化肥,提质增效的目的,需要研制加深型旋耕机及与犁翻配套的耕整地技术。南方多熟制地区,大量秸秆还田后不容易快速腐熟降解,需研制适应不同地区的秸秆生物腐熟剂,在深埋还田作业时施入,以促进腐熟,降低秸

秆分解释放的有害物质对后茬作物生长发育的影响,实现秸秆持续还田。开发接地压力较小的橡胶履带式拖拉机及动力底盘,以防加深水田犁底层,满足水田作业机械的通过性要求。

2）机械化种植

双季稻区田块小而分散,季节茬口紧,劳动强度大,稻作效率低。尤其是双季晚稻生产,其湿收湿种、抢收抢种、高温育秧、大苗移栽的特点对水稻种植机械化提出许多独特性需求和难题,制约着种植机械化水平的快速提高,使之成为双季稻区发展水稻全程机械化的重中之重、难中之难。应针对双季稻区水稻种植特点和独特性需求因地制宜,多措并举,加大适用装备的研发力度。开发对位精量播种、叠盘暗化技术装备,培育适于机械移栽的壮苗、大苗,研发配套大苗移栽机械,解决双季稻季节茬口紧、品种选择难、产量不稳定的矛盾;针对双季稻区存在的手抛秧,开发高效有序钵苗行抛机,以有序替代无序,以高效替代低效;针对田块错落、高低不平及丘陵山区,开发水稻机播、飞播技术,解决机具难下田、移栽成本高、手工劳作强度大的问题。

从全国范围来看,机插秧无疑是一项适应大部分稻区,高产稳产、低风险的技术。机插秧的难点和风险在育秧。目前机插育秧需重点关注的有:提升播种的精度与均匀性,解决空穴漏插高及密播造成的苗细苗弱、苗期病害滋生及降低秧苗弹性难题;针对规模化集中育供秧的逐步发展,加快配套设施的建设及育秧技术指导,解决低温烂秧、高温烧苗等不良天气造成的育秧难题;增加机械化浸种催芽、叠盘暗化技术环节,促使苗齐、苗全;切实加强育秧技术的培训,将育秧的每一环节、每一技术细节落实到位,全面提升苗期管理水平,有效防范大面积规模化育供秧的风险,尤其是遭遇不良天气的年份,以防出现大面积的病苗、死苗,造成无苗可插。

随着土地流转速度的加快,规模经营面积不断扩大。加之农村劳动力转移等客观因素的持续存在,直播稻将在一定时期和适宜地区与移栽稻并存发展。当前迫切需要筛选适合不同生态区和茬口安排的直播稻新品种,并进行直播稻高产高效栽培技术研究,进一步完善精量高效复式机械化直播技术装备系统,切实解决伴随直播稻的"田难平、草难除、苗难全、产难稳"的难题,降低并控制直播稻的生产风险,实现直播稻的节本增效。

近年来,长江中下游地区秋收季节遭遇连续阴雨天气,田间排水不畅、积水湿烂,小麦、油菜播种机械难以适时下田作业,造成迟播晚播,加剧了季节茬口矛盾,影响产量和品质。一方面,急需开发稻田开沟技术,实现水稻生长期的干湿交替、好氧灌溉;另一方面,也为后茬作物及时排水、适期耕作播种提供了便利条件。目前,小麦、油菜播种精度低、用种量大、易断条堵塞,种肥、基肥基本采用撒施、表施方式,肥效低、用肥量大,需要进一步提升小麦、油菜播种复式作业技术,实现旋耕灭茬、秸秆还田、精量播种、化肥深施、沟系配套和一播全苗。

3）机械植保

目前,植保施药大部分采用人工背负、手动式机械,操作人员缺乏有效防护,安全性差;跑、冒、滴、漏老大难问题没有从根本上得到解决;植保无人机载药量少、续航能力有待突破。根据农业规模化经营发展和农业高效统防统治的要求,生产上急需大型、宽幅、自走式高效植保机械,集成抗漂移雾化技术、静电喷雾技术、立体对靶防治技术,提高防治效果,降低农药施用量;开发适应植保无人机的高浓度、低毒性、超低量施用的高效农药,研究与植保无人机旋翼气流场配套的喷雾技术,实现植保无人机的高效立体防治。

4）机械收获

由于长江中下游地区水稻秋收季节阴雨天气多,稻田浸水湿烂,在这样的条件下收割作业,即使履带式收获机也容易下陷打滑。因此,在双季稻区及湖区湿烂地,首先应解决收获机在湿烂田块的通过性问题。其次,针对规模化经营、季节茬口紧的特点,开发高速、宽幅收获机型,满足大面积抢种抢收的要求。针对杂交稻、超级稻等高产水稻品种的推广应用,研发适应高温、高湿、大喂入量作业的收获技术及适应倒伏作物的收获技术;研究适应多种作物的通用、兼用机型,以适于多种作物的收获作业。

再生稻近年来呈增长趋势,面积扩展较快,在管理技术水平到位的情况下,单产也可达到 15 000 kg/hm^2,亩产吨粮。再生稻一次种植、两次收获,属轻简型稻作方式。目前在生产装备上需研究突破头茬收割作业时不压稻桩、低留茬、秸秆切碎均匀抛撒收获技术。

5）机械烘干

过去在粮食流通体系中,农户承担了很大一部分粮食储存功能,而现在直接生产粮食的农户已经很少储粮,农户粮食收获之时就是粮食出售之时,粮食收购及加工企业承担了越来越重的储粮任务。随着城镇化与农村超市的发展,粮农逐渐从以往粮食流通体系中的单纯生产者转变成兼具生产者和消费者的双重角色。粮农角色的转变一方面会导致传统乡村粮食加工作坊的消失,另一方面也会对粮食物流和仓储能力造成冲击,将粮食仓储功能全部转给国家和社会。同时,随着规模化经营的发展,机械化收获发展迅速,水稻短期内集中收获,人工晾晒及晒场难以应付。为了保障种粮收益和稻谷品质,急需大面积上马粮食烘干设备。目前大部分粮食烘干设备采用燃煤作燃料,虽然热值高、成本低、经济好用,但大部分烘干中心临近村庄、村民居住区,污染环境,影响健康。需研究如何降低烘干用电、燃油、燃气的消耗,降低农作物生物秸秆燃料的制备成本,提高热值,实现烘干燃料高效与环保的兼顾。

（4）华南地区创新重点

1）机械化高产栽培技术

重点研究适合华南地区覆膜与覆盖稻草结合的栽培技术,包括稻草覆盖大垄双行覆膜栽培技术和机械化种植合理密度、水肥耦合增产集成技术;研究稻草覆盖量与覆膜种植两种组合方式匹配对马铃薯生长、抗旱抗涝能力及后期推进机械化收获难度的影响。试验研究提高马铃薯产量的水、肥、气、热、光互补技术。

2）种子加工及种薯分级技术

根据机械化种植的特殊要求,试验筛选耐机械损伤、结薯集中、商品薯率和产量高的适合机械化作业的鲜食、加工品种,重点研究种薯的机械化分级、机械化切块和拌药等技术,开发种薯分级、切块和拌药机械化装备。

3）小型马铃薯施肥播种联合作业机械

突破机械式高速双排双勺取种播种技术、大排量螺旋施肥技术、快速株距调整技术,研究不同土壤条件下的土壤工作部件减阻技术,开发不同的开沟部件,集成研制小型马铃薯施肥播种联合作业机械。

4）小型马铃薯挖掘收获机械

采用稻茬覆草方式种植马铃薯会使稻草被埋在地下与土壤、马铃薯交织在一起,机械化收获时挖掘阻力大,挖掘机构易发生缠草造成堵塞,土壤和马铃薯分离效果差,而且华南地区马铃薯种植生长期短、含水量高、薯皮薄,当采用机械化收获时易发生薯块损伤。应依据稻草与土壤黏附特性,重点研究薯、土、秧振动分离和减阻挖掘,以及低损收获技术,研制小型马铃薯挖掘收获适用机型。

9.3 两熟制粮食作物生产机械化发展思路与建议

确保粮食安全是治国安邦的首要任务。迄今我国已比较稳定地用不到世界10%的耕地,生产世界1/4的粮食,养活世界1/5的人口,粮食生产成就举世瞩目。然而,粮食需求刚性增长、资源硬约束趋紧等诸多新挑战持续增加国家粮食安全新忧患。用先进的工业文明成果装备"三农",加快提高粮食生产机械化水平,充分发挥农机装备集成技术、节本增效、推动规模经营的重要作用,对全面实施"以我为主、立足国内、确保产能、适度进口、科技支撑"国家粮食安全战略、支撑现代农业发展意义重大。

9.3.1 两熟制粮食作物生产机械化发展思路

从我国国情和现实基础看,我国两熟制粮食作物生产机械化发展的总体思路应是:围绕国家粮食安全战略总要求,以建设高产高效机械化生产技术体系为目标,以黄淮海地区、长江中下游地区、华南地区主要两熟制粮食作物生产为重点,以先进适用农机化技术与装备为支撑,推进全程机械化、信息化和社会化服务,加大示范推广力度,全面提升两熟制粮食生产机械化水平。

推进两熟制粮食作物生产机械化发展,应坚持因地制宜、统筹规划、突出重点、机艺融合、科技支撑的原则。我国两熟制地区地域辽阔,各地区自然条件、粮食作物、生产规模、机械化水平及经济发展基础差异很大。因此,应因地制宜集成农机化技术,选择适宜不同地区的粮食作物生产机械化技术模式,优化提升技术路线,形成具有区域特色的机械化发展模式。应根据各地区粮食生产实际做好统筹规划,对于两熟制主要粮食作物,黄淮海地区聚焦小麦/玉米、小麦/大豆,长江中下游地区突出小麦/水稻、双季稻及再生稻,华南地区主攻稻薯,建立高产高效机械化生产技术体系,并选择现代农业示范区建设示范点,由点及面,逐步实现在两熟制地区种植地域全面推广,进而带动其他粮食作物生产机械化发展。粮食生产机械化由产中向产前、产后延伸,由传统优势种植区向丘陵山区、新增宜地拓展,应整体推进与重点突破相结合,重点突破两熟制粮食生产关键环节、薄弱环节、薄弱地区机械化,整体推进全程机械化、信息化和社会化服务,并逐步向高水平发展。加强农机农艺部门的联合攻关、协同配合,建立从专业研究到基层应用的专家通道,推动农机农艺深入融合,广泛运用生物育种、高效栽培和工程装备技术等现代科技成果,以农机装备技术与绿色增产农艺技术融合配套的最佳模式改造传统种植方式和生产方法,并促进农机化与信息化技术相融合,为提高粮食生产机械化水平提供科技支撑。

9.3.2　两熟制粮食作物生产机械化发展建议

推进两熟制粮食作物生产机械化发展是一项重大持久的系统工程,应坚持政府引导,综合运用行政、经济、技术等多重手段,以农机制造企业、农机社会化服务组织、农业生产规模经营者为承载主体,农业相关科研机构、推广部门和高等院校广泛参与,形成产、学、研、管、推、用相结合,共同推进的整体合力。

（1）认识两熟制模式的特殊性,加大政策扶持力度

"重农抓粮"和发展机械化是我国国情和现代化农业建设规律使然。今后国家仍会将其作为重点持续大规模开展粮食高产创建、粮食增产模式攻关和加快推进粮食生产全程机械化。面对新形势、新挑战,各级政府应在政策实施效果上下功夫,重点支持农机化难度大的重要区域、主要粮食作物和薄弱环节突破发展。两熟制模式是独具中国特色的粮食生产形式,国外尚没有先进范例和成套系统可借鉴。由于两熟种植的生产条件差异、季节性制约、农艺复杂性对农机化技术、农机装备配套性等方面都有更高的要求,推进它的机械化发展需要长期的探索和大量试验,

研发及推广过程要艰难、漫长得多。因此,各级政府在区域创新平台建设、科技计划引导、农机购置补贴、农机作业补贴等方面应加大对两熟制地区粮食生产机械化的政策扶持力度,给予倾斜支持。

(2)加快农村土地流转,促进粮食规模化和专业化生产

规模化经营和专业化生产是推进全程机械化、信息化和社会化服务,实现粮食生产高产高效的前提条件,也是解决农村劳动力结构性短缺、人工成本居高不下的重要手段。我国目前耕地细碎化与机械化、分散经营与规模效益的矛盾十分突出。农村户均耕地仅为 $0.47 \sim 0.53 \ hm^2$,农业人口人均耕地约 $0.13 \ hm^2$,几乎是世界上最少的,大约是美国的 1/200、阿根廷的 1/50、巴西的 1/15、印度的 1/2。细碎化耕地的田坎、沟渠、道路等不仅占用大量土地而且限制了机械作业,也不利于农田灌溉排水,两熟制地区这种情形更为严重。推进粮食生产机械化首先要加快土地流转和规范改造,修缮基础设施,探索新的经营方式。政府应根据各地实际情况细化粮食生产区域布局,对农村零碎土地进行重新规划和调整,在稳定农村土地承包关系并保持长期不变的基础上,引导土地有序流转形成连片种植,发展多种形式适度规模经营。重点扶持土地经营规模相当于当地户均承包地面积 10 ~ 15 倍、务农收入相当于当地二、三产业务工收入的农业经营主体,支持其从事专业化、集约化生产。

(3)建立协调机制,推进农机农艺深度融合

农机与农艺融合是现代农业发展的内在需求,也是实现粮食生产全程机械化的必由之路。对两熟制粮食生产而言,没有农机与农艺的深度融合,就不可能解决当下生产机械化发展中存在的诸多现实问题,实现高产高效全程机械化生产就是一句空话。然而,农机农艺融合不足一直是困扰机械化发展却未能得到很好解决的一个难题。为有效破解这一难题,应采取必要的措施,建立以政府为主导,产学研推相互配合、促进机艺融合的推进机制。建议强化国家、省级农业(或农机)主管部门的农机农艺融合协调职能,重点解决粮食生产全程机械化发展中存在的农机农艺融合方面的突出问题;并根据区域粮食生产类型聘请农艺、农机科研机构及相关高校、生产企业、技术推广部门的专家组成一个或若干个专业组,以定期会商的方式,对区域粮食生产机械化种植技术体系涉及的农机农艺匹配互适等相关问题进行专项探讨,形成技术指导意见或提出研究攻关的重大议题。应重视相关科研项目内容设计和实施过程中农机农艺的融合研究与试验示范,鼓励和支持农机与农艺科研团队深入合作、协同创新。科技与财政部门应在科技计划和科研经费方面为粮食生产机械化农机农艺融合研究提供支持。

(4)提升科技创新能力,增加技术装备的有效供给

农机装备品类齐全、质量精良和作业精准是实现粮食高产高效生产的物质基础,但现阶段我国的这个基础还十分薄弱,远不能满足农业生产发展方式重大变革

带来的产业新需求,必须依靠科技支撑有效增加技术装备的供给。一是完善以企业为主体、产学研相结合的技术创新体系,加快提升研发创新能力。应加大政府支持力度,在国家和两熟制地区现有重点实验室、工程技术中心、产业技术创新联盟等农机化创新平台上完善功能,改善条件,提升能力,充分发挥其粮食生产机械化核心技术和前瞻性装备技术成果对企业产品研发的支撑作用;在科技计划管理及实施中,强化区域粮食作物高产高效生产目标,深入推进产学研结合,注重优势互补、协同创新和资源共享,研发内容上强调技术提升与装备拓展并重,探索集成创新路径,有效利用全球科技存量加快形成后发优势。二是加大财政科技投入,强化关键技术装备的研发创新和技术储备。按照"增加品种、完善功能、扩展领域、提升水平"的思路,围绕两熟制粮食生产机械化技术发展方向和创新重点,集中优势力量,在攻克基础性、关键共性技术和进行重大装备创制上下功夫,优先解决全程机械化生产关键环节、薄弱环节及薄弱地区所需,同时形成技术储备,逐步推进实现装备技术的整体提升。三是发挥优势企业引领带动作用,促进农机装备技术成果的产业化。重点扶持技术质量优势明显的大中型整机生产企业和专精特色突出的零部件制造企业,加大技术改造投入,推进先进设计与制造技术的普及运用,提高研发和制造水平;充分做好农机装备技术成果工程化技术准备和试验改进,完善工艺装备和质量管理体系,建立起售后服务、使用培训、零配件供应及维修维护的网络渠道。

（5）扎实开展试验示范,加快生产技术模式和新装备的推广应用

两熟制粮食作物生产机械化技术发展中创新了多种生产技术模式和新装备、新机型,形成了相应的技术规程和作业规范,而农机农艺技术集成最佳适配效果的呈现需要较长时间的试验示范。政府应支持农机化技术推广部门牵头组织,深入开展试验示范,财政可通过项目管理的方式给予资金保障。应系统规划、协调安排,在不同区域优先选择现代农业示范区,建立足够数量的试验示范基地,因地制宜制定试验示范技术路线并选择适宜机型,做好过程管控和技术经济分析,以及推广应用的宣传指导。组织各类科研机构、生产企业和农机服务组织积极参与开展试验示范活动,扩大技术推广应用实效;鼓励和支持具有一定资源规模和运营实力的农业经营企业或社会化服务组织承接新技术、新装备的应用,发挥示范引领和普及带动作用。

（6）大力开展农机化技能培训,提高农机从业人员职业化水平

我国工业化、城镇化的推进,带来了农村劳动力结构和农民劳动观念的深刻变化。农民对农机作业的需求越来越迫切,农业生产对农机应用的依赖日益加剧。"谁来种地""怎么种地"关乎我国农业现代化发展全局,而这一问题的解决对培养高素质劳动者提出了更高要求。目前我国农机从业队伍技能水平整体较低,高层

次实用人才极其短缺,远不能适应新型农业经营主体发展壮大、农机拥有量和高端装备增加,以及适度规模经营发展的新需求。近年来,各地区农机社会化服务普遍由大范围跨区作业向周边规模化、合作型服务转变,由传统的耕种收服务向规模烘干、集中育秧、统防统治拓展,由遍布村镇的小门店服务向农机4S店、农机电商、远程维修等新型服务方式跨越。而粮食机械化生产的农机装备在保有量持续增加的同时,大型化、智能化和节约环保技术不断提升。这要求农机从业人员不再是较低水平的简单操作者,而应是具有良好的知识基础、掌握农机装备使用与维护技术、会管理善经营的新型职业农民。应将大力开展农机化技能培训,提高基层农机从业人员职业化水平作为一项重要任务纳入各级政府的农业工作重点,抓实做好。农业主管部门应继续推进农机化教育培训行动计划,健全全国培训体系,建立职业资格证书制度,全面推进农机从业人员职业化培训。各级农机化科教、种植业管理部门积极配合,联合科研院所、大专院校和相关培训机构,采取分层次专业系统学习、短期技能培训,以及结合重点农时,利用现场演示会、作业观摩会、农机田间日等多种形式开展培训活动,向农机从业人员传授农机运行管理与农机农艺技术。农场主、农机手和机械维修工是农机装备管理、使用和维护的主要力量,应充分利用"阳光工程"等农民培训项目,将其作为重点对象进行培训。对两熟制粮食生产机械化的相关培训,应专门编制实用培训教材。一方面根据不同地域农艺制度选择适用机型,强化农机农艺、机械化信息化内容的融合;另一方面结合农民培训特点,采用聘请专家授课和操作实训等多种方式,以期获得良好的培训效果。

（7）加快推进农机信息化服务体系建设

当今社会以数字化、网络化、智能化为特征的信息变革无处不在,深刻影响和改变着人们的工作生活方式。以智能农机装备和信息化技术为支撑,加快农机信息化服务体系建设和运行,是促进粮食生产机械化发展的重要手段。应加强组织领导和政策扶持,推进互联网、云计算、大数据、物联网等信息化技术与农机化的深度融合,上下协同建立起农机化信息资源共享、有序推进、互联互通的工作机制,以农机信息化服务平台建设为重点,改善农机信息化基础设施条件,提升农机信息化技术应用能力,逐步构建起完善的农机信息化服务体系,推动农业机械管理调度数字化、机械作业精准化、经营服务网络化,依靠信息化引领推动农业机械化的发展。通过提供农机作业远程实时监控、调度、维修及供应服务,提高农机装备作业效率和质量;通过提供优质种、肥、药、机等生产资料及粮食加工、储运、流通服务,发展精细化生产和营销。鼓励和支持农机社会化服务、农业种植经营电子商务体系建设,促进农业经营与服务组织的高效化、集约化运营,提高经营能力和效益水平。

参考文献

[1]　中国统计年鉴[M].北京:中国统计出版社,2016.

[2]　中国农业统计年鉴[M].北京:中国农业出版社,2015.

[3]　中国农业机械化年鉴[M].北京:中国农业科学技术出版社,2016.

[4]　中国农业机械工业年鉴[M].北京:机械工业出版社,2014.

[5]　李宝筏.农业机械学[M].北京:中国农业出版社,2003.

[6]　高焕文.保护性耕作技术与机具[M].北京:化学工业出版社,2004.

[7]　张东兴,等.玉米全程机械化 生产技术与装备[M].北京:中国农业大学出版社,2014.

[8]　赵明,等.作物产量性能与高产技术[M].北京:中国农业出版社 2013.

[9]　张东兴.农机农艺技术融合 推动我国玉米机械化生产的发展[J].北京:农业技术与装备,2011(9).

[10]　梁建,陈聪,曹光乔.农机农艺融合理论方法与实现途径研究[J].中国农机化学报,2014(3).

[11]　籍俊杰.一年两熟区小麦玉米规模化种植全程机械化技术及设备[J].河北农机,2015(10).

[12]　黄光群,韩鲁佳,刘贤,等.农业机械化工程集成技术评价体系的建立[J].农业工程学报,2012(16).

[13]　梁建,陈聪,曹光乔.农机农艺融合理论方法与实现途径研究[J].中国农机化,2014(3).

[14]　刘继元,崔中凯,马继春,焦伟.黄淮海地区小麦玉米接茬轮作机械化生产问题与对策[J].农机化研究,2016(5).

[15]　郭江峰.小麦标准化耕作宽幅播种增产技术[J].中国农技推广,2015(8).

[16]　杨巍.河北省小麦玉米生产全程机械化工艺路线的研究[D],河北农业大学,2014.

[17]　王芳华,等.黄淮海地区小麦、玉米轮作体系生产机械化的现状问题及对策[J].河北农业科学,2012(6).

[18]　刘国明,等.宽幅播种对小麦产量的影响[J].农业科技通讯,2013(3).

[19]　张涛,赵洁.变量施肥技术体系的研究进展[J].农机化研究,2010(7).

［20］　农机化科技创新田间管理机械化专业组.田间管理机械化创新专业组年度工作总结［R］,2014.

［21］　农机化科技创新田间管理机械化专业组.田间管理机械化发展规划,2014.

［22］　李树君.中国战略性新兴产业研究与发展［M］.北京:机械工业出版社,2014.

［23］　车刚,张伟,等.3ZFC－7型全方位复式中耕机的设计与试验［J］.农业工程学报,2011(1).

［24］　兰才有,仪修堂,薛桂宁,等.我国喷灌设备的研发现状及发展方向［J］.排灌机械,2005(1).

［25］　夏连庆,梁学修,伟利国,等.联合收割机自动监测系统研究进展［J］.农业机械,2013(19).

［26］　雷雨春,顾智原,郭永杰,等.4LZ－8型自走式纵轴流谷物(玉米)联合收获机［J］.农业工程,2012(5).

［27］　朱纪春,陈金环.国内外玉米收获机械现状和技术特点分析［J］.农业技术与装备,2010(4).

［28］　侯海涛.国内外玉米收获机的产品技术比较［J］.北京农业,2006(1).

［29］　瑞雪.国外谷物联合收割机的发展趋势［J］.当代农机,2010(7).

［30］　李洪昌,李耀明,徐立章.联合收割机脱粒分离装置的应用现状及发展研究［J］.农机化研究,2008(1).

［31］　成雪峰,张凤云.黄淮海夏大豆生产现状及发展对策［J］.大豆科学,2010(2).

［32］　刘淑君.高产夏大豆主要病虫害发生特点及综合防治技术［J］.安徽农学通报,2009(19).

［33］　胡军,等.减少大豆收获损失的措施［J］.农机使用与维修,2006(4).

［34］　孙桂芹,任宝圆,等.挠性割台收获大豆技术［J］.新疆农机化,2006(3).

［35］　梁苏宁,沐森林,等.黄淮海地区大豆生产机械化现状与发展趋势［J］.农机化研究,2015(1).

［36］　王连铮.大豆研究五十年［M］.北京:中国农业科学技术出版社,2010.

［37］　张兵,李丹,张宁.黄淮海地区大豆主要种植模式及效益分析［J］.大豆科学,2011(6).

［38］　于兆成,于会勇,高岭巍,等.大豆种子处理技术要点［J］.河南农业,2008(11).

［39］　宫云涛.大豆收获机发展研究［J］.农业科技与装备,2013(2).

［40］　陈海霞.大豆联合收获机械的研究［J］.农村牧区机械化,2009(2).

［41］ 刘忠堂.秋季大豆收获和土壤耕作技术要点［J］.大豆通报,2006(5).

［42］ 刘彩玲,王晶贤,韩滨.怎样用小麦联合收割机收获大豆［J］.农业机械,
2003(3).

［43］ 张晓刚,刘伟,余永昌.我国大豆精量播种机械发展现状及趋势［J］.大豆科
技,2012(5).

［44］ 姚玉华.中耕技术及其机械概述［J］.农业科技与装备,2012(11).

［45］ 戴奋奋,袁会珠.植保机械与施药技术规范化［M］.北京:中国农业科学技术
出版社,2002.

［46］ 陈东耀,石永年,等.试述植保机械化新技术［J］.农机化研究,2002(8).

［47］ 李会芳,等.对精确农业中变量喷雾控制的研究［J］.中国农机化,2004(3).

［48］ 刘汉武,杨德秋,贾静霞.马铃薯全程机械化生产技术［M］.北京:中国科学
技术出版社,2010.

［49］ 赖凤香.马铃薯稻田免耕稻草全程覆盖栽培技术［M］.北京:金盾出版
社,2003.

［50］ 杨文勇.马铃薯机械化生产技术探研［J］.农机科技推广,2008(5).

［51］ 李春梅.高原山旱地马铃薯双垄全膜覆盖集雨高效栽培技术要点［J］.青海
科技,2009(16).

［52］ 何长征,刘明月,龙华,等.不同覆盖方式对冬闲稻田马铃薯生长及产量的
影响［J］.中国农学通报,2013(27).

［53］ 曹凤英.秋冬马铃薯稻草覆盖免耕栽培技术［J］.云南农业,2016(1).

［54］ 陈龙孝.高寒阴湿区马铃薯双行垄作高产栽培技术［J］.农业科技与信息,
2007(12).

［55］ 王金荣.脱毒马铃薯高垄双行高产栽培技术［J］.现代农业,2009(2).

［56］ 黄吉美,隋启君.云贵高原马铃薯高垄双行标准化栽培技术［J］.中国马铃
薯,2009(23).

［57］ 李如平.冬种马铃薯稻草覆盖免耕栽培田间土温变化研究［J］.广西农学
报,2009(23).

［58］ 隋启君.中国马铃薯稻草覆盖免耕栽培技术分析［J］,2008 年中国马铃薯大
会,2008.

［59］ 黄云鲜,吴小明,叶志文.冬种马铃薯稻草覆盖免耕栽培技术［J］.南方园
艺,2013(24).

［60］ 李爱清.浅谈马铃薯机械化增产栽培技术［J］.农业技术与装备,2007(2).

［61］ 赵桂霞.马铃薯机械化高垄栽培技术要点［J］.农村牧区机械化,2007(1).

［62］ 杜海旺.马铃薯标准化生产技术规程［J］.现代化农业,2008(11).

[63] 尤广兰,方子山,杜国平.马铃薯高垄双行整薯覆膜栽培技术研究[J].杂粮作物,2006(26).

[64] 黄学华.马铃薯垄作双行高产栽培技术[J].农民科技培训,2005(2).

[65] 中国农业机械化信息网,http://www.amic.agri.gov.cn.

[66] 中国无人机应用技术创新中心.农用植保无人机技术白皮书,2015.

[67] 农业部农业机械化管理司.中国农业机械化科技发展报告,2015.

[68] 罗锡文.提高农业机械水平,促进农业可持续发展[PPT],2016.

[69] 张礼钢,夏晓东,等.长三角地区稻麦轮作田机械化保护性耕作技术进展[J].农业工程,2012(9).

[70] 刘正平,何瑞银.江苏稻麦轮作区机械化生产模式分析[J].中国农机化学报,2017(7).

[71] DB32/T 3126-2016 麦秸秆还田集成机插秧生产技术规范[S].

[72] DB32/T 3127-2016 稻秸秆还田集成小麦(施肥)播种机械化生产技术规程[S].

[73] 陈惠哲,朱德峰,徐一成.北方水稻机插秧技术发展[J].北方水稻,2011(1).

[74] 邓建平,倪玉峰,杜永林,等.江苏省主要稻作方式的应用评价与思考[J].北方水稻,2007(3).

[75] 金姝兰,等.长江中下游地区耕地复种指数变化与国家粮食安全[J].中国农学通报,2011(17).

[76] 李刚华,于林惠,候朋福,等.机插水稻适宜基本苗定量参数的获取与验证[J].农业工程学报,2012(4).

[77] 凌启鸿,张洪程,丁艳锋,等.水稻精确定量栽培理论与技术[M].北京:中国农业出版社,2007.

[78] 辛良杰.近年来我国南方双季稻区复种的变化及其政策启示[J].自然资源学报,2009(1).

[79] 张洪程,等.水稻新型栽培技术[M].北京:金盾出版社,2013.

[80] 张洪程,郭保卫,龚金龙.加快发展水稻丰产栽培机械化 稳步提升我国稻作现代化水平[J].中国稻米,2013,19(1).

[81] 张洪程,等.水稻机械化精简化高产栽培[M].北京:中国农业出版社,2014.

[82] 张培江.水稻生产配套技术手册[M].北京:中国农业出版社,2013.

[83] 于林惠.机插粳稻群体特征及定量栽培技术研究[D],南京农业大学硕士学位论文,2011.

[84] 朱德峰,等.中国水稻种植机械化的发展前景与对策[J].农业技术与装备,2007(1).

［85］　朱德峰,陈惠哲.水稻机插秧发展与粮食安全[J].中国稻米,2009(6).

［86］　朱德峰.双季稻高效配套栽培技术[M].北京:金盾出版社,2010.

［87］　朱德峰,等.我国双季稻生产机械化制约因子与发展对策[J].中国稻米,2013,19(4).

［88］　邹应斌.长江流域双季稻栽培技术发展[J].中国农业科学,2011,44(2).

［89］　吴崇友,等.稻油(麦)轮作机械化技术[M].北京:中国农业出版社,2013.

［90］　毛俐,赵丽平,刘国平,等.少耕整地技术的发展与新机具[J].农机化研究,2010(8).

［91］　张文毅,袁钊和,金梅.亟待破解双季稻区水稻种植机械化发展迟缓的难题[J].中国农机化,2011(4).

［92］　黄云根,黄星.浅谈早稻直播栽培技术[J].科学种养,2011(6).

［93］　周国云.早稻机械化育插秧示范初探[J].上海农业科技,2010(1).

［94］　李建国.水稻直播栽培中的问题与对策[J].农业装备技术,2007(2).

［95］　耿爱军,李法德,李陆星.国内外植保机械及植保技术研究现状[J].农机化研究,2007(4).

［96］　孙晓春,纪鸿波.秸秆还田机与旋耕机的区别[J].江苏农机化,2012(5).

［97］　祁建高,孙永中.浅谈秸秆综合利用的几种方式[J].三农论坛,2014(10).

［98］　方文英.余杭区双季机插水稻高产栽培技术研究[D].中国农业科学院学位论文,2011.

［99］　肖丽萍,何秀文,等.我国南方双季稻区水稻生产机械化发展现状分析[J].江西农业大学学报,2013(4).

［100］　韩峰,吴文福,朱航.粮食干燥过程控制现状及发展趋势[J].中国粮油学报,2009,24(5).

［101］　高波,吴文福,杨永海.一种薄层干燥新模型的建立[J].农业机械学报,2003,34(3).

［102］　谢焕雄,王海鸥,胡志超,等.箱式通风干燥机小麦干燥试验研究[J].农业工程学报,2013,29(1).

［103］　陈怡群,常春,胡志超,等.循环式谷物干燥机干燥过程的模拟计算和分析[J].农业工程学报,2009,25(7).

［104］　姚宗路,李洪文,高焕文,等.一年两熟区玉米覆盖地小麦免耕播种机设计与试验[J].农业机械学报,2007,38(8).

［105］　董美对,等.精确农业——21世纪的农业工程技术[J].浙江大学学报,2000(4).

［106］　何雄奎.植保机械与施药技术[J].植保机械与清洗机动态,2002(4).

［107］ 杨学军,严荷荣,等.植保机械的研究现状及发展趋势[J].农业机械学报,2002(6).

［108］ 何雄奎.力发展我国植保机械与施药技术[J].科学时报,2003(2008).

［109］ Matthies F. Meier H J. Agricultural Engineering. Year Book. Band 14. Muester. Germany. 2002.

［110］ Hanna H M, Steward B L, Aldinger L. Soil loading effects ofplanter depth-gauge wheels on early corn growth［J］, AppliedEngineering in Agriculture, 2010, 26(4).